AMTLICHE LISTE DER SEESCHIFFE

mit

UNTERSCHEIDUNGSSIGNALEN

der Bundesrepublik Deutschland

als

Anhang

zum Internationalen Signalbuch

Abgeschlossen am 31. Dezember 1961
mit Nachtrag bis 10. Februar 1962

Herausgegeben vom Bundesminister für Verkehr
Bonn/Hamburg 1962

WALTER DE GRUYTER & CO · BERLIN W 30
Vormals G. J. Göschen'sche Verlagshandlung . J. Guttentag, Verlagsbuchhandlung
Georg Reimer · Karl J. Trübner · Veit & Comp.

1962

DIE „AMTLICHE LISTE" IST 1961 NICHT ERSCHIENEN!

Archiv-Nr. 34 82 62/I

Satz und Druck: Walter de Gruyter & Co., Berlin W 30

Vorwort

Die „Amtliche Liste der Seeschiffe mit Unterscheidungssignalen der Bundesrepublik Deutschland“ ist ein Anhang zur amtlichen deutschen Ausgabe des am 1. Januar 1934 in Kraft getretenen „Internationalen Signalbuches 1931“.

Die Unterscheidungssignale der Seeschiffe stimmen mit ihren Funkrufzeichen überein. Das erste oder die beiden ersten Zeichen bezeichnen die Nationalität der Schiffe. Die Bildung der Funkrufzeichen erfolgt nach Abschnitt III, Nr. 756 bis 762 der Vollzugsordnung für den Funkdienst, Genf 1959. Die Unterscheidungssignale der deutschen Seeschiffe beginnen sämtlich mit dem Buchstaben D.

Auf die Gebrauchsanweisung des „Internationalen Signalbuches 1931“ Band I, Nr. 30, 41 bis 43 und 135 sowie Band II Seite VII wird hingewiesen. Im übrigen gelten die einschlägigen Bestimmungen der Gebrauchsanweisung jedes der beiden Bände. Die Buchstaben I und J kommen nebeneinander vor, ferner kann in einem Signal die gleiche Flagge (Buchstabe) mehrmals vorkommen, so daß die Hilfsstander des „Internationalen Signalbuches 1931“, Band I, Seite XXVII benutzt werden müssen (Gebrauchsanweisung „Internationales Signalbuch Band I, Nr. 79 bis 85“).

Die amtliche Liste enthält zwei durch ein blaues Blatt getrennte Teile. Der erste Teil besteht aus sechs Abschnitten: a) die Kauffahrteischiffe der Bundesrepublik Deutschland, b) die Schiffe der Bundesmarine, c) die Rettungsboote der Deutschen Gesellschaft zur Rettung Schiffbrüchiger, d) die Boote des Zollgrenzschutzes e) die Bundes- und Länderfahrzeuge, f) die Feuerschiffe. Die Schiffe sind nach der Reihenfolge ihrer Unterscheidungssignale und die Feuerschiffe nach ihrer geographischen Lage von Ost nach West aufgeführt. Der zweite Teil enthält die Kauffahrteischiffe in alphabetischer Reihenfolge ihrer Namen. Der erste Teil dient also zur Feststellung eines bestimmten Schiffes nach seinem Unterscheidungssignal, der zweite zur Auffindung des Unterscheidungssignals eines Schiffes.

Das Unterscheidungssignal der mit Funk ausgerüsteten Kauffahrteischiffe und Feuerschiffe (eigene Sende- oder Empfangsanlage, Sprechfunkanlage) ist in Schrägschrift *(Kursiv)* gesetzt. Neben dem Namen der mit Wasserschallanlagen oder Funk ausgerüsteten Behördenfahrzeuge sind besondere Zeichen ihrer Bedeutung entsprechend aufgeführt. Die auf ihrer Position liegenden Feuerschiffe führen die für ihre geographische Lage in der geographischen Liste des „Internationalen Signalbuches“ festgelegte Signalgruppe und außerdem das Funkrufzeichen der Feuerschiffstation. Beim Verlassen der Position führen die Feuerschiffe und die Reservefeuerschiffe ein ihnen besonders zugeteiltes Unterscheidungssignal.

Die Zuteilung der Unterscheidungssignale erfolgt durch die zuständigen Seeschiffsregisterbehörden. Jedem deutschen Kauffahrteischiff wird bei der Eintragung in das Seeschiffsregister das Unterscheidungssignal zugeteilt und in seinem Schiffszertifikat vermerkt. Solange das Schiff unter deutscher Flagge fährt, behält es das ihm einmal zugeteilte Unterscheidungssignal auch beim Wechsel seines Heimathafens, der Registerbehörde oder bei etwaiger Namensänderung.

Für die Seeschiffe anderer Staaten, die das Internationale Signalbuch ebenfalls angenommen haben, sind ähnliche Listen vorhanden.

Bonn/Hamburg im Januar 1962.

DABA — DACC

TEIL I

a) Die Kauffahrteischiffe

der

Bundesrepublik Deutschland

in der Reihenfolge der Unterscheidungssignale

(Das Unterscheidungssignal der mit Funk ausgerüsteten Kauffahrteischiffe und Feuerschiffe ist in Schrägschrift [*Kursiv*] gesetzt. Das + hinter dem Schiffsnamen bedeutet, daß das Schiff als Voll- und Schutzdecker vermessen ist. Die Größenangaben beziehen sich auf die Vermessung als Volldecker.)

Unter-scheidungs-signale	Namen der Schiffe	Heimathafen der Schiffe	Kubikmeter Nettoraumgehalt	Registertons Nettoraumgehalt	PS
DABA	Adeline	Leer	250,1	88,28	130
DABB	Adonis	Hamburg-Finkenwerder	52,8	18,65	120
DABC	Aachen	Bremerhaven	405,0	142,90	600
DABD	Brabant	Hamburg	2879,5	1016,48	1700
DABE	Alexander von Humboldt	Bremerhaven	693,0	244,60	1000
DABF	Bergeland	Hamburg	35007,4	12357,60	11050
DABG	Utgard	Hamburg	2148,1	758,30	700
DABH	Anhalt	Bremen-Vegesack	258,0	91,08	150
DABI	Estebrügge	Hamburg	1021,8	360,52	500
DABJ	Annelies	Hamburg-Finkenwerder	75,9	26,78	180
DABK	Antares	Bremerhaven	437,3	154,00	850
DABL	Antje	Hamburg-Finkenwerder	66,1	23,32	180
DABM	Maria Althoff	Flensburg	1556,8	549,88	1000
DABN	Alfred Theodor +	Hamburg	15978,7	5640,48	4000
DABO	Friedel	Hamburg	659,2	232,69	300
DABP	Balder	Glückstadt	259,3	91,54	150
DABQ	Bockenheim	Bremen	4245,5	1498,66	800
DABR	Hanseatic	Hamburg	49959,7	17653,77	34000
DABS	Beluga	Hamburg	176,4	62,27	200
DABT	Methan +	Hamburg	19999,5	7059,84	5340
DABU	Geestemünde	Bremerhaven	405,1	143,00	600
DABW	Lasbek +	Hamburg	6042,7	2133,09	2200
DABX	Minna Schupp	Hamburg	1654,4	584,01	660
DABY	Ägäis	Hamburg	744,8	262,90	300
DABZ	Esso Schulau	Hamburg	152,2	53,72	133
DACA	Götaland	Hamburg	628,6	221,90	800
DACC	Nordwind	Hamburg	13373,7	4720,90	4200

DACD — DAEE

Unter-scheidungs-signale	Namen der Schiffe	Heimathafen	Kubik-meter (Nettoraumgehalt)	Register-tons (Nettoraumgehalt)	PS
DACD	Sindbad X	Hamburg	50,8	17,77	45
DACE	Havelland+	Hamburg	14505,8	5120,88	9000
DACF	Alsterdorf	Hamburg	445,8	157,87	380
DACG	Wandsbek+	Hamburg	7305,0	2578,67	3000
DACH	Otto Harms	Hamburg	806,8	284,62	300
DACI	Borkumriff	Hamburg	889,0	313,88	500
DACJ	Courier	Hamburg	815,9	288,00	200
DACK	Lichtwark	Hamburg	178,6	63,05	280
DACL	Senator Petersen	Hamburg	1624,7	573,52	650
DACN	Volksdorf	Hamburg	445,8	157,87	380
DACO	Rolf Viking	Hamburg	428,4	151,21	590
DACP	Buxtehude	Hamburg	320,8	113,6	200
DACQ	Danzig	Hamburg	198,0	69,9	2150
DACR	Sleipner I	Hamburg	750,8	265,05	300
DACS	Karin	Hamburg	811,7	286,58	300
DACT	Fritz Thyssen+	Hamburg	17199,9	6071,57	5400
DACU	Hein Suhr	Hamburg	519,8	183,50	300
DACV	Altona	Hamburg	445,8	157,87	380
DACW	St. Pauli	Hamburg	445,8	157,87	380
DACY	Jungfernstieg	Hamburg	445,8	157,87	380
DACZ	Bergedorf	Hamburg	445,8	157,87	380
DADA	Großer Michel	Hamburg	445,8	157,37	380
DADB	Ruhr	Hamburg	4887,1	1725,18	1560
DADC	Marianne	Hamburg	1985,5	700,88	1000
DADD	Ellen	Hamburg-Finkenwerder	60,2	21,24	120
DADE	Helga Matthiesen	Hamburg	900,8	317,99	500
DADG	Ente	Hamburg	71,3	25,16	240
DADH	Cap Domingo	Hamburg	4359,5	1538,92	6000
DADI	Carl Trautwein	Hamburg	21666,4	7648,24	7200
DADJ	Bochum+	Hamburg	17777,1	6275,80	5340
DADK	BP Olex 35	Hamburg	152,8	53,94	170
DADL	Anke	Hamburg	1033,8	364,93	300
DADM	Ernst Schweckendieck	Emden	229,4	80,99	150
DADN	Essen	Emden	348,1	122,89	500
DADO	Hans-Peter	Itzehoe	615,8	217,87	725
DADQ	Fairplay VII	Hamburg	153,3	53,99	950
DADR	Klintberg	Hamburg	652,8	230,26	300
DADS	Aleppo	Hamburg	2473,6	873,17	1600
DADT	Altenwerder	Hamburg	241,5	85,25	380
DADU	Franz Schau	Bremerhaven	403,7	142,49	600
DADV	Harburg	Hamburg	241,5	85,25	380
DADW	Franziska	Hamburg	54,0	19,06	180
DADX	Pommern	Bremerhaven	500,4	176,64	850
DADY	Frauke	Leer	279,8	98,42	250
DAEA	Reeperbahn	Hamburg	241,5	85,25	380
DAEC	Steinwerder	Hamburg	241,5	85,25	380
DAED	Brunsdeich	Hamburg	4758,7	1679,84	6650
DAEE	Kehrwieder	Wilhelmshaven	1753,1	618,86	1800

DAEF — DAGI

Unter-scheidungs-signale	Namen der Schiffe	Heimathafen der Schiffe	Kubikmeter Nettoraumgehalt	Registertons Nettoraumgehalt	PS
DAEF	Luise II	Hamburg	34,0	12,00	188
DAEG	Goliath	Hamburg	114,2	40,30	2×300
DAEH	Christa Jürgens	Hamburg	391,7	138,27	230
DAEI	Cap San Nicolas	Hamburg	15705,8	5544,14	11650
DAEJ	Großer Kurfürst	Emden	265,6	93,75	500
DAEK	Grönorth	Strande	63,7	22,47	120
DAEL	Gustav Borgner	Bremerhaven	409,2	144,44	600
DAEM	Schulau	Hamburg	241,5	85,25	380
DAEN	Blankenese	Hamburg	241,5	85,25	380
DAEO	Hanna	Leer	250,1	88,28	130
DAEP	Vierlanden	Hamburg	241,5	85,25	380
DAEQ	Hannover	Bremen-Vegesack	247,0	87,23	150
DAER	Stadersand	Hamburg	241,5	85,25	380
DAET	Sabine Howaldt +	Hamburg	3804,2	1342,87	1650
DAEU	Claus	Hamburg	813,6	287,19	370
DAEV	H. C. Nibbe	Hamburg-Finkenwerder	54,7	19,30	150
DAEW	Cap San Marco +	Hamburg	15675,9	5533,59	11650
DAEX	Käthe Ahrens	Hamburg	711,0	250,98	300
DAEY	Brinckmann	Hamburg	178,6	63,05	250
DAEZ	Falkenstein	Hamburg	241,5	85,25	380
DAFA	Steinkirchen	Hamburg	241,5	85,25	380
DAFB	Karpfanger	Hamburg	9392,5	3315,55	3000
DAFC	Jan Molsen	Hamburg	2281,1	805,22	600
DAFD	Ernst de Buhr	Hamburg	809,9	285,91	300
DAFE	Heinrich Schulte	Emden	291,3	102,56	500
DAFG	Hildegard	Hamburg	2352,4	830,39	1350
DAFH	Hasse	Hamburg	225,9	79,75	300
DAFI	Sonnin	Hamburg	176,4	62,26	250
DAFJ	Elbe	Hamburg	830,2	293,05	740
DAFM	Hamburg	Hamburg	800,5	282,58	560
DAFN	BP Olex 36	Hamburg	152,4	53,80	210
DAFO	Cap Castillo +	Hamburg	7965,3	2811,75	4000
DAFS	Finkenwerder	Hamburg	340,8	120,29	380
DAFT	Wilhelm Wesch +	Hamburg	4074,6	1438,34	1500
DAFU	Hörnum	Rendsburg	2954,7	1043,02	800
DAFV	Marie Leonhardt	Hamburg	21975,8	7757,28	4700
DAFW	Hummel II	Hamburg	136,9	48,33	120
DAFX	Shell 44	Hamburg	149,0	52,61	200
DAFY	Ferdinand Vieth	Hamburg	414,5	146,32	600
DAFZ	Düneck	Hamburg	614,2	216,81	300
DAGA	Ingrid Horn	Hamburg	932,1	329,02	750
DAGC	Alster	Hamburg	810,8	286,21	500
DAGD	Sonderburg +	Hamburg	9914,7	3499,89	5340
DAGE	Eduard Essberger	Hamburg	1027,5	362,69	700
DAGF	Helga Witt +	Hamburg	6603,0	2330,85	4000
DAGG	Remag II	Hamburg	1256,3	443,49	900
DAGH	Caroline Horn +	Hamburg	2273,8	802,48	1600
DAGI	Th. Lexau	Hamburg	31,0	10,93	300

DAGJ — DAIM

Unterscheidungssignale	Namen der Schiffe	Heimathafen der Schiffe	Kubikmeter Nettoraumgehalt	Registertons Nettoraumgehalt	PS
DAGJ	Friedrich Jung	Hamburg	5713,3	2016,81	2×1680
DAGK	BP Olex 37	Hamburg	144,5	51,01	200
DAGL	Kehrwieder	Büsum	30,8	10,86	150
DAGN	Borgesch	Hamburg	1794,6	633,50	1800
DAGO	Esso Niehl	Hamburg	142,0	50,18	200
DAGP	Gorch Fock	Hamburg	517,8	182,78	400
DAGQ	Leo Fürbringer	Emden	259,7	91,68	245
DAGR	Latona	Bremen	1663,1	587,08	1020
DAGS	Bürgermeister Diesel	Hamburg	723,5	255,39	470
DAGT	Schwarzenbek+	Hamburg	7252,6	2560,17	3000
DAGU	Kaapland	Hamburg	14151,4	4995,48	9300
DAGX	Lübbe Hartmann ...	Leer	409,4	144,53	500
DAGY	München+	Hamburg	21662,1	7646,72	12500
DAGZ	Helga Wehr	Hamburg	512,7	180,99	300
DAHA	Minou	Hamburg	795,5	280,79	750
DAHC	Hugo Heimke Schütt	Itzehoe	852,7	301,00	750
DAHD	Karin Bornhofen+ ..	Hamburg	14440,7	5097,57	3800
DAHE	Gertrud Russ	Hamburg	1739,5	614,01	2160
DAHF	Bürgermeister Stolten	Hamburg	537,5	189,73	240
DAHG	Cherié	Hamburg	390,4	137,82	230
DAHH	Süd	Hamburg	36,9	13,01	200
DAHI	Godeffroy	Hamburg	459,2	162,09	300
DAHJ	Lühe	Hamburg	219,1	77,35	250
DAHK	Cuxhaven	Hamburg	512,4	180,88	500
DAHL	Max Brauer	Hamburg	414,4	146,29	600
DAHM	Leapaul+	Hamburg	8170,7	2884,24	3950
DAHO	Minerva+	Bremen	5591,5	1973,78	3050
DAHP	Ursula Block	Hamburg	811,4	286,41	370
DAHQ	Möwe..............	Hamburg	190,0	67,07	750
DAHR	Bleichen	Hamburg	1794,6	633,51	1800
DAHU	Marburg+	Hamburg	8061,1	2845,56	3600
DAHV	Erik Seyd II........	Hamburg	851,7	300,65	500
DAHW	Niedersachsen	Bremerhaven	138,0	48,73	175
DAHX	August Leonhardt ..	Hamburg	21940,9	7745,13	4700
DAHY	Kondor I	Hamburg	86,1*	30,39*	300
DAHZ	Caperata...........	Hamburg	30039,8	10604,05	12500
DAIA	Susanne Reith	Hamburg	1764,4	622,85	1000
DAIB	Senator Gruenewaldt	Hamburg	494,7	174,61	370
DAIC	Norderney	Hamburg	705,5	249,05	350
DAID	Pentelikon+	Hamburg	7269,4	2566,10	7250
DAIE	Cap Colorado+	Kiel	8760,8	3092,55	5850
DAIF	Thyra Behrens	Hamburg	549,6	194,00	300
DAIG	Thor	Hamburg	614,3	216,86	300
DAIH	Nordstern..........	Bremerhaven	458,2	161,73	800
DAII	Angelica Schulte+...	Hamburg	3857,2	1361,60	1680
DAIJ	Carina	Hamburg	749,1	264,43	500
DAIM	Schulau	Hamburg	804,5	283,98	300

* = Bruttoraumgehalt.

DAIN — DAKI					
Unterscheidungssignale	Namen der Schiffe	Heimathafen der Schiffe	Kubikmeter (Nettoraumgehalt)	Registertons (Nettoraumgehalt)	PS
DAIN	Oskar Schulze	Bremerhaven	410,1	144,86	600
DAIO	Balje	Cuxhaven	715,1	252,43	420
DAIP	Ossian+	Hamburg	20004,2	7061,49	5340
DAIQ	Taucher Ottar Harmstorf I	Hamburg	206,5	72,91	250
DAIR	Klaus Oldendorff	Lübeck	17121,6	6043,93	5340
DAIS	Taucher O. Wulf III.	Cuxhaven	145,4	51,31	1320
DAIT	Peter Schlack	Hamburg	399,6	141,06	600
DAIU	Karroo	Hamburg	14334,9	5060,21	9000
DAIV	Diana	Hamburg	828,7	292,54	800
DAIW	Helgoland	Hamburg	190,5	67,25	125
DAIX	Wilhelmine	Hamburg	454,6*	160,48*	1200
DAIY	Stadt Schleswig	Hamburg	472,1	166,64	750
DAIZ	Caprella+	Hamburg	30221,8	10668,28	14000
DAJA	Hessen	Emden	444,4	156,87	2×150
DAJB	Passat	Hamburg	104,1*	36,75*	300
DAJC	Bugsier 16	Hamburg	73,0	25,78	1060
DAJD	Volumnia+	Hamburg	5730,4	2022,83	4000
DAJE	Mathilde Bolten	Hamburg	22154,0	7820,38	8400
DAJF	Transeuropa	Hamburg	5759,5	2033,11	4400
DAJG	Rheinland	Bremen-Vegesack	255,0	89,86	150
DAJH	Esso Bremerhaven	Hamburg	795,4	280,75	500
DAJI	Albert Vögler+	Hamburg	14130,9	4988,20	5400
DAJJ	Cap Corrientes	Hamburg	6289,7	2020,27	6000
DAJL	Saarland	Bremen-Vegesack	256,0	90,20	150
DAJM	Edwin Reith+	Hamburg	6975,2	2462,23	3360
DAJN	Rhenania+	Hamburg	21584,2	7619,21	6650
DAJO	Zyklon	Hamburg	224,5*	79,25*	600
DAJP	Hannes Lünstedt	Hamburg	698,1	246,42	300
DAJQ	Dora Horn	Hamburg	509,7	179,93	750
DAJR	Esso Berlin	Hamburg	36416,5	12855,02	17850
DAJS	Bugsier 17	Hamburg	73,0	25,78	1060
DAJT	Nikolaus	Hamburg	32,1	11,35	250
DAJU	Dalsland	Hamburg	632,0	223,10	800
DAJV	Aldenburg	Hamburg	4206,4	1484,85	5340
DAJW	Senator	Hamburg	1939,7	684,70	500
DAJX	Kersten Miles	Hamburg	9384,8	3312,82	3000
DAJY	Learina+	Hamburg	8229,4	2904,98	3950
DAJZ	Maria Nibbe	Hamburg	614,4	216,89	300
DAKA	Skagerrak	Hamburg-Finkenwerder	61,3	21,64	150
DAKB	Skolpenbank	Bremerhaven	436,7	154,02	800
DAKC	Gunda	Hamburg	3262,6	1151,69	2650
DAKD	Maria Russ	Hamburg	1739,1	613,87	2160
DAKE	Indus+	Hamburg	14108,5	4980,31	4670
DAKF	Iserlohn+	Hamburg	7980,9	2817,26	3600
DAKG	Eberhart Essberger	Hamburg	23098,1	8153,62	7850
DAKH	Wadai+	Hamburg	7894,7	2786,85	4250
DAKI	Hornbelt+	Hamburg	15276,3	5392,52	7860

* = Bruttoraumgehalt.

DAKJ — DAML

Unterscheidungssignale	Namen der Schiffe	Heimathafen	Kubikmeter (Nettoraumgehalt)	Registertons (Nettoraumgehalt)	PS
DAKJ	Liesbeth	Burgstaaken	18,2	6,48	46
DAKK	Stettin	Emden	297,1	104,86	200
DAKM	Optimist	Hamburg	433,6	153,06	310
DAKN	Heinz Horn+	Hamburg	1719,0	608,84	1060
DAKO	Marie Horn+	Hamburg	1718,6	606,69	1060
DAKP	Gert Seyd	Hamburg	851,8	300,68	500
DAKQ	Clio	Hamburg	5436,9	1919,22	2720
DAKR	Tannenberg	Emden	605,7	213,88	340
DAKS	Capsa	Hamburg	30203,7	10661,90	14000
DAKT	Amico	Hamburg	88,7	31,3	300
DAKU	Gertrud C. Ertel+	Hamburg	3294,0	1162,78	1470
DAKV	Thees Bott	Hbg.-Finkenwerder	59,8	21,18	120
DAKW	Thor	Hamburg	188,8	66,74	750
DAKX	Otto Springorum	Hamburg	20324,1	7174,44	5400
DAKY	Thüringen	Bremen-Vegesack	258,0	91,08	150
DAKZ	Alte Liebe	Hamburg	1234,7	435,82	1120
DALA	Ursula	Hamburg	431,1	152,17	600
DALB	Taucher Sievers IV	Cuxhaven	201,1*	71,34*	320
DALC	Victoria	Lübeck	1194,3	421,60	500
DALF	Elke Frese	Hamburg	665,4	234,91	300
DALH	Wachtel	Bremen-Vegesack	222,0	78,22	130
DALI	Spüler V	Hamburg	1617,8	571,10	—
DALJ	Capullus	Hamburg	30198,5	10660,05	14000
DALK	Weser	Bremerhaven	712,3	251,44	1000
DALL	Steindamm+	Hamburg	8148,5	2876,41	3600
DALM	Westpfalia+	Hamburg	21584,2	7619,21	6650
DALN	Priamus	Hamburg	4558,5	1609,16	5140
DALO	Westfalen	Bremen-Vegesack	210,0	74,24	130
DALQ	Kerstin	Hamburg	645,9	228,00	300
DALR	Uwe	Hamburg	706,2	249,29	300
DALS	Esso Stuttgart	Hamburg	49211,6	17371,69	19270
DALT	Wilma	Hbg.-Finkenwerder	58,7	20,71	180
DALU	Anita Thyssen	Hamburg	20328,5	7176,09	5400
DALV	Marcus Bischoff	Hamburg	3739,7	1320,10	2000
DALW	Xerxes	Hamburg	861,1	303,97	750
DALX	Josef Joham	Hamburg	1907,8	673,43	1250
DALY	Zeus+	Bremen	5613,2	1981,45	3000
DALZ	Caprinus	Hamburg	30199,6	10660,47	14000
DAMA	Agnes Engel	Hamburg-Finkenwerder	52,1	18,41	150
DAMC	Canopus	Hamburg	853,2	301,19	475
DAMD	Alte Liebe	Cuxhaven	405,2	143,03	600
DAME	Hilde Horn	Hamburg	1718,3	606,56	1250
DAMF	A. Kappelhoff	Emden	261,8	92,42	150
DAMG	Albert Janus+	Hamburg	14170,0	5002,00	5400
DAMI	Wulsdorf	Bremerhaven	405,0	142,90	600
DAMJ	Carsten Janssen	Bremerhaven	403,6	142,47	600
DAMK	Mok Wi	Hamburg	1681,0	593,39	—
DAML	Esso Köln	Hamburg	48295,1	17048,19	19000

* = Bruttoraumgehalt.

DAMM — DAOJ

Unterscheidungssignale	Namen der Schiffe	Heimathafen der Schiffe	Kubikmeter Nettoraumgehalt	Registertons Nettoraumgehalt	PS
DAMM	Kugelbake	Cuxhaven	405,2	143,02	750
DAMN	Detmold	Cuxhaven	405,2	143,04	700
DAMO	Maas+	Hamburg	14124,2	4985,83	4670
DAMP	Dradenau	Hamburg-Finkenwerder	76,2	26,90	150
DAMQ	Grimmershörn	Cuxhaven	404,8	142,88	790
DAMR	Eckernförde	Kiel	401,9	141,90	600
DAMS	Kalahari+..........	Hamburg	14403,5	5084,44	9000
DAMT	Emma	Hamburg-Finkenwerder	44,0	12,69	120
DAMV	Niendorf	Hamburg	357,7	126,28	380
DAMW	Hans Bernstein	Hamburg	3847,8	1358,28	1250
DAMX	Gertrud	Leer	249,1	87,92	200
DAMY	Gonzenheim	Bremen	6710,7	2368,87	1200
DAMZ	Wohldorf	Hamburg	357,7	126,28	380
DANB	Sülldorf	Hamburg	357,7	126,28	380
DANC	Hille	Hamburg	362,1	127,82	198
DAND	Hornsee	Hamburg	10443,5	3686,53	7850
DANE	Worms	Hamburg	14177,7	5004,73	9000
DANF	Josef Bodden	Kiel	401,9	141,89	600
DANG	Karl Fock	Hamburg-Finkenwerder	59,8	21,13	120
DANH	I. G. Nichelson+	Hamburg	3602,9	1271,81	2000
DANJ	Eppendorf	Hamburg	388,4	137,12	380
DANK	Mannheim	Bremerhaven	405,1	142,99	750
DANL	Hilde Felter	Hamburg	605,3	213,65	750
DANM	Hanne Henninga	Großefehn	410,3	144,82	295
DANN	Lehe	Bremerhaven	405,1	142,90	750
DANO	Nesshuk	Hbg.-Finkenwerder..	72,5	25,59	180
DANP	Niedersachsen	Cuxhaven	411,2	145,14	750
DANQ	Peter August	Hamburg	286,3*	101,07*	760
DANS	Orange Sun	Hamburg	1680,0	593,04	1500
DANT	Rosengarten	Hamburg-Finkenwerder	62,9	22,20	120
DANU	Adolph Flint	Hamburg	435,7	153,81	350
DANV	Jade	Hamburg	522,5	184,46	250
DANY	Seeadler	Hamburg-Finkenwerder	38,5	13,59	90
DANZ	Günther Russ	Hamburg	29128,7	10282,41	12500
DAOA	Sophie	Leer	251,4	80,73	200
DAOB	Stade	Cuxhaven	405,2	143,04	750
DAOC	Kulmerland+	Hamburg	15526,7	5480,90	10000
DAOD	Brunseck	Hamburg	4575,8	1615,25	6650
DAOE	Jugum	Hamburg	811,5	286,46	675
DAOF	Dr. Eichelbaum	Emden	259,7	91,60	250
DAOG	Elbe	Emden	271,8	95,94	150
DAOH	Sparenburg	Emden	257,2	90,80	180
DAOI	Christel	Büsum	57,5	20,30	180
DAOJ	Esso Emden	Hamburg	1411,5	498,27	1250

* = Bruttoraumgehalt.

DAOK — DAQH

Unterscheidungssignale	Namen der Schiffe	Heimathafen	Kubikmeter Nettoraumgehalt	Registertons Nettoraumgehalt	PS
DAOK	Münsterland+	Hamburg	15537,6	5484,78	10000
DAOL	Hanseat	Hamburg	85,9	30,31	250
DAOM	Wahehe	Hamburg	7884,4	2783,20	4250
DAON	Clarita Schröder+	Hamburg	7792,6	2750,79	4200
DAOO	Steinhöft+	Hamburg	8154,1	2879,39	3800
DAOP	Sintra	Hamburg	134,0	47,30	315
DAOQ	Alexander von Humboldt	Hamburg	3092,2	1091,54	2740
DAOR	Christiane Schulte+	Hamburg	4147,8	1463,99	1680
DAOT	Tom Kyle	Kiel	1705,2	601,93	1440
DAOU	Franz Thiele	Emden	258,4	91,21	200
DAOV	Alsterblick	Hamburg	4199,1	1482,28	7250
DAOW	Güldensand+	Hamburg	2259,4	797,58	1650
DAOY	Göttingen	Cuxhaven	672,8	237,50	750
DAOZ	Steintor+	Hamburg	15340,4	5415,16	6750
DAPA	Usambara+	Hamburg	12764,7	4505,94	5600
DAPB	Sylt	Hamburg	953,8	336,71	450
DAPC	Marie-Luise	Emden	893,2	315,30	750
DAPD	Graeko	Hamburg	837,6	295,71	750
DAPE	Vogtland	Hamburg	14737,6	5202,38	9000
DAPF	Stella	Emden	399,5	141,09	2×180
DAPG	Brigitte Graebe	Hamburg	749,1	280,32	550
DAPH	Egmont	Hamburg	48883,2	17255,76	17000
DAPI	Frigga	Hamburg	9571,4	3378,70	2000
DAPJ	Heinrich Hauschildt	Hamburg	723,6	255,45	450
DAPK	Krückau	Hamburg	119,1	42,04	170
DAPL	Wischhafen	Hamburg	392,3	138,46	360
DAPM	Regulus	Bremerhaven	60,8	21,28	150
DAPO	Asseburg	Hamburg	3951,2	1394,76	6650
DAPP	Irmgard Horn+	Hamburg	1451,6	512,39	750
DAPQ	Atlantic	Hamburg	675,3	238,39	4000
DAPR	Mülheim-Ruhr	Hamburg	19703,5	6955,33	6750
DAPS	Charlottenburg	Hamburg	552,1	194,93	300
DAPT	Berolina	Hamburg	1762,9	622,31	1000
DAPU	John Augustus Essberger	Hamburg	23152,0	8172,63	7850
DAPV	Johanna	Hamburg	378,8*	133,70*	675
DAPW	Herbert Horn+	Hamburg	1457,0	514,32	750
DAPX	Christoph	Hamburg	107,7*	37,79*	310
DAPY	Esso Bremen	Hamburg	49164,0	17354,87	17300
DAPZ	Fairplay II	Hamburg	116,8	41,24	1000
DAQA	Wilri+	Hamburg	3030,5	1069,78	1650
DAQB	Julius Fock	Hamburg	453,9	160,21	300
DAQC	Hornkoog	Hamburg	5027,5	1774,71	7250
DAQD	Artlenburg	Hamburg	4182,6	1476,45	6960
DAQE	Bugsier 24	Hamburg	78,7	27,80	1320
DAQF	Bugsier 25	Hamburg	78,7	27,80	1320
DAQG	Atlas	Hamburg	25,3	8,90	2640
DAQH	Rheinland+	Hamburg	14737,9	5202,49	9000

* = Bruttoraumgehalt.

DAQI — DCAG

Unter-scheidungs-signale	Namen der Schiffe	Heimathafen	Kubikmeter Nettoraumgehalt	Registertons Nettoraumgehalt	PS
DAQI	Ursula Horn+	Hamburg	2240,6	790,98	1300
DAQJ	Dornbusch	Hamburg	963,9	340,24	1040
DAQK	Magdalena Reith+	Hamburg	6984,7	2465,62	3360
DAQL	Cap Bonavista+	Hamburg	7502,8	2648,30	4000
DAQM	Cap Valiente	Hamburg	6281,0	2217,17	6000
DAQN	Cap Delgado+	Hamburg	6470,8	2284,02	4500
DAQO	Pöseldorf	Hamburg	357,7	126,28	375
DAQP	Brunsholm	Hamburg	4622,6	1631,78	6650
DAQQ	Mari+	Hamburg	3447,1	1216,84	1650
DAQR	Esso Hannover	Hamburg	36564,4	12907,24	16225
DAQS	Horndeich	Hamburg	5062,5	1787,05	7250
DAQT	Georg Friedrich Händel	Hamburg	263,9	93,17	275
DAQU	Carsten Russ	Hamburg	19346,8	6829,23	5340
DAQV	Anita-Adele+	Hamburg	1941,4	685,30	1000
DAQW	Wotan	Hamburg	610,2	215,38	300
DAQX	Asgard	Hamburg	100,7	35,53	155
DAQY	Ilse Wulff	Hamburg	640,7	226,17	300
DAQZ	Esso Nordenham	Hamburg	311,8	109,88	350
DARA	Meiendorf	Hamburg	370,2	130,67	370
DARB	Cordoba	Hamburg	5985,1	2112,75	3300
DARC	Indal	Hamburg	3004,2	1060,47	2000
DARD	Fresenburg+	Hamburg	6057,5	2138,28	3400
DARE	Finkenwärder 3	Hamburg	156,3*	55,16*	338
DARF	Transamerica	Hamburg	5775,8	2038,87	4400
DARG	Katrin	Hamburg	1,5	0,54	2×20
DARH	Christian Beckedorf	Hamburg	755,9	266,85	—
DARI	Tonndorf	Hamburg	370,2	130,67	370
DARJ	Emma Johanna	Hamburg	21645,5	7640,87	7200
DARK	Harald Horn+	Hamburg	2273,0	802,38	1600
DARL	Z	Hamburg	55,0	19,41	450
DARN	Fairwood+	Hamburg	2849,1	1006,02	1200
DARO	Esso Nürnberg	Hamburg	36249,0	12795,90	16225
DARP	Taucher Flint II	Hamburg	50,8	17,91	290
DARQ	Euromuschel 1	Hamburg	60,0	21,19	80
DARR	Wollin	Hamburg	784,5	276,92	420
DARS	Germania	Hamburg	85,9	30,31	280
DART	Oel-Früh II	Hamburg	113,1	47,69	120
DARU	Esso Essen	Hamburg	49118,8	17338,93	17300
DARV	Sympatika	Hamburg	199,5	70,43	450
DARW	Hein Godenwind	Hamburg	1226,0	432,76	1600
DARX	Inka	Hamburg	68,5	24,19	125
DCAA	Walter Behrens	Köln	499,6	176,38	250
DCAB	Sigrid	Köln	496,4	175,24	250
DCAC	Antha	Köln	388,2	135,27	265
DCAD	Wittekind	Köln	377,0	133,08	265
DCAE	Daniel Denker	Köln	20,2	7,12	125
DCAF	Edmund Halm	Köln	1765,4	623,18	1200
DCAG	Hochmeister	Kiel	1529,2	539,80	925

* = Bruttoraumgehalt.

DCAH — DCCO

Unterscheidungssignale	Namen der Schiffe	Heimathafen der Schiffe	Kubikmeter Nettoraumgehalt	Registertons Nettoraumgehalt	PS
DCAH	Adler	Köln	415,7	146,76	500
DCAI	Waldemar Peter+	Köln	4099,8	1447,22	2000
DCAN	Felicitas	Köln	62,9	25,08	750
DCAP	Scharhörn	Düsseldorf	47,9	16,91	110
DCAR	Rhein	Duisburg-Ruhrort	524,5	185,14	200
DCAS	Heimkehr	Duisburg	272,8	96,29	250
DCAT	Oberhausen	Duisburg-Ruhrort	3181,2	1122,94	2400
DCAU	Ruhr	Duisburg-Ruhrort	419,5	148,10	250
DCAV	Ruhrort+	Duisburg-Ruhrort	2998,1	1058,85	2400
DCAW	Duisburg+	Duisburg-Ruhrort	2902,4	1024,55	2400
DCAX	Tazacorte+	Duisburg-Ruhrort	5016,4	1770,78	3600
DCAY	Helga	Düsseldorf	28,7	10,14	125
DCAZ	Norfa	Düsseldorf	13,3	4,70	120
DCBA	Homberg+	Duisburg-Ruhrort	2932,5	1035,18	2400
DCBB	Franz	Duisburg	298,4	105,35	—
DCBC	Capella	Hamburg	854,3	301,57	500
DCBD	Mosel	Duisburg-Ruhrort	452,3	159,74	300
DCBE	Adele	Hamburg	135,3	47,76	50
DCBF	Adelgunde	Haren/Ems	284,9	100,57	110
DCBG	Adelheid	Haren/Ems	285,6	100,80	75
DCBI	Erin Nübel	Emden	1062,3	374,98	1250
DCBL	Tim. S.	Haren/Ems	525,1	185,86	350
DCBM	Alex	Haren/Ems	281,6	99,40	120
DCBN	Gerd Specht	Borkum	227,3	80,22	50
DCBO	Melior	Haren/Ems	235,5	83,12	290
DCBP	Helena Schepers	Haren/Ems	343,8	121,37	150/180
DCBQ	Altair	Emden	226,1	79,81	250
DCBR	Amalie	Leer	271,3	95,77	130
DCBS	Brooktor	Emden	7396,1	2610,82	3000
DCBT	Angela	Haren/Ems	384,0	135,54	70
DCBU	Angela	Haren/Ems	203,6	71,88	125
DCBV	Angela Elisa	Haren/Ems	305,4	108,00	75
DCBW	Angelina	Haren/Ems	326,8	115,37	150
DCBX	Nordmark	Norddeich	13,6	4,81	90
DCBY	Anna	Haren/Ems	306,5	108,18	150
DCBZ	Anna	Strohausen	210,7	74,36	100
DCCA	Seehund	Norddeich	225,0	79,41	119
DCCB	Timberto	Haren/Ems	621,2	219,21	295
DCCC	Dora Fritzen	Emden	12592,4	4445,11	7200
DCCE	Anni Nübel+	Emden	3513,8	1240,18	1500
DCCF	Anna	Leer	265,0	93,48	130
DCCG	Hödur	Emden	8560,8	3021,98	3500
DCCH	Hinnerk	Haren/Ems	426,6	150,60	300
DCCI	Anna-Maria	Haren/Ems	220,7	77,92	115
DCCJ	Anna-Maria	Ditzum	165,6	58,7	90/100
DCCK	Anna Wilhelmine	Warsingsfehn	111,1	9,23	70
DCCM	Annele	Bensersiel	117,3	41,41	50
DCCN	Antine	Borkum	73,9	26,09	75
DCCO	Antje	Bensersiel	77,7	27,43	36

DCCP — DCEM

Unter-scheidungs-signale	Namen der Schiffe	Heimathafen der Schiffe	Kubik-meter Nettoraumgehalt	Register-tons Nettoraumgehalt	PS
DCCP	Anton	Haren/Ems	258,4	91,22	120
DCCQ	Ariadne	Borkum	214,6	75,74	90
DCCR	Frisia II	Norderney	572,6	202,12	600
DCCT	Armin	Haren/Ems	294,7	104,03	200
DCCU	Arnold	Haren/Ems	356,2	125,73	220
DCCV	Eegen-Huilp	Emden	281,1	99,24	50
DCCW	Peter Wessels	Emden	405,0	142,98	600
DCCX	Baltrum I	Baltrum	213,5	75,37	2×125
DCCY	Speekeroog II	Neuharlingersiel	68,5	24,19	100
DCCZ	Käthe Wessels	Emden	250,7*	88,50*	900
DCDA	Barbara	Ditzum	27,5	9,69	120
DCDB	Maria-Lena	Haren/Ems	322,1	113,69	180
DCDC	Bernhard	Haren/Ems	352,0	124,25	150
DCDD	Bernhardus	Haren/Ems	288,7	101,90	190
DCDE	Heimat	Neuharlingersiel	15,1	5,34	145
DCDF	Hertha I	Norderney	15,7	5,53	125
DCDG	Brandaris	Langeoog	359,7	126,96	135
DCDH	Burkana	Emden	83,4	29,43	50
DCDI	G. M. Daneker	Emden	385,5	136,07	600
DCDJ	Capella	Bensersiel	64,5	22,77	90
DCDK	Capella	Greetsiel	216,4	76,41	145
DCDL	Ilse Fritzen+	Emden	10231,4	3611,67	8500
DCDM	Carl Thiele	Emden	285,4	100,74	390
DCDN	Rudolph Wendt	Leer	401,1	141,58	750
DCDO	C. H. Metger	Emden	285,4	100,74	390
DCDP	Johann Schulte	Emden	385,5	136,07	600
DCDQ	Christina	Haren/Ems	365,5	129,02	150
DCDR	Jann Saathoff	Emden	387,9	136,93	600
DCDS	Concordia	Norddeich	30,8	10,86	70
DCDT	Adler	Leer	119,7	42,26	60
DCDU	Kondor	Norddeich	15,1	5,31	50
DCDV	Cornelia	Warsingsfehn	263,9	93,17	95
DCDW	Cornelia	Leer	261,1	92,18	150
DCDX	Pelikan	Greetsiel	12,1	4,27	100
DCDY	Cum Deo	Haren/Ems	282,7	99,80	150
DCDZ	Bussard	Düsseldorf	22,3	7,86	395
DCEA	Paul Rosenberg	Emden	405,6	143,18	600
DCEB	Consul Brouër	Leer	401,1	141,58	750
DCEC	Delphin	Norddeich	35,8	12,63	90
DCED	Dia Aubel	Emden	279,4*	98,63*	300
DCEE	Gerhard Elfring	Elsfleth	525,0	185,33	300
DCEF	Th. Klingenberg	Emden	387,9	136,93	600
DCEG	Fritzen I	Emden	71,6	25,28	850
DCEH	Großer Bär	Emden	101,3	35,76	1000
DCEI	Jann Looden	Greetsiel	16,4	5,80	80
DCEJ	Pirola	Warsingsfehn	447,9	158,10	—
DCEK	Dorothea Siemering	Hamburg	560,4	197,82	240
DCEL	Dortmund	Emden	260,2	91,85	150
DCEM	Dr. Eichelbaum	Neuharlingersiel	32,1	11,34	120

* = Bruttoraumgehalt.

DCEN — DCGN					
Unterscheidungssignale	Namen der Schiffe	Heimathafen der Schiffe	Kubikmeter Nettoraumgehalt	Registertons Nettoraumgehalt	PS
DCEN	Henriette Wilhelmine Schulte	Emden	19943,9	7040,20	5340
DCEP	Herrentor	Emden	445,8	157,20	310
DCEQ	Jan Gerdes	Haren/Ems	420,0	148,25	150
DCER	Juist	Emden	111,6	39,38	900
DCES	Otto Bolte	Emden	405,6	143,18	600
DCET	Hermann Kiepe	Haren/Ems	404,6	142,83	190
DCEU	Elisabeth	Haren/Ems	298,1	105,21	200
DCEV	Elisabeth	Potshausen	287,6	101,53	120
DCEW	Elisabeth	Greetsiel	164,2	57,95	90
DCEX	Carola Schulte	Emden	9533,7	3365,40	4100
DCEZ	Hastedt	Bremen	370,9	130,92	220
DCFA	Gertrud Fritzen	Emden	10637,6	3755,08	10000
DCFB	Elli Schaa	Leer	208,8	73,70	75/90
DCFC	Else	Rhaudermoor	233,8	82,53	70
DCFD	Else	Emden	302,9	106,93	125
DCFE	Elternsegen	Haren/Ems	234,8	82,89	165
DCFF	Humor	Flensburg	188,1	66,40	200
DCFG	Gauensiek	Hamburg	257,7	90,98	150
DCFH	Ems	Varelerhafen	82,9	29,28	36
DCFI	Gesche Rohden	Leer	607,4	214,42	405
DCFJ	Blinkfüer	Emden	186,8	65,92	150
DCFK	Norderney	Emden	111,6	39,38	750
DCFL	Emsstrom	Haren/Ems	237,5	83,82	120
DCFM	Engelbert	Haren/Ems	282,9	99,88	95/125
DCFN	Eos	Haren/Ems	317,4	112,06	125
DCFO	Aurich	Leer	448,1	158,17	280
DCFQ	Helena	Haren/Ems	553,9	195,53	295
DCFR	Exelsior	Holte	134,6	47,50	55
DCFS	Schwimmkran II	Leer	263,2	92,90	—
DCFT	Mars	Warsingsfehn	268,6	94,81	80
DCFU	Elisabeth Schulte*	Emden	4307,8	1520,46	2250
DCFV	Flott	Norderney	237,4	83,80	100
DCFW	Dele	Haren/Ems	532,3	187,91	340
DCFX	Santa Maria	Haren/Ems	474,4	167,45	300
DCFY	Fortuna	Norddeich	208,9	73,74	85
DCFZ	Fortuna	Rhaudermoor	382,1	134,90	280
DCGA	Fortuna	Hamburg	124,5	43,96	200
DCGB	Edith I	Spetzerfehn	297,2	104,90	80
DCGC	Fortuna I	Spiekeroog	64,9	22,92	50
DCGD	Franziska	Haren/Ems	236,5	83,48	100
DCGE	Bina	Haren/Ems	424,7	149,91	200
DCGF	Frauke	Warsingsfehn	194,2	68,54	50
DCGG	Variatie	Neermoor	269,4	95,10	70
DCGH	Adelheid Sibum	Haren/Ems	683,1	241,15	299
DCGI	Aquamarin	Emden	109,8	38,77	80
DCGJ	Marie	Haren/Ems	380,9	134,47	190
DCGK	Frisia I	Norderney	589,3	208,01	600
DCGN	Frisia V	Norderney	100,6	35,52	100

* = Bruttoraumgehalt.

DCGO — DCIO

Unterscheidungssignale	Namen der Schiffe	Heimathafen der Schiffe	Kubikmeter (Nettoraumgehalt)	Registertons (Nettoraumgehalt)	PS
DCGO	Frisia VI	Norderney	152,5	53,88	150
DCGP	Frisia VII	Norderney	130,8	46,17	75
DCGR	Frisia X	Norderney	385,3	136,00	350
DCGS	Langeoog I	Langeoog	148,9	52,55	125
DCGT	Frisia XIV	Norderney	134,1	47,63	90
DCGU	Frisia XV	Norderney	266,1	93,94	260
DCGV	Fünf Gebrüder	Ditzum	32,0	11,30	140
DCGW	Gebrüder	Neuharlingersiel	13,0	4,58	20
DCGY	Geen Tied	Greetsiel	16,8	5,94	75
DCGZ	Geeske	Bensersiel	78,9	27,84	50
DCHA	Bürgermeister Diekmann	Leer	416,6	147,05	750
DCHB	Gerda	Westrhauderfehn	138,5	49,81	93
DCHC	Gerhard	Haren/Ems	405,5	143,13	180
DCHD	Gerhardine	Borkum	82,1	28,98	75
DCHE	Germania	Warsingsfehn	132,6	46,81	70
DCHF	Gertrud	Haren/Ems	275,8	97,36	180
DCHG	Geschwisterliebe	Haren/Ems	311,9	110,09	150
DCHH	Gesina	Haren/Ems	303,3	107,06	90
DCHJ	Atlantis	Cuxhaven	521,3	184,00	600
DCHK	Hanna	Husum	60,2	21,23	50
DCHL	Gesine	Leer	261,1	92,18	150
DCHM	Osterems	Greetsiel	16,4	5,80	120
DCHN	G. F. Zimmermann	Emden	290,1	102,42	390
DCHO	Glückauf	Haren/Ems	290,1	102,42	100
DCHQ	Heinrich Lutter	Emden	405,6	143,18	600
DCHR	Herm Kiepe	Haren/Ems	508,6	179,52	300
DCHS	Gott mit uns	Haren/Ems	385,2	135,98	110
DCHT	Herman Akkermann	Borkum	50,3	17,74	120
DCHU	Thea	Warsingsfehn	61,6	28,80	36
DCHV	Hanne	Spetzerfehn	174,2	61,51	75
DCHW	Emil Fox	Emden	416,6	147,05	750
DCHX	Hans	Haren/Ems	300,1	105,94	150
DCHY	Hansgrete	Hamburg	114,3	40,35	70
DCHZ	Albrecht Geerds	Emden	250,7*	88,50*	750
DCIB	Hayo	Leer	294,8	104,05	150
DCIC	Heimat	Haren/Ems	296,8	104,77	50
DCID	Heimkehr	Emden	216,4	76,38	150
DCIE	Heinrich Brons	Emden	263,5	93,00	245
DCIF	Heinrich Elfring	Elsfleth	231,2	81,62	110
DCIG	Lux	Emden	316,8	111,82	330
DCIH	Heinz	Haren/Ems	382,7	135,10	70
DCII	Etta	Norddeich	15,2	5,37	150
DCIJ	Helene II	Haren/Ems	266,7	94,15	75
DCIK	Carl Fritzen+	Emden	14871,0	5249,47	5700
DCIL	Helgoland	Emden	117,5	41,47	500
DCIM	Henny	Warsingsfehn	252,9	89,27	120
DCIN	Jakob Ekkenga	Emden	891,4	314,67	500
DCIO	Herm	Haren/Ems	392,2	138,42	200

* = Bruttoraumgehalt.

DCIP — DCKQ

Unter-scheidungs-signale	Namen der Schiffe	Heimathafen	Kubikmeter (Nettoraumgehalt)	Registertons (Nettoraumgehalt)	PS
DCIP	Hermangela	Haren/Ems	296,5	104,66	110
DCIQ	Hermine	Haren/Ems	325,1	114,75	200
DCIR	Hermine	Leer	263,6	93,05	100
DCIT	Dini Lütter	Rhaudermoor	592,5	209,16	150
DCIU	Jakob Emmius Rass	Norderney	15,0	5,29	125
DCIV	Hilde	Leer	236,4	83,46	245
DCIW	Gerhard Ekkenga	Emden	405,6	143,18	600
DCIX	Maria Anna Schulte	Emden	3458,7	1219,15	1600
DCIY	Bernd Boll	Haren/Ems	376,8	133,01	200
DCIZ	Hinderk Looden	Greetsiel	15,3	5,39	50
DCJA	Unitas	Leer	555,7	196,17	310
DCJB	Hoffnung	Rhaudermoor	293,4	103,57	90
DCJC	Siebenbürgen	Leer	850,6	300,26	390
DCJD	Erika	Norddeich	15,7	5,58	116
DCJF	Unitas-H	Hamburg	517,2	182,58	195
DCJH	Alexander	Haren/Ems	452,4	159,69	195
DCJI	Wega	Greetsiel	16,1	5,68	120
DCJJ	Immanuel	Holterfehn	206,2	72,79	75
DCJK	Ilse Schulte*	Emden	19958,9	7045,51	5340
DCJL	Spiekeroog	Emden	108,9	38,43	1050
DCJM	Heige	Haren/Ems	556,5	196,46	299
DCJN	Jantje	Borkum	67,4	23,78	35
DCJO	Karl Zink	Greetsiel	20,1	7,11	150
DCJP	Johann Hermann	Haren/Ems	307,8	108,49	150
DCJQ	Johann Wessels	Emden	149,2	52,60	650
DCJR	Johann Wessels	Emden	296,4	104,64	390
DCJS	Johanna	Warsingsfehn	136,4	48,15	25
DCJT	Baltrum III	Baltrum	319,8	112,91	380
DCJV	Johanne	Haren/Ems	254,3	89,92	95
DCJW	Thekla	Haren/Ems	707,5	249,74	299
DCJX	Elise Schulte	Emden	3476,8	1227,30	1600
DCJY	Wiard Byl	Emden	32,2	11,35	180
DCJZ	Johannes	Haren/Ems	232,0	81,91	90
DCKA	Johannes	Norddeich	21,5	7,59	150
DCKB	Riff	Hamburg	502,8	177,82	300
DCKC	Eltje Looden	Greetsiel	16,1	5,58	100
DCKD	Stella Maris	Haren/Ems	415,7	146,73	300
DCKE	Thekla	Haren/Ems	634,0	223,81	300
DCKF	Jupiter	Warsingsfehn	226,3	79,89	110
DCKG	Jupiter	Petkum	107,3	37,88	70
DCKH	Martina	Haren/Ems	443,9	156,71	195
DCKI	SKI	Leer	370,1	130,64	—
DCKJ	Meteor	Norderney	24,6	8,68	75
DCKL	Katharina Elisabeth	Juist	127,9	45,16	50
DCKM	Heinz-Wilhelm	Haren/Ems	368,3	130,02	155
DCKN	Kehrewieder	Ihlowerfehn	149,3	52,71	75
DCKO	Columbus	Borkum	60,8	21,48	56
DCKP	Hermar	Haren/Ems	675,7	238,53	300
DCKQ	Gertrud	Norderney	114,0	40,26	60

* = Bruttoraumgehalt.

DCKR — DCMQ					
Unterscheidungssignale	Namen der Schiffe	Heimathafen der Schiffe	Kubikmeter (Nettoraumgehalt)	Registertons (Nettoraumgehalt)	PS
DCKR	Nordsee	Norddeich	12,4	4,36	90
DCKS	Mary Nübel+	Emden	7457,4	2632,45	3800
DCKT	Klara Katharina	Greetsiel	266,3	94,01	120
DCKU	Rheinstahl	Emden	20310,6	7169,63	5400
DCKW	Jogela	Burgstaaken	485,9	171,50	200
DCKX	Arenberg	Emden	20324,2	7174,45	5400
DCKY	Lamara	Haren/Ems	715,0	252,38	400
DCLA	Langeoog IV	Langeoog	192,0	67,77	220
DCLB	Caroline	Langeoog	151,3	53,41	50
DCLC	Laurenz	Haren/Ems	245,1	86,53	100
DCLD	Lauria	Haren/Ems	224,5	79,25	90
DCLE	Wilhelm Poppe	Varelerhafen	261,6	92,95	150
DCLF	Germa	Haren/Ems	346,0	122,15	195
DCLG	Sophie Wessels	Emden	345,7*	122,01*	1050
DCLH	Lena	Haren/Ems	348,11	122,87	100
DCLI	Johanna	Ostrhauderfehn	194,3	68,57	90
DCLJ	Lena Kathrina	Haren/Ems	311,0	109,80	200
DCLK	Lene	Leer	207,4	73,22	90
DCLL	Liberté	Greetsiel	66,6	23,52	56/60
DCLM	Liesbeth	Haren/Ems	298,8	105,47	150
DCLN	Liesbeth-Grete	Haren/Ems	306,3	108,12	70
DCLO	Jacoba	Norddeich	116,0	40,96	75
DCLP	Lina	Hamburg	40,8	14,39	12
DCLQ	Liny	Greetsiel	66,7	23,55	42
DCLR	Lübbert	Haren/Ems	358,5	126,55	150
DCLS	Helena Husmann	Haren/Ems	546,9	193,06	295
DCLT	Knock	Emden	856,4	302,32	650
DCLU	Margaretha	Haren/Ems	277,3	97,88	120
DCLV	Nordlicht	Greetsiel	16,4	5,80	150
DCLW	Maria	Haren/Ems	291,6	102,94	120
DCLX	Maria	Haren/Ems	255,7	90,25	90
DCLY	Maria Christina	Haren/Ems	288,5	101,83	70
DCLZ	Maria Elfring	Haren/Ems	198,4	70,22	110
DCMA	Maria Elise	Haren/Ems	282,4	99,68	110
DCMB	Gerd Sibum	Haren/Ems	470,5	166,90	299
DCMC	Insulaner	Norderney	241,5	85,25	100
DCMD	Leda	Leer	830,3	293,09	745
DCME	Marie	Leer	258,0	91,06	130
DCMF	Hildegard	Norddeich	16,4	5,80	—
DCMG	Marie-Hermine-Elise	Ditzum	146,5	51,73	50
DCMH	Mar.BR. Schlichting	Norddeich	30,8	10,86	95
DCMI	Martha	Leer	264,8	93,48	130
DCMK	Berta	Haren/Ems	757,9	267,52	400
DCML	Albatros I	Greetsiel	16,6	5,85	75
DCMM	Frisia III	Emden	595,2	210,21	870
DCMN	Emsfalke	Emden	19340,6	6827,22	7240
DCMO	Emsadler	Emden	19322,6	6820,87	7240
DCMP	Emspirol	Emden	19489,4	6879,75	7240
DCMQ	Meteor	Bensersiel	76,7	27,06	50

* = Bruttoraumgehalt.

DCMR — DCPW

Unterscheidungssignale	Namen der Schiffe	Heimathafen der Schiffe	Kubikmeter Nettoraumgehalt	Registertons Nettoraumgehalt	PS
DCMR	Leerort	Leer	879,2	310,36	650
DCMS	Minchen	Haren/Ems	241,5	85,26	120
DCMT	Min.-Dir. Streil	Emden	346,9	122,45	390
DCMU	Annelie	Loga	45,9	16,19	15
DCMV	Jop	Haren/Ems	800,5	282,59	420
DCMW	Tina	Langeoog	129,5	45,72	120
DCMX	Bernhard Schepers	Haren/Ems	362,6	128,00	290
DCMY	Möwe	Haren/Ems	289,0	102,08	120
DCMZ	Konsul Schulte	Emden	22143,9	7816,83	8150
DCNA	Justine Wessels	Emden	266,1*	93,91*	800
DCNB	Münster	Emden	264,1	93,24	100
DCNC	Rula	Haren/Ems	246,4	86,98	150
DCND	Muttersegen	Haren/Ems	293,5	103,61	235
DCNE	Helmsdale	Leer	392,2	138,45	—
DCNF	Hendrik Fisser	Emden	12866,8	4595,58	5400
DCNG	Norden	Varelerhafen	55,9	19,72	50
DCNH	Nordstrom	Norddeich	14,9	5,27	90
DCNI	Seeadler	Norderney	36,8	12,98	150
DCNJ	A. Jüngerhans	Haren/Ems	304,9	107,61	230
DCNK	Zwei Gebrüder	Haren/Ems	352,6	124,44	150
DCKL	Wilhelm Schaa	Leer	670,3	236,59	300
DCNM	Ostfriesland	Borkum	982,7	346,89	1700
DCNN	Nordstern	Bensersiel	56,6	19,98	15
DCNO	Joma	Haren/Ems	742,7	262,16	299
DCNP	Define	Borkum	51,2	18,08	44
DCNQ	Leda	Leer	136,3	48,11	110
DCNT	Odin	Haren/Ems	299,4	105,68	215
DCNU	Orion	Westrhauderfehn	331,7	117,09	105
DCNV	Margret Byl	Borkum	25,6	8,84	75
DCNW	Ostfriesland	Juist	59,4	20,96	30
DCNZ	Ottina	Haren/Ems	255,4	90,17	200
DCOC	Perle	Carolinensiel	72,4	25,56	50
DCOH	Prinz Homburg	Emden	265,0	93,58	240
DCOJ	Quo Vadis	Haren/Ems	296,0	104,50	120
DCOL	Regina	Haren/Ems	255,7	90,26	180
DCOO	Reimar	Haren/Ems	293,3	103,51	120
DCOP	Reinhard	Haren/Ems	266,8	94,17	75
DCOQ	Reinhold	Haren/Ems	294,5	103,97	75
DCOR	And I	Rhaudermoor	180,7	63,77	100
DCOS	Res Nova	Haren/Ems	247,1	87,23	180
DCOT	Rheinland	Emden	818,7	288,98	800
DCOU	Ria	Haren/Ems	242,3	85,55	150
DCOW	Herm. L.	Haren/Ems	362,1	127,88	225
DCOY	Salva Nos	Haren/Ems	242,6	85,65	145
DCOZ	Schwalbe	Wyk/Föhr	123,8	43,69	150
DCPF	Seeadler	Emden	110,9	39,14	108
DCPG	Wangerooge	Emden	110,6	39,04	500
DCPM	Seelust	Spiekeroog	59,9	21,13	75
DCPW	Spiekeroog	Spiekeroog	70,7	24,97	110

* = Bruttoraumgehalt.

DCPX — DCUC

Unterscheidungssignale	Namen der Schiffe	Heimathafen	Kubikmeter Nettoraumgehalt	Registertons Nettoraumgehalt	PS
DCPX	St. Joseph	Haren/Ems	383,8	135,81	150
DCPY	St. Nikolaus	Haren/Ems	298,6	105,42	75
DCPZ	Steffi	Haren/Ems	307,0	108,35	190
DCQA	Stephan	Haren/Ems	256,7	90,60	125
DCQB	Störtebecker	Borkum	21,9	7,73	32
DCQD	Susanna-Maria	Haren/Ems	216,4	76,38	70
DCQE	Taucher Picksack	Oldersum	10,1	3,56	75
DCQF	Tempo	Haren/Ems	347,6	122,7	105
DCQH	Stölkenhörn	Hamburg	238,1	84,04	120
DCQJ	Thekla Helena	Haren/Ems	217,4	76,73	75
DCQK	Theo-Grete	Haren/Ems	218,3	98,94	110
DCQL	Tim	Haren/Ems	268,6	94,82	150
DCQM	Tini	Emden	139,1	49,11	75
DCQN	Tjeda	Emden	41,2	14,56	36/40
DCQP	Trientje	Iheringsfehn	83,7	29,53	35
DCQS	Ursula	Glückstadt	218,2	77,01	100
DCQU	Hoffnung E	Warsingsfehn	103,2	36,42	50
DCQY	Vertrauen	Warsingsfehn	158,7	56,03	50
DCRA	Vier Gebrüder	Warsingsfehn	60,1	21,22	25
DCRB	Vier Gebrüder	Carolinensiel	47,3	16,71	75
DCRC	Victoria	Glückstadt	218,2	77,01	120/180
DCRG	Vorwärts	Neuharlingersiel	31,2	11,02	90
DCRI	Vorwärts	Rhaudermoor	313,8	110,75	77
DCRN	Westerems	Borkum	25,0	8,84	75
DCRP	Wiking	Greetsiel	13,0	4,58	75
DCRQ	Liese-Lore	Haren/Ems	472,1	166,66	150
DCRR	Dollart	Leer	830,4	293,18	500
DCRS	Karina	Hamburg	268,8	94,88	120
DCRT	Wilhelmine	Westrhauderfehn	49,1	17,34	36
DCRU	Lilo	Haren/Ems	318,0*	112,28*	225
DCRW	Wilma	Haren/Ems	304,4	107,45	180
DCSA	Zwei Gebrüder	Warsingsfehn	166,8	58,88	70
DCSD	Baltic	Haren/Ems	423,4	149,47	150
DCSJ	Petschili	Bremen	384,2	135,62	396
DCSL	Heizöl I	Bensersiel	50,4	17,81	30
DCSS	Mellum	Emden	94,4	33,32	375
DCTC	Helgoland	Düsseldorf	166,5*	84,77*	220
DCTE	Edelweiss	Neuharlingersiel	10,4	3,66	72
DCTH	Käthe	Haren/Ems	221,0	78,02	50
DCTI	Heimkehr	Cuxhaven	91,6	32,33	40
DCTJ	Robbe	Norden	172,9	61,03	40
DCTL	Heimat	Norderney	20,5	7,22	
DCTO	E. S. J. 1	Neuharlingersiel	123,5	43,61	—
DCTP	E. S. J. 2	Neuharlingersiel	124,1	43,80	—
DCTQ	E. S. J. 3	Neuharlingersiel	144,7	51,07	—
DCTR	Hermann	Emden	143,9*	50,78*	395
DCTW	Pionier II	Emden	219,1	77,34	—
DCUA	Edith	Papenburg	184,4	65,09	50
DCUC	Otto Schepers	Haren/Ems	516,8	182,44	150

* = Bruttoraumgehalt.

DCUD — DCWY					
Unter-scheidungs-signale	Namen der Schiffe	Heimathafen	Kubik-meter (Nettoraumgehalt)	Register-tons (Nettoraumgehalt)	PS
DCUD	Dorothea	Duisburg-Ruhrort	163,3*	57,66*	245
DCUG	Johann Schulte	Emden	9814,5	3464,58	2750
DCUL	St. Antonius	Haren/Ems	527,4	186,18	250
DCUM	Rudolf Schepers	Haren/Ems	502,6	177,41	250
DCUO	Hermann	Haren/Ems	494,0	174,38	250
DCUP	Jacobus Fritzen+	Emden	3902,6	1377,60	1250
DCUR	Karl	Haren/Ems	318,4	112,41	250
DCUS	Otto	Haren/Ems	522,8	184,55	250
DCUU	Franz	Haren/Ems	273,2	96,44	250
DCUV	Neptun	Borkum	1,3	0,47	12
DCUW	Heinrich Schulte	Emden	4443,4	1568,51	1250
DCUY	Ditzum-Petkum	Ditzum	39,2	13,85	100
DCUZ	Martha	Emden	416,1	146,87	180
DCVA	Rolf	Haren/Ems	273,2	96,44	250
DCVC	Christel	Haren/Ems	522,8	184,55	250
DCVD	Hein Ottmann	Hamburg	442,5	156,21	300
DCVG	Lippe	Emden	23,9	8,44	250
DCVJ	Justizrat Klasen	Leer	431,1	152,34	860
DCVL	Jakob Ekkenga	Emden	425,1	150,05	680
DCVN	Westfalen	Emden	399,2	140,91	520
DCVP	Hermann Litmeyer	Haren/Ems	389,1	137,36	300
DCVQ	Ostfriesland	Leer	801,1	282,79	250
DCVR	Stadt Leer	Leer	766,1	270,43	360
DCVS	Reimar Edzard Fritzen	Emden	9268,1	3271,64	4000
DCVU	Carl Fisser	Emden	9268,1	3271,64	4000
DCVV	Auguste Schulte	Hamburg	989,1	349,15	925
DCVW	Fenna Rohden	Leer	697,3	246,16	250
DCVX	Annegret I	Haren/Ems	360,5	127,26	200
DCVZ	Odin	Emden	8630,4	3046,54	3200
DCWA	Maria Schulte	Hamburg	982,7	346,88	925
DCWC	Franz	Emden	487,1	171,96	—
DCWD	Berni Nübel	Emden	978,2	345,31	925
DCWE	Herta Engeline Fritzen	Emden	9161,9	3234,16	3500
DCWI	Franciska Hendrik Fisser	Emden	9194,9	3245,80	4000
DCWJ	Kondor	Haren/Ems	397,8	140,43	300
DCWK	Conrad	Haren/Ems	770,3	271,92	300
DCWM	Alwine	Norderney	17,1	6,03	75
DCWN	Julius	Norden	2,4	0,85	100
DCWO	Elisabeth Hendrik Fisser	Emden	1845,2	651,36	1250
DCWQ	Frisia IV	Norderney	521,7	184,15	600
DCWS	Otto Nübel	Emden	1062,6	375,10	1250
DCWT	Jan	Haren/Ems	740,5	261,40	300
DCWU	Angela Schepers	Haren/Ems	332,3	117,31	135
DCWW	Steinbock	Rhaudermoor	524,5	185,15	150
DCWY	Hinricus	Norddeich	27,5	9,70	

* = Bruttoraumgehalt.

DCWZ — DDHE

Unter-scheidungs-signale	Namen der Schiffe	Heimathafen	Kubik-meter Nettoraumgehalt	Register-tons Nettoraumgehalt	PS
DCWZ	Frauke Hermanna...	Greetsiel...........	63,7	22,50	120
DDAA	Thor.............	Norddeich..........	18,8	6,63	90
DDAB	Klostertor..........	Emden	8570,0	3025,21	5400
DDAC	Alnor.............	Flensburg	2040,1	720,14	800
DDAD	Friesland	Leer	539,3	190,36	300
DDAE	Annemarie	Varelerhafen	141,3	49,88	—
DDAF	Peter	Varel	29,6	10,45	—
DDAG	Haiko Meyer	Varelerhafen	141,6	49,99	—
DDAH	Störtebeker	Baltrum	44,8	15,81	120
DDAI	Mellum	Varel	55,0	22,84	100
DDAJ	Dauens	Cuxhaven	162,1	57,21	60
DDAL	Courier	Wilhelmshaven	72,4	25,56	200
DDAM	Eckwarden	Wilhelmshaven	75,9	26,79	198
DDAS	Friesland	Wilhelmshaven	260,1	91,83	310
DDAV	Geeske	Varelerhafen	95,5	33,71	50
DDAX	Hebelina...........	Leer	315,6	111,42	150
DDBA	Helene-Auguste.....	Kiel	59,7	21,09	140
DDBX	Meike	Möltenort	50,1	17,69	155
DDBY	Duburg............	Flensburg..........	239,9	84,70	150
DDCI	Holstein	Lübeck-Travemünde	64,1	22,63	120
DDCM	Saturn	Kiel	17,6	6,21	150
DDCS	Sirius.............	Duisburg...........	37,7	13,22	75
DDCY	Jan Meyer	Varelerhafen	167,4	59,10	110
DDCZ	Holstein	Schulau...........	57,2	20,21	150
DDDG	Hanne.............	Wilhelmshaven	18,9	6,95	150
DDDJ	Rita	Kiel	60,9	21,51	150
DDDL	Makrele	Lübeck-Travemünde	63,8	22,52	120
DDDM	Elfe	Wilhelmshaven	38,7	13,65	2×50
DDDN	Anna Bohlen	Varel.............	147,3	51,98	85
DDDW	Akke Meyer	Varelerhafen	296,7	104,73	100
DDEA	Heinrich Wessels....	Emden	390,1	137,69	160
DDFA	Aenne Jacobs	Brake	140,4	49,56	100
DDFI	Annegret...........	Brake	98,6	34,80	60
DDFN	Concordia..........	Brake	45,2	15,98	22
DDFP	Mimi	Brake	58,2	20,56	—
DDFQ	Blumenthal	Brake	367,6	129,78	250
DDFV	Erna	Brake	240,0	84,73	150
DDGA	Frieda Luise........	Dedesdorf..........	147,2	51,97	120
DDGC	Friedrich-August....	Oldenburg	151,1*	53,34*	400
DDGD	Friesenland	Brake	495,2	174,79	150
DDGF	Gebrüder	Nordenham	29,6	10,44	240
DDGJ	Grete..............	Brake	215,9	76,21	105
DDGP	Hans-Georg	Flensburg..........	391,8	138,11	150
DDGS	Heidina............	Barsselermoor	71,3	25,16	36
DDGT	Heinrich	Brake	188,6	66,60	120
DDGX	Henny.............	Brake	109,9	38,82	60
DDGY	Hermann	Barssel	100,0	35,31	70
DDHB	Hoffnung	Haren/Ems	386,1	136,31	150
DDHE	Ida...............	Barssel	78,8	27,80	36

* = Bruttoraumgehalt.

DDHF — DDKY

Unterscheidungssignale	Namen der Schiffe	Heimathafen	Kubikmeter Nettoraumgehalt	Registertons Nettoraumgehalt	PS
DDHF	Selma Borries	Brake	183,7	64,81	80
DDHH	Ingeborg	Oldenburg	229,6	81,04	70
DDHJ	Harle-Siel	Carolinensiel	65,7	23,18	168
DDHK	Johann	Oldenburg	335,2	118,84	110
DDHL	Johann	Barssel	192,1	67,80	90/100
DDHM	Johanna	Brake	420,2	148,32	150
DDHN	Friesia+	Brake	1668,4	588,93	999
DDHO	Jupiter	Fedderwardersiel	15,8	5,58	50
DDHP	Karl	Oldenburg	91,5*	32,29*	250
DDHQ	Karl Georg	Brake	18,7	6,59	36
DDHT	Lilly	Brake	250,1	88,29	120
DDHU	Luise Bergmann	Brake	380,6	134,35	200
DDHZ	Margarethe	Brake	21,1	7,41	50
DDIA	Maria	Barssel	273,7	96,62	115
DDIB	Christoph Kleemeyer	Bremen	302,5	106,78	135
DDIC	Mathilde	Brake	87,0	30,72	50
DDIH	Möwe	Brake	39,3	13,87	95
DDII	Möwe	Duisburg	122,3	43,16	75
DDIM	Harriersand	Brake	842,8	297,53	500
DDIO	Brakersand	Brake	2215,6	782,09	1200
DDIP	Regina	Brake	453,2	159,97	120
DDIU	Seeadler	Brake	83,2	29,38	50
DDIX	Eberstein	Brake	430,9	152,09	250
DDJB	Edelweiss	Fedderwardersiel	17,0	6,01	150
DDJC	Christine	Brake	430,9	152,09	250
DDJF	Thekla	Barssel	409,2	144,45	200
DDJI	Vorwärts	Brake	219,0	77,30	75
DDJK	Wilhelm Lühring	Brake	332,4	117,35	180
DDJM	Britta	Büsum	29,6	10,44	150
DDJN	BSG 1	Brake	1147,0	404,9	—
DDJR	Tiefbau	Brake	0,7	0,25	90
DDJS	Berta Jacobs	Brake	254,0	89,66	100
DDJT	Schulschiff Deutschland	Oldenburg	2179,2	769,26	
DDKE	La Paloma	Brake	858,4	303,01	700
DDKH	Gebrüder	Nordenham	18,5	6,54	
DDKJ	Elisabeth	Brake	266,5	94,09	135
DDKK	Elisabeth	Barssel	748,5	264,23	250
DDKL	Simone	Brake	563,1	198,78	300
DDKN	Charlotte	Osten	717,4	253,24	250
DDKO	Elli Ahrens	Brake	464,5	163,96	250
DDKQ	Transquebec	Hamburg	3668,0	1294,81	2400
DDKR	Münsterland	Barssel	721,2	254,58	250
DDKT	Hans	Brake	124,5	43,95	100
DDKU	Anne Lange	Hamburg	724,8	255,69	250
DDKV	Else	Brake	4010,7	1415,78	2300
DDKX	Walter+	Bremen	6924,8	2444,26	3000
DDKY	Rodenkirchen	Strohausen	535,6	189,05	200

* = Bruttoraumgehalt.

DDKZ — DDNA

Unterscheidungssignale	Namen der Schiffe	Heimathafen	Kubikmeter Nettoraumgehalt	Registertons Nettoraumgehalt	PS
DDKZ	Stadland	Brake	583,8	206,09	520
DDLA	Joan	Brake	337,7	119,21	110
DDLB	Seetramper+	Bremen	1937,0	683,75	1260
DDLC	Regine	Brake	6923,2	2443,90	4000
DDLE	Goslar+	Hamburg	8556,2	3020,82	3600
DDLG	Germania	Schulau	620,2	218,94	300
DDLH	Wesermarsch	Brake	350,4	123,68	300
DDLI	Jane	Elsfleth	402,0	141,90	300
DDLJ	Adele Ohlrogge	Brake	8209,3	2897,88	3400
DDLK	Unterweser	Brake	651,3	229,91	300
DDLL	Marlies	Brake	652,3	230,21	300
DDLM	Marie Schwinge	Brake	678,1	239,37	300
DDLN	Anton Otholt	Brake	393,3	138,83	390
DDLO	Marion	Brake	196,1	69,23	120
DDLP	Barbara	Elsfleth	425,9	150,34	300
DDLQ	Heinrich Brand	Elsfleth	1374,9	485,34	830
DDLR	Wanda	Brake	320,6	113,17	108
DDLS	Wesermarsch	Strohausen	805,1	284,20	500
DDLT	Vesta	Elsfleth	269,8	95,23	150
DDLV	Visurgis	Elsfleth	437,4	154,39	295
DDLW	Lion	Oldenburg	72,3*	25,52*	150
DDLX	Marken	Brake	476,2	168,11	180
DDLY	Rowold	Oldenburg	58,7*	20,70*	120
DDLZ	Margitta J	Elsfleth	749,9	264,72	450
DDMA	Rotesand	Brake	1572,0	555,0	1000
DDMC	Helms	Oldenburg	135,0	47,66	180
DDMD	Wiking	Brake	817,1	288,43	750
DDMF	Heimat	Fedderwardersiel	16,5	5,82	120
DDMG	Stella	Brake	255,9	90,29	120
DDMH	Hammelwarden	Brake	315,8	111,23	199
DDMJ	Moni	Brake	528,3	186,48	300
DDMK	Christa Thielemann	Brake	370,5	130,78	230
DDML	Brötje	Oldenburg	118,2	41,72	120
DDMM	Braukmann	Oldenburg	139,0	49,06	180
DDMN	Suhr	Oldenburg	2,0	0,71	150
DDMO	Freiheit	Brake	320,8	113,24	198
DDMP	Orion	Fedderwardersiel	16,4	5,80	100
DDMQ	BSG 2	Brake	1178,1	415,87	—
DDMR	Renate Retzlaff	Bremen	2695,0	951,34	1600
DDMS	Adler	Bremen-Vegesack	200,0	70,45	120
DDMT	Ochtum	Bremen	255,1*	90,06*	750
DDMU	Schwaneck	Bremen	2297,6	811,06	1400
DDMV	Berkersheim	Bremen	20025,1	7068,88	6000
DDMW	Blexen	Bremen	8559,5	3021,49	11400
DDMX	Perikles	Bremen	624,0	220,28	1000
DDMY	Auerhahn	Bremen-Vegesack	207,0	73,15	130
DDMZ	Bremen	Bremen-Vegesack	224,0	79,04	130
DDNA	Robbe	Bremen	32,3	11,41	100

* = Bruttoraumgehalt

DDNB — DDOY					
Unter-scheidungs-signale	Namen der Schiffe	Heimathafen	Kubikmeter (Nettoraumgehalt)	Registertons (Nettoraumgehalt)	PS
DDNB	Brunhild	Kiel	201,7	71,19	130
DDNC	Contentia	Bremen	1505,4	531,41	1050
DDND	Sternenfels	Bremen	5786,7	2042,72	3860
DDNE	Dankwart	Elsfleth	443,0	156,37	220
DDNF	Hoheweg	Oldenburg	632,0	223,11	500
DDNG	Dirk	Bremen	356,6	125,87	200
DDNH	Amsel^{+}	Bremen	1204,8	425,18	750
DDNJ	Perseus	Bremen	780,0	275,34	1000
DDNK	Ernst	Hamburg	533,8*	188,44*	980
DDNL	Apollo	Bremen	967,4	341,51	1250
DDNM	Ente	Bremen-Vegesack	203,0	71,65	120
DDNN	Fasan	Bremen-Vegesack	214,0	75,67	120
DDNO	Fasolt	Bremen-Vegesack	269,8	95,24	180
DDNP	Carpathia^{+}	Bremen	3204,2	1131,07	2200
DDNQ	Blumenthal	Bremen	8578,8	3028,13	1140
DDNR	Albireo^{+}	Bremen	6579,6	2327,61	3360
DDNS	Alphard^{+}	Bremen	6606,4	2332,06	3360
DDNT	Stolzenfels	Bremen	5809,0	2050,57	3860
DDNU	Magdalene Vinnen^{+}	Bremen	9355,8	3302,60	3800
DDNV	Arete	Bremen	1867,2	659,14	1000
DDNW	Geier	Bremen-Vegesack	201,2	71,01	120
DDNX	Gerda	Kiel	254,5	89,84	130
DDNY	Stina B	Bremen	436,0	153,91	150
DDNZ	Glück-Auf	Brake	283,5	100,09	90
DDOA	Castor	Bremen	327,2	115,49	200
DDOB	AGW VII	Bremen	1521,0	536,94	700
DDOC	Ansgaritor	Bremen	14783,6	5218,68	4080
DDOD	Habicht	Bremen-Vegesack	198,0	69,72	120
DDOE	Proteus^{+}	Bremen	1589,9	656,52	1000
DDOF	Hangard	Brake	336,9	118,92	240
DDOG	Seebär	Bremen	740,6	261,45	310
DDOH	Modag Lübeck	Lübeck-Travemünde	329,0	116,13	250
DDOI	Wienertor	Bremen	22834,6	8060,61	7640
DDOJ	Bremer Kueper	Bremen	682,2	240,80	750
DDOK	Tilo von Wilmowsky	Bremen	20016,0	7065,64	7500
DDOL	Kolibri	Bremen-Vegesack	217,0	76,69	130
DDOM	Drossel^{+}	Bremen	1313,3	463,58	875
DDON	Marivia^{+}	Bremen	7465,6	2635,45	3000
DDOO	Lerche	Bremen-Vegesack	222,0	78,22	130
DDOP	Rotesand	Bremen	69,5	24,53	2400
DDOQ	Paderborn	Bremen	416,6	147,05	600
DDOR	Sturmfels	Bremen	5730,6	2022,91	3860
DDOS	Weserland	Bremen	432,8	152,79	150
DDOT	Meise	Bremen-Vegesack	225,9	79,76	130
DDOU	Eva Witte	Bremen	582,2	205,52	300
DDOV	Mime	Bremen-Vegesack	269,8	95,24	180
DDOW	Sabratha^{+}	Bremen	3893,1	1374,25	2140
DDOX	Esdörp	Hamburg	329,8	116,44	150
DDOY	Norder Till	Bremen	847,8	299,28	350

* = Bruttoraumgehalt.

DDOZ — DDQU

Unterscheidungssignale	Namen der Schiffe	Heimathafen der Schiffe	Kubikmeter (Nettoraumgehalt)	Registertons (Nettoraumgehalt)	PS
DDOZ	Elster+	Bremen	1303,1	460,00	750
DDPA	Hugo Retzlaff+	Bremen	4100,5	1447,46	2100
DDPB	Burgwall	Bremen	1502,4	530,36	1050
DDPC	Ursula Parchmann+	Bremen	1867,6	659,26	1000
DDPD	Flavia+	Bremen	8492,0	2997,68	3600
DDPE	Nr. 129	Bremen	1106,0	390,40	—
DDPF	Rhauderfehn	Bremen	560,8	197,96	310
DDPG	Inga Bastian	Bremen	2689,3	949,31	1500
DDPH	Karl-Heinz Parchmann	Bremen	1074,5	379,27	1060
DDPI	Helga Schröder+	Bremen	18179,0	6417,20	6000
DDPJ	Onkel Fidi	Bremen	57,7	20,37	1000
DDPK	Heike Möller	Glückstadt	662,6	233,77	—
DDPL	Nr. 153	Bremen	774,9	273,53	—
DDPM	Nr. 156	Bremen	1124,7	397,02	—
DDPN	Nr. 157	Bremen	1101,9	388,98	—
DDPO	Hamme	Bremen	1762,5	622,15	1000
DDPP	Kollund	Flensburg	1027,5	362,71	480
DDPQ	Sperber	Bremen	715,7	252,65	1500
DDPR	Nr. 163	Bremen	1188,1	419,41	—
DDPS	Novia+	Bremen	15812,1	5581,67	6690
DDPT	Anneliese	Bremen	36168,0	12767,30	9000
DDPU	Nr. 168	Bremen	1143,2	403,55	—
DDPV	Nr. 169	Bremen	1190,0	420,07	—
DDPW	Nr. 170	Bremen	1095,4	386,69	—
DDPX	Nr. 171	Bremen	1094,8	386,28	—
DDPY	Oldenburg	Bremen-Vegesack	210,0	74,24	130
DDPZ	Schwarzenfels	Bremen	16623,4	5868,07	5880
DDQA	Pax+	Bremen	1860,1	656,62	1000
DDQB	Carllene+	Bremen	1303,7	460,19	500
DDQC	Cyrene+	Bremen	3893,1	1374,25	2140
DDQD	Weser	Bremen	805,1	284,20	750
DDQE	Burgenstein+	Bremen	13437,8	4743,54	9000
DDQF	Spitzfels	Bremen	16576,4	5851,46	5850
DDQG	Anna Katrin Fritzen	Bremen	19520,5	6890,75	6500
DDQH	Sperber	Bremen-Vegesack	198,0	69,70	120
DDQI	Centaur	Bremen	452,5*	159,73*	1060
DDQJ	Emma Retzlaff	Bremen	2404,2	848,7	1530
DDQK	Lechstein+	Bremen	8892,8	3139,00	4000
DDQL	Strauss	Bremen-Vegesack	201,4	71,11	120
DDQM	Taube	Bremen-Vegesack	214,4	75,67	120
DDQN	Tilly	Strohausen	371,7	131,22	150
DDQO	Susanne Fritzen	Bremen	19520,5	6890,75	6500
DDQP	Bremen	Bremen	48230,2	17025,24	53500
DDQQ	Buchenstein+	Bremen	13382,8	2724,14	9000
DDQR	Weser	Bremen	273,8	83,76	100
DDQS	Anke Pahl	Hamburg	625,2	220,68	240
DDQT	Koralle	Bremen	1063,9	375,57	1400
DDQU	Linzertor	Bremen	18793,6	6634,15	5350

* = Bruttoraumgehalt.

DDQV — DDSX

Unterscheidungssignale	Namen der Schiffe	Heimathafen	Kubikmeter (Nettoraumgehalt)	Registertons (Nettoraumgehalt)	PS
DDQV	Prospekta	Bremen	377,0	133,09	1000
DDQW	Zaunkönig	Bremen-Vegesack	203,0	71,52	120
DDQX	Elsfleth	Bremen	339,0*	119,65*	1030
DDQY	Weissenfels	Bremen	16560,0	5850,00	10800
DDQZ	Berne	Bremen	103,7	36,61	1000
DDRA	Bussard	Bremen	715,7	252,65	1500
DDRB	Najade+	Bremen	8160,8	2880,78	5400
DDRC	Argenfels	Bremen	14298,8	5047,48	4000
DDRD	Fauna	Bremen	1909,2	673,95	1020
DDRF	Midlum	Bremen	254,0*	89,66*	750
DDRG	Poel	Hamburg	263,1	92,88	280
DDRH	Heddernheim	Bremen	4416,6	1559,04	1200
DDRI	Hemelingen	Bremen	297,3*	105,02*	750
DDRJ	California	Bremen	450,0	158,86	300
DDRK	Ingorata	Bremen	18,4	6,51	23
DDRL	Byblos	Bremen	8086,2	2854,42	3360
DDRM	Nr. 134	Bremen	1072,6	378,64	—
DDRN	Bayern	Bremen-Vegesack	217,6	95,89	180
DDRO	Bellavia+	Bremen	8859,2	3127,30	3600
DDRP	Claus	Lübeck	161,0	56,83	700
DDRQ	Tannenfels	Bremen	16581,5	5853,27	5850
DDRS	Nr. 2	Hamburg	809,0	285,59	—
DDRT	Aquila	Bremen	9129,3	3222,65	5550
DDRU	Gröpelingen	Bremen	297,6*	105,02*	750
DDRV	Vegesack	Bremen	4372,2	1543,38	680
DDRW	Nr. 13	Bremen	848,4	299,47	—
DDRX	Nr. 12	Bremen	828,5	292,58	—
DDRY	Diersch VII	Bremen	347,6	122,71	200
DDSA	Jupiter	Bremen	455,1*	160,65*	1580
DDSB	Hengst	Bremen	357,8	126,31	450
DDSD	Helmut Parchmann+	Bremen	1687,2	595,59	1000
DDSC	Specht	Bremen	393,3	138,83	460
DDSE	Mieke Legenhausen+	Bremen	3950,9	1394,66	2400
DDSF	Silesia	Hamburg	387,5	136,77	315
DDSG	Illstein+	Bremen	7964,5	2811,47	3900
DDSH	Trautenfels	Bremen	16587,4	5855,32	5850
DDSI	Griesheim	Bremen	6818,1	2406,79	2800
DDSJ	Bremer Banken	Bremen	663,3	234,14	1060
DDSK	Hessen	Bremen-Vegesack	271,6	95,89	180
DDSL	Württemberg	Bremen-Vegesack	271,6	95,89	180
DDSM	Uhenfels	Bremen	17518,9	6184,17	5850
DDSN	Bremer Norden	Bremen	1801,7	636,00	1900
DDSO	Tide	Bremen	824,5	291,04	752
DDSQ	Aumund	Bremen	200,0*	70,61*	500
DDSR	Seefalke	Bremerhaven	83,8	29,57	2×1500
DDSS	Inge	Bremen	35619,7	12573,77	9000
DDST	Schleswig	Bremen-Vegesack	377,0	133,07	200
DDSV	Frieda Morgenroth	Bremen	412,8	145,71	300
DDSX	Holstein	Bremen-Vegesack	377,0	133,07	200

* = Bruttoraumgehalt.

DDSY — DEAI

Unterscheidungssignale	Namen der Schiffe	Heimathafen	Kubikmeter (Nettoraumgehalt)	Registertons (Nettoraumgehalt)	PS
DDSY	Wiedstein+	Bremen	7967,7	2812,60	3900
DDSZ	Wesermünde	Bremen	4377,1	1545,10	6800
DDTA	Else Retzlaff	Bremen	2704,4	954,64	1650
DDTB	Okertal	Bremen	3060,4	1080,31	6000
DDTC	Pylades	Bremen	1013,6	357,80	550
DDTF	Greiffenfels	Bremen	10712,3	3781,42	4200
DDTG	Hans	Bremen	412,8	145,71	250
DDTH	Grete Büscher	Bremen	760,1	268,32	250
DDTI	Bremer Anwalt	Bremen	663,3	234,14	1060
DDTJ	Nabstein+	Bremen	8898,5	3141,18	4000
DDTK	Adler	Bremen	2166,3	764,70	1500
DDTL	Buntenstein+	Bremen	13384,8	4724,84	9000
DDTM	Altenfels	Bremen	8966,9	3165,29	4900
DDTN	Geversdorf	Bremen	712,2	251,39	250
DDTO	Oktant	Bremen	797,0	281,33	250
DDTQ	Argo	Bremen	2204,1	778,05	1400
DDTR	Falke	Bremen	2166,3	764,07	2400
DDTS	Nautilus	Bremen	5056,4	1784,91	1250
DDTT	Ilse	Hamburg	5602,1	1977,54	1300
DDTV	Zeus II	Bremen	814,3	287,45	250
DDTW	Treuenfels	Bremen	16669,6	5884,36	5850
DDTX	Antares	Bremen	4087,7	1442,97	2300
DDTY	Altair	Bremen	2521,7	890,16	1600
DDTZ	Freiheit	Bremen	846,6	298,85	250
DDUA	Flut	Bremen	701,2	247,54	250
DDUB	Möwe	Bremen	2123,1	749,46	1500
DDUC	Bellona	Bremen	1967,7	594,59	1500
DDUF	Consul Arlt+	Bremen	4096,4	1446,02	1650
DDUG	Lumme	Bremen	2075,8	732,75	1500
DDUI	Baden	Bremen	423,5	149,51	480
DDUJ	Helios+	Bremen	3860,7	1362,82	1600
DDUK	Delia	Bremen	1986,6	701,26	1500
DDUL	Erpel	Bremen	2075,7	732,73	1600
DDUN	Rheinstein	Bremen	4233,8	1494,52	3900
DDUO	Alk+	Bremen	2911,1	1027,6	1975
DDUT	Hestia	Bremen	2404,0	848,60	2400
DDUU	Lahnstein	Bremen	4234,0	1494,59	3900
DDUV	Milos	Bremen	776,2	274,01	300
DDUX	Saarstein	Bremen	4234,0	1494,59	3900
DDUY	Elsbeth Wiards	Bremen	9171,1	3237,41	3000
DDUZ	Nordland+	Bremen	507,6	179,19	300
DEAA	Naguilan	Bremen	4013,2	1416,67	2400
DEAB	Niedersachsen	Bremen	280,0	98,91	450
DEAD	Bodetal	Bremen	3056,2	1078,83	6000
DEAE	Innstein	Bremen	4234,0	1494,59	3900
DEAF	Eschersheim	Bremen	4663,2	1646,11	1200
DEAG	Emsstein	Bremen	4242,4	1497,56	3900
DEAH	Levante	Bremen	3991,6	1409,04	2400
DEAI	Maja	Bremen	722,7	255,11	300

DEAJ — DECW

Unterscheidungssignale	Namen der Schiffe	Heimathafen	Kubikmeter (Nettoraumgehalt)	Registertons (Nettoraumgehalt)	PS
DEAJ	Harga Kiepe	Bremen	392,0	138,37	300
DEAK	Roheweg	Bremen	114,6	40,47	2400
DEAL	Ruhrstein	Bremen	4238,7	1496,27	3900
DEAM	Diersch IV	Bremen	239,4	84,49	200
DEAQ	Bremerhaven	Bremen	3300,4	1165,08	4300
DEAS	Bärenfels	Bremen	11297,9	3988,17	3820
DEAT	Lichtenstein	Bremen	3612,5	1275,23	3900
DEAU	Nordsee	Bremerhaven	8871,9	3131,78	2900
DEAW	Birkenfels	Bremen	11280,9	3982,17	3820
DEAX	Liebenstein	Bremen	3612,5	1275,28	3900
DEAY	Thule	Bremen	420,0	148,25	300
DEAZ	Braunfels	Bremen	11313,9	3993,80	3820
DEBD	Albert	Bremen	789,2	278,60	300
DEBE	Eversand	Brake	706,6	249,43	450
DEBF	Heinrich	Bremen	402,7	142,16	360
DEBG	Flora	Bremen	1800,2	635,47	1040
DEBH	Castor	Bremen	1543,2	544,75	1200
DEBI	Altenwall	Bremen	1473,2	520,05	650
DEBJ	Galtgarben+	Bremen	1510,0	533,08	550
DEBL	Arcturus	Bremen	2294,8	810,08	1840
DEBM	Göteborg	Hamburg	748,7	264,30	300
DEBN	Nabob	Bremen	13110,5	4628,00	6800
DEBO	Rainer Parchmann	Bremen	785,9	277,42	360
DEBP	Anglia	Bremen	715,2	252,47	1000
DEBQ	Bremen	Bremen	115,7	40,86	1200
DEBR	Diamant	Bremen	1481,5	522,95	800
DEBS	Neptun	Bremen	4180,4	1475,68	3050
DEBT	Bremer Glocke	Bremen	468,0	165,22	500
DEBU	Kattenturm	Bremen	2468,9	871,52	1800
DEBV	Eifel	Bremen	2124,1	749,81	1000
DEBX	Ägäis	Bremen	4231,8	1493,82	2×1200
DEBZ	Bremer Reeder	Bremen	695,3	245,44	1250
DECA	Hohenhörn	Kiel	2744,6	968,83	1200
DECB	Kitty Porr	Hamburg	1476,9	521,88	800
DECC	Brandenstein	Bremen	8938,8	3155,39	7800
DECD	Kondor+	Bremen	1495,6	527,96	1250
DECE	Bremer Roland+	Bremen	1026,8	362,47	450
DECF	Brummer	Bremen	226,7	80,08	200
DECG	Aldebaran	Bremen	4349,5	1535,36	3200
DECJ	Wartenfels	Bremen	16541,3	5839,10	10800
DECL	Ehrenfels	Bremen	8455,6	2984,82	4650
DECN	Bieberstein	Bremen	8946,6	3158,16	7800
DECP	Mariaeck+	Bremen	2300,2	811,98	1400
DECQ	Nordland	Bremen	265,5	93,72	470
DECR	Skagenhörn+	Kiel	2679,5	945,84	1200
DECS	Marmara	Bremen	4207,9	1485,40	3600
DECU	Drachenfels	Bremen	8817,4	3112,56	4650
DECV	Ostertor	Bremen	10056,2	3549,88	3600
DECW	Turmfalke	Bremen	714,6	252,26	490

DECX — DEEZ

Unterscheidungssignale	Namen der Schiffe	Heimathafen der Schiffe	Kubikmeter (Nettoraumgehalt)	Registertons (Nettoraumgehalt)	PS
DECX	Falkenfels	Bremen	8360,5	2951,25	3600
DECY	Vinum	Bremen	794,5	280,46	600
DECZ	Bärenstein	Bremen	8946,6	3158,16	7800
DEDA	Weserstein	Bremen	11229,4	3964,00	9000
DEDC	Werrastein	Bremen	11058,2	3903,55	9000
DEDD	Iris	Bremen	376,8	133,00	450
DEDE	Weserflug I	Bremen	2867,9	1012,37	680
DEDF	Edda Cords+	Bremen	7595,2	2681,10	3000
DEDG	Neckarstein	Bremen	11653,7	4113,76	9000
DEDH	Algenib	Bremen	4342,0	1532,72	3200
DEDI	Bremer Import	Bremen	695,3	245,44	1250
DEDJ	Siegerland	Hamburg	694,2	245,05	555
DEDK	Schwanheim	Bremen	16458,8	5809,95	3500
DEDM	Ceres	Bremen	370,0	130,61	450
DEDN	Bornheim+	Bremen	7067,5	2494,83	2940
DEDO	Pollux	Bremen	1551,2	547,59	1600
DEDP	Freienfels	Bremen	8799,7	3106,31	4650
DEDQ	Nestor+	Bremen	6606,1	2331,94	3335
DEDR	Moselstein	Bremen	11657,7	4115,15	9000
DEDS	Schwabenstein	Bremen	14834,4	5236,54	10560
DEDT	Silvia+	Bremen	8314,2	2934,92	3000
DEDU	Berlin	Bremen	29128,8	10288,46	13500
DEDV	Kurt Arlt	Bremen	3147,2	1110,95	1650
DEDW	Hohenfels	Bremen	10986,6	3878,27	7200
DEDX	Algol	Bremen	3605,8	1272,84	2940
DEDY	Karin Cords	Bremen	1711,4	604,14	1000
DEDZ	Audentia	Bremen	1336,8	471,88	980
DEEB	Habicht+	Bremen	1751,0	618,10	1330
DEED	Regenstein+	Bremen	17544,7	6193,28	9000
DEEE	Farge	Bremen	84,8	29,94	1000
DEEG	Riederstein+	Bremen	17547,7	6194,34	9000
DEEI	Bremer Export	Bremen	713,1	251,71	1250
DEEJ	Brake	Bremen	84,8	29,94	1000
DEEK	Aries	Bremen	3597,6	1269,94	2940
DEEL	Goldenfels	Bremen	11205,7	3995,61	9000
DEEM	Havelstein	Bremen	11146,9	3934,86	9000
DEEN	Kahlenberg	Bremen	417,7	147,48	300
DEEO	Raffelberg	Bremen	655,1	231,25	300
DEEP	Bremer Wappen+	Bremen	1080,1	381,26	500
DEEQ	Kurt Bastian	Bremen	1272,2	449,10	800
DEER	Kandelfels	Bremen	11581,0	4088,10	8000
DEES	Robert Meyhoefer	Bremen	454,9	160,54	380
DEET	Lichtenfels	Bremen	13434,9	4742,53	5600
DEEU	Aschanti IV	Bremen	154,9	54,69	320
DEEV	Gutenfels	Bremen	11291,2	3985,81	9000
DEEW	Hilda Ahrens	Bremen	841,8	296,97	520
DEEX	Isarstein	Bremen	11140,8	3932,70	9000
DEEY	Seeclipper+	Bremen	1894,0	792,70	1260
DEEZ	Aphaia+	Bremen	1549,7	547,06	750

DEFA — DENF

Unterscheidungssignale	Namen der Schiffe	Heimathafen	Kubikmeter (Nettoraumgehalt)	Registertons (Nettoraumgehalt)	PS
DEFA	Kybfels	Bremen	11571,4	4084,70	8000
DEFB	Elisabeth Berger+	Bremen	5811,4	2051,48	2620
DEFC	Hornbaltic	Bremen	810,8	286,23	760
DEFD	Bayernstein	Bremen	14927,5	5269,42	10560
DEFE	Thalia+	Bremen	1009,9	356,49	500
DEFF	Themis	Bremen	367,4	129,68	500
DEFG	Geier+	Bremen	1763,9	622,65	1330
DEFI	Adria+	Bremen	4820,4	1701,60	2500
DEFJ	Brandenburg	Bremen-Vegesack	408,7	144,26	600
DEFK	Sachsen	Bremen-Vegesack	408,7	144,26	600
DEFM	Schlesien	Bremen-Vegesack	408,7	144,26	600
DEFN	Thetis	Bremen	364,1	128,54	500
DEFO	Theseus	Bremen	330,2	116,56	500
DEFP	Mecklenburg	Bremen-Vegesack	408,7	144,26	600
DEFQ	Nordland	Bremen	265,5	93,72	470
DEFR	Pommern	Bremen-Vegesack	408,7	144,26	600
DEFS	Pirol+	Bremen	1271,0	448,67	590
DEFT	Elisabeth	Bremen	1400,4	494,36	1000
DEFU	Bremer Flagge	Bremen	485,1	171,24	500
DEFV	Max Arlt+	Bremen	1263,6	446,05	750
DEFW	Imsum	Bremen	247,4*	87,34*	750
DEFX	Emanuel II	Bremen	876,2	309,44	520
DEFY	Alexis	Bremen	644,9	227,66	1000
DEFZ	Dorum	Bremen	247,4*	87,34*	750
DEGA	Sielwall	Bremen	672,9	237,54	500
DEGC	Bremer Boerse	Bremen	446,6	157,64	500
DEGE	Stadthagen	Bremen	418,8	147,84	600
DEGF	Stolzenau	Bremen	418,8	147,84	600
DEGG	Minden	Bremen	418,8	147,84	600
DEGH	Windheim	Bremen	418,8	147,84	600
DEGI	Nienburg	Bremen	418,8	147,84	600
DEGJ	Thebe	Bremen	450,0	158,84	500
DEGK	Lesum	Bremen	713,4	251,82	300
DEGL	Bremer Handel	Bremen	746,9	263,66	750
DEGM	Catrin	Bremen	547,4	193,22	500
DEGN	Mariann	Bremen	1379,0	486,80	1000
DEGO	Corona	Bremen	548,1	193,47	500
DEGP	Bremer Flotte	Bremen	442,5	156,19	750
DEGQ	Bremerlotse	Bremen	36,2	12,77	500
DEGS	Grohn	Bremen	599,8	211,71	300
DEGT	Lesum	Bremen	248,8*	87,83*	750
DEGU	Heinrich Parchmann	Bremen	548,0	193,48	375
DEGW	Erich Haslinger	Bremen	913,6	322,51	575
DEGY	Seefalke	Bremen	607,4	214,42	300
DENA	Capriccio	Düsseldorf	52,3	18,46	300
DENC	Maria Karola	Duisburg	560,8	197,96	310
DEND	Lies	Düsseldorf	261,5	93,32	150
DENE	Annette	Duisburg-Ruhrort	23,3	8,23	570
DENF	Haniel-Bunkerboot II	Duisburg-Ruhrort	179,0	60,01	232

* = Bruttoraumgehalt.

DENG — DEPI

Unter-scheidungs-signale	Namen der Schiffe	Heimathafen	Kubik-meter (Nettoraumgehalt)	Register-tons (Nettoraumgehalt)	PS
DENG	Gunda	Düsseldorf	641,8	226,56	299
DENH	Olga Scheu	Duisburg-Ruhrort	499,1	158,53	200
DENI	Hellmuth	Duisburg-Ruhrort	135,1*	47,68*	500
DENJ	Haniel-Bunkerboot III	Duisburg-Ruhrort	201,7	71,22	232
DENK	Nenadou	Düsseldorf	41,8	14,76	188
DENM	Spree	Duisburg-Ruhrort	708,8	250,18	515
DENP	Sagitta	Bremerhaven	728,5	257,17	2000
DENQ	Andreas	Bremerhaven	63,8	22,54	120
DENR	Regensburg	Bremerhaven	696,9	246,00	1000
DENS	Spitzbergen	Bremerhaven	898,3	317,11	1100
DENT	Maria von Jever	Bremerhaven	548,3	193,54	850
DENU	Herta II	Bremerhaven	483,9	154,95	270
DENV	Island	Bremerhaven	908,8	320,79	1100
DENW	Bärbel	Lübeck-Travemünde	63,6	22,46	120
DENY	Aldebaran	Bremerhaven	732,8	258,58	1000
DENZ	Berta	Bremerhaven	62,6	22,11	125
DEOA	Thunfisch	Bremerhaven	1050,7	370,88	1250
DEOB	Flachsee	Bremerhaven	1844,6	651,16	1020
DEOC	Malangen	Bremerhaven	738,3	260,63	1000
DEOD	Castor	Lübeck-Travemünde	63,7	22,49	120
DEOE	Chronik	Bremerhaven	1046,8	365,53	—
DEOF	Hermann Krause	Bremerhaven	743,4	262,42	1000
DEOG	Hermann Ahlers	Bremerhaven	745,6	263,21	880
DEOH	Wolf I	Hamburg	18,9	6,67	120
DEOI	Heidi	Lübeck-Travemünde	63,6	22,45	120
DEOJ	Karlsburg	Bremerhaven	750,4	264,89	1000
DEOL	Etha Rickmers	Bremerhaven	13495,3	4763,84	6300
DEOM	J. Hinr. Wilhelms	Bremerhaven	593,8	209,45	1000
DEON	Braunschweig	Bremerhaven	717,2	253,20	1000
DEOO	Forelle	Hambg.-Altenwerder	29,5	10,40	120
DEOP	Union 8	Bremerhaven	72,0	25,41	1000
DEOQ	Kormoran	Bremerhaven	1055,1	372,45	1560
DEOR	Friedel	Bremerhaven	60,9	21,50	120
DEOT	Schellfisch	Bremerhaven	1054,4	372,19	1560
DEOU	Birkenau+	Bremerhaven	12369,9	4366,57	4400
DEOV	Gerda	Bremerhaven	59,7	21,06	150
DEOW	Gier	Hamburg	193,1	68,17	—
DEOX	Falkland	Bremerhaven	755,3	266,62	1000
DEOY	Heini	Emden	129,7	45,78	68
DEOZ	Frankfurt a. M.	Bremerhaven	717,2	253,17	1000
DEPA	Carl Wiederkehr	Bremerhaven	840,9	296,82	1650
DEPB	Kulle Christoph	Kiel	62,1	21,91	150
DEPC	Sägefisch	Bremerhaven	1054,4	372,19	1600
DEPD	Hertha	Bremerhaven	64,5	22,78	120
DEPE	Wiking	Kiel	741,0	261,57	1000
DEPG	H. Klopp	Bremerhaven	26,6	9,59	75
DEPH	Hoffnung	Neustadt/Holst	37,5	13,24	125
DEPI	Hans Heinz	Heikendorf	59,3	20,93	120

* = Bruttoraumgehalt.

DEPJ — DERH

Unterscheidungssignale	Namen der Schiffe	Heimathafen der Schiffe	Kubikmeter Nettoraumgehalt	Registertons Nettoraumgehalt	PS
DEPJ	Falke	Wremen	16,4	5,80	90
DEPL	Henry Everling	Bremerhaven	774,7	273,49	1000
DEPM	Ursel	Bremerhaven	62,7	22,15	150
DEPN	Reinhard	Cuxhaven	62,4	22,01	180
DEPO	Jan van Gent	Hamburg-Finkenwerder	61,7	21,78	150
DEPQ	Niederelbe	Hamburg-Finkenwerder	61,7	21,78	120
DEPR	Nordstern	Bremerhaven	1111,3	392,30	1960
DEPS	Karoline	Heikendorf	59,7	21,07	150
DEPT	Ursula Rickmers+	Bremerhaven	11685,6	4125,00	4400
DEPU	Hermes	Bremerhaven	44,0	15,53	1900
DEPV	Hugo Homann	Bremerhaven	981,7	346,56	1250
DEPW	Magnet	Hamburg	1158,8	409,08	—
DEPX	Katfisch	Bremerhaven	1115,5	393,77	1600
DEPY	Magda-Lene	Neustadt/Holst.	29,7	10,48	125
DEPZ	Jupiter	Bremerhaven	751,1	265,12	1000
DEQA	Mechthild	Bremerhaven	733,6	258,97	1000
DEGB	Hanseat	Bremerhaven	1183,4	417,73	2345
DEQC	Germania	Cuxhaven	733,5	258,92	1000
DEQD	Nation	Bremerhaven	1050,6	370,87	—
DEQE	Rotersand	Bremerhaven	1183,4	417,73	2345
DEQF	Ludwig Schweisfurth	Bremerhaven	722,9	255,17	1000
DEQG	Nordland	Hamburg	70,3	24,81	125
DEQH	Kormoran	Bremerhaven	109,8	38,76	150
DEQI	Freddy	Hamburg	87,9	31,01	150
DEQJ	Sancta Maria	Schulau	69,0	24,35	125
DEQK	Dieter	Kiel	35,1	12,39	240
DEQL	Albatros	Bremerhaven	743,3	262,37	1250
DEQM	Meteor	Schulau	71,0	25,08	150
DEQO	Weser	Bremerhaven	251,5	88,75	200
DEQQ	Ilse-Marlen	Hbg.-Finkenwerder	65,2	23,01	150
DEQR	Berlin	Bremerhaven	1021,3	360,51	1850
DEQS	Dohrnbank	Bremerhaven	754,4	266,30	1000
DEQT	Traute	Lübeck-Travemünde	61,7	21,78	150
DEQU	Nixe	Hbg.-Finkenwerder	61,8	21,80	130
DEQV	Nordenham	Bremerhaven	1127,5	398,02	2200
DEQW	Johannes Krüss	Bremerhaven	752,2	265,52	1000
DEQX	Hoheweg	Bremerhaven	1183,4	417,73	2345
DEQY	Heinrich Kern	Bremerhaven	1088,1	384,07	2345
DEQZ	Bockholm	Flensburg	1338,7	472,62	850
DERA	Henny	Cuxhaven	62,8	22,17	120
DERB	Geestemünde+	Bremerhaven	15909,4	5616,03	7740
DERC	Traute Schumacher	Bremerhaven	15,5	5,81	120
DERD	Uranus	Lübeck-Travemünde	26,8	9,47	100/150
DERE	Hans Böckler	Bremerhaven	1875,1	661,90	2400
DERF	Nordsee	Bremerhaven	251,9*	88,93*	450
DERG	Doris	Bremerhaven	61,9	21,85	150
DERH	Edith Wiese	Lübeck	172,0	60,70	90

* = Bruttoraumgehalt.

DERI — DETL

Unter-scheidungs-signale	Namen der Schiffe	Heimathafen	Kubikmeter (Nettoraumgehalt)	Registertons (Nettoraumgehalt)	PS
DERI	Adler	Bremerhaven	21,8	7,51	50
DERJ	Cuxhaven+	Bremerhaven	15509,5	5616,04	8000
DERK	Wilhelm Peter	Kiel	58,9	20,79	120
DERL	Neuharlingersiel+	Bremerhaven	16688,3	5890,95	10000
DERM	Wilma	Leer	59,0	20,83	125
DERN	Mellum	Bremerhaven	1183,4	417,73	2375
DERO	Dora	Bremerhaven	12,1	4,29	75
DERQ	Essen	Bremerhaven	696,8	245,79	1000
DERR	Frankfurt/Main	Bremerhaven	465,3	164,24	750
DERT	Saarbrücken	Bremerhaven	696,9	246,00	1590
DERV	Düsseldorf	Bremerhaven	1127,5	398,02	2200
DERW	Heinrich Meins	Bremerhaven	983,2	347,08	1200
DERX	Straßburg	Bremerhaven	656,1	231,62	850
DERY	Bremerhaven	Bremerhaven	972,5	343,29	2200
DERZ	Vest Recklinghausen	Bremerhaven	1098,4	387,72	2000
DESA	Gabriele	Hamburg	618,7	218,41	300
DESB	St. Monika	Haren/Ems	343,0	121,07	250
DESC	Perseus	Bremerhaven	543,6	191,89	900
DESD	Wartburg	Bremerhaven	656,1	231,62	850
DESE	Koopmann Bohn	Bremerhaven	62,7	22,12	150
DESF	Margot Jacobs	Brake	301,7	106,50	120
DESG	Sirius	Arnis/Schlei	30,7	10,82	120
DESH	Taurus	Bremerhaven	357,9	126,35	120
DESI	Vikingbank	Bremerhaven	1011,0	356,88	2160
DESK	Gneisenau	Lübeck-Travemünde	62,5	22,07	120
DESL	Nordenham	Bremerhaven	1356,5	478,83	1000
DESM	Grönland	Bremerhaven	1011,0	356,88	2160
DESP	Marlies	Bremerhaven	64,5	22,82	150
DESQ	Osnabrück	Bremerhaven	640,1	225,95	750
DESR	Fladengrund	Bremerhaven	657,5	232,10	860
DESS	Carl Kämpf	Bremerhaven	786,4	277,59	1250
DEST	Erna	Cuxhaven	57,0	20,13	120
DESU	Sonne	Bremerhaven	582,4	205,60	800
DESV	Sirius	Bremerhaven	1111,0	392,15	2345
DESW	Schütting	Bremerhaven	705,1	248,90	750
DESX	Hans vom Hoff	Bremerhaven	667,4	239,12	850
DESZ	Heinrich Bueren	Bremerhaven	679,6	239,88	875
DETA	Neptun	Bremerhaven	58,9	20,70	125
DETB	Susann	Lübeck-Travemünde	60,9	21,51	120
DETC	Germania	Heiligenhafen	60,1	21,21	120
DETD	Thüringen	Bremerhaven	737,8	260,48	1000
DETE	P. J. Marwitz	Hamburg	63,1	22,26	120
DETF	Inge	Heiligenhafen	60,6	21,39	120
DETG	Wega	Lübeck-Travemünde	59,7	21,09	120
DETH	Rolano	Schulau	55,8	19,71	200
DETI	Neptun III	Niendorf	59,5	21,02	120
DETJ	Seelust	Heikendorf	60,1	21,22	120
DETK	Hanne	Lübeck-Travemünde	60,8	21,30	120
DETL	Pollux	Lübeck-Travemünde	60,9	21,51	120

DETM — DFAN					
Unter-scheidungs-signale	Namen der Schiffe	Heimathafen	Kubikmeter (Nettoraumgehalt)	Registertons (Nettoraumgehalt)	PS
DETM	Atlantic	Lübeck-Travemünde.	62,4	22,08	120
DETN	Erika Mönch	Wedel	59,2	20,89	120
DETO	Tübingen	Bremerhaven	509,6	179,88	700
DETP	Rainer Falko	Lübeck-Travemünde	62,9	22,20	120
DETQ	Bernhard Grundmann	Bremerhaven	679,6	239,88	850
DETR	Elke-Brigitte	Burgstaaken	61,1	21,57	120
DETS	Paula	Heiligenhafen	63,6	22,46	150
DETT	Max Sieghold+	Bremerhaven	2534,2	894,57	1500
DETU	Anneliese	Kiel	59,5	21,02	150
DETV	Richard Kaselowsky.	Bremerhaven	648,8	229,01	875
DETW	Nymphe	Hamburg-Finkenwerder	58,1	20,51	165
DETX	Bürgermeister Smidt	Bremerhaven	1052,4	371,48	2700
DETZ	Condor	Wremen	16,4	5,80	115
DEUA	Gotland	Kiel	58,9	20,78	120
DEUB	Friedrich Busse	Bremerhaven	679,6	239,88	875
DEUC	Hannelore	Lübeck-Travemünde.	59,5	21,02	120
DEUD	Peter von Danzig	Lübeck-Travemünde.	59,6	21,04	120
DEUE	Gudrun	Laboe	59,2	20,89	150
DEUF	Neuwerk	Niendorf	66,3	23,41	120
DEUG	Salzburg	Bremerhaven	737,8	260,43	1000
DEUH	Roland	Bremerhaven	676,9	238,95	1000
DEUI	Gerh. van Heukelum	Bremerhaven	641,4	226,41	875
DEUJ	Haltenbank	Bremerhaven	672,7	237,46	1000
DEUK	Wesel	Bremerhaven	402,1	141,95	750
DEUL	Saturn	Bremerhaven	940,0	331,82	1250
DEUM	Mönchengladbach	Bremerhaven	555,1	195,95	850
DEUN	Mond	Bremerhaven	555,1	195,95	800
DEUO	Uranus	Bremerhaven	1015,1	358,32	2345
DEUP	Preußen	Bremerhaven	675,4	238,40	750
DEUQ	Hein Davidsen	Bremerhaven	578,0	204,05	875
DEUS	Bonn	Bremerhaven	507,4	179,11	720
DEUT	Anna Busse	Bremerhaven	537,4	189,70	800
DEUU	Süderau	Bremerhaven	1971,9	696,09	1430
DEUV	Norderau+	Bremerhaven	4051,1	1430,05	1430
DEUW	Andenes	Bremerhaven	674,9	238,24	1000
DEUX	Rogge I	Bremerhaven	370,9	130,93	—
DEUY	Rogge XVII	Bremerhaven	686,7	242,40	—
DEUZ	Rogge XVIII	Bremerhaven	686,7	242,40	—
DFAA	Carl	Bremerhaven.	101,0*	35,67*	145
DFAB	Nordsee	Bremerhaven	205,6*	72,59*	350
DFAE	Dortmund	Bremerhaven	670,9	236,82	990
DFAF	Regulus	Bremerhaven	671,9	237,19	1000
DFAG	Max Gundelach	Bremerhaven	557,3	196,72	850
DFAI	Teutonia	Cuxhaven	571,0	201,56	800
DFAJ	Speyer	Bremerhaven	620,2	218,92	800
DFAK	Max	Bremerhaven	668,2	235,86	1000
DFAM	Nürnberg	Bremerhaven	713,4	251,82	880
DFAN	Bremen	Bremerhaven	670,9	236,82	990

* = Bruttoraumgehalt.

DFAO — DFLO

Unterscheidungssignale	Namen der Schiffe	Heimathafen	Kubikmeter (Nettoraumgehalt)	Registertons (Nettoraumgehalt)	PS
DFAO	Frisia	Cuxhaven	686,7	242,41	1000
DFAP	Varuna	Bremerhaven	20,0	7,08	10/12
DFAQ	Helgoland	Bremerhaven	676,1	238,66	1000
DFAR	Hans Homann	Bremerhaven	557,9	196,95	850
DFAU	Stadt Herten	Bremerhaven	742,8	262,22	880
DFAV	Bremerhaven	Bremerhaven	1517,6	535,71	1000
DFAW	Alemannia	Cuxhaven	746,2	263,41	1000
DFAX	Christian Homann	Bremerhaven	563,1	198,77	820
DFAY	Friedenau+	Bremerhaven	14420,8	5090,88	5800
DFAZ	Mosel	Bremerhaven	555,9	196,22	820
DFBA	Gustav Dahrendorf	Bremerhaven	806,4	284,67	1250
DFGI	Gebrüder	Otterndorf	19,7	6,95	100
DFGK	Gerhard	Geversdorf	113,5	40,07	50
DFGR	Grete	Cuxhaven	31,3	11,06	75
DFGX	Hans Friedrich	Oberndorf	185,9	65,61	60
DFHK	Insulaner	Wyk a. Föhr	147,6	52,11	80
DFHL	Irmgard	Cuxhaven	20,1	7,10	75
DFHQ	Theoja II	Cuxhaven	108,4	38,28	120
DFHS	Roland von Wedel	Schulau	80,0	28,24	150
DFID	Margretha	Ostrhauderfehn	322,6	113,89	75
DFIG	Marion	Cuxhaven	13,8	4,87	40
DFIO	Nige Oge	Neufeld	20,8	7,35	80
DFIQ	Nordlicht	Cuxhaven	19,6	6,92	100
DFIZ	Präsident Freiherr von Maltzahn	Cuxhaven	49,4	17,43	120
DFJC	Rügen	Cuxhaven	26,9	9,50	100
DFJD	Sathurn	Helgoland	264,5	93,36	165
DFJL	Seemöwe	Cuxhaven	18,1	6,37	70
DFJO	Seestern	Cuxhaven	16,9	5,96	75
DFKE	Taucher Sievers	Cuxhaven	63,6	22,49	550
DFKG	Traute	Neuhaus/Oste	79,6	28,09	22
DFKS	Schlesien	Cuxhaven	656,1	231,61	750
DFKU	Sachsen	Cuxhaven	656,1	231,62	750
DFKV	Koblenz	Cuxhaven	645,5	227,87	800
DFKX	Hochsee I	Cuxhaven	136,7*	48,25*	225
DFKZ	Seeteufel	Bremen	975,0	344,18	300
DFLA	Franken	Cuxhaven	608,4	214,78	850
DFLB	Hornsriff	Hbg.-Finkenwerder	60,1	21,09	120
DFLC	Dithmarschen	Cuxhaven	60,9	21,51	120
DFLD	Jürgen Dieter	Cuxhaven	60,5	21,37	240
DFLE	Anita	Hbg.-Finkenwerder	59,0	21,08	120
DFLF	Bayern	Cuxhaven	608,4	214,78	850
DFLG	Alte Liebe	Heikendorf	56,8	20,07	120
DFLI	Butendiek	Haffkrug	59,7	21,30	120
DFLJ	Witten	Cuxhaven	640,1	225,95	800
DFLL	Schwaben	Cuxhaven	602,3	212,63	850
DFLM	John Thies	Hamburg	59,5	21,02	120
DFLN	Karlsruhe	Cuxhaven	640,1	225,95	800
DFLO	Freiburg i. Br.	Cuxhaven	509,6	178,88	900

* = Bruttoraumgehalt.

DFLP — DFNX					
Unterscheidungssignale	Namen der Schiffe	Heimathafen der Schiffe	Kubikmeter Nettoraumgehalt	Registertons Nettoraumgehalt	PS
DFLP	Waltraut	Cuxhaven	62,4	22,08	120
DFLQ	Fladengrund	Heiligenhafen	60,1	21,23	150
DFLR	Fischereidirektor Meinken	Cuxhaven	59,7	21,90	180
DFLS	Ronald	Hamburg	405,0	142,96	250
DFLT	Helgoland	Lübeck-Travemünde	63,2	22,31	150
DFLV	Günther	Cuxhaven	86,4	30,51	—
DFLW	Darmstadt	Cuxhaven	476,0	168,1	920
DFLZ	Hermann Fischer	Cuxhaven	39,6	13,09	120
DFMA	Hildesheim	Cuxhaven	640,1	225,95	800
DFMB	John Olbers I	Cuxhaven	101,6	35,87	100
DFME	Hermann	Hamburg	42,9	15,18	12
DFMH	Friedrichshafen	Cuxhaven	548,4	193,58	850
DFMJ	Heidelberg	Cuxhaven	506,5	178,51	900
DFMK	Condor	Kiel	68,5	24,19	250
DFMN	Kurmark	Cuxhaven	678,2	239,42	1000
DFMO	Mark Brandenburg	Cuxhaven	671,6	237,06	1000
DFMP	Duisburg	Cuxhaven	548,3	193,54	850
DFMQ	Hannover	Cuxhaven	670,8	236,78	1000
DFMR	Wuppertal	Cuxhaven	713,4	251,82	875
DFMS	Harald Ottens	Cuxhaven	2394,3	845,19	1150
DFMU	Heimatland	Cuxhaven	58,1	20,55	120
DFMV	Margrit	Cuxhaven	57,5	20,28	120
DFMW	Uta	Cuxhaven	62,7	22,18	120
DFMZ	Westfalen	Cuxhaven	766,8	270,66	1000
DFNA	Württemberg	Cuxhaven	766,8	270,66	1000
DFNB	Hof	Cuxhaven	717,2	253,17	1000
DFNC	Baden	Cuxhaven	753,3	265,93	1000
DFND	Sperber	Cuxhaven	27,3	9,62	120
DFNE	Land Hadeln	Otterndorf	887,2	313,19	490
DFNF	Taucher O. Wulf IV	Cuxhaven	100,3	35,41	500
DFNG	Antje	Otterndorf	30,4	10,72	120
DFNH	Seelotse	Cuxhaven	21,4	7,56	275
DFNJ	Bielefeld	Cuxhaven	696,9	246,00	1130+ 550
DFNK	Wega	Amrum	71,8	25,33	120
DFNL	Taucher O. Wulf 6	Cuxhaven	19,1	6,73	200
DFNM	Bussard	Cuxhaven	22,4	7,89	150
DFNN	Herta	Cuxhaven	157,9	55,74	120
DFNO	Augsburg	Cuxhaven	1106,5	390,60	1800
DFNP	Hagen	Cuxhaven	1106,5	390,60	1800
DFNQ	Wiking	Cuxhaven	421,6	148,83	750
DFNR	Minden	Cuxhaven	987,9	348,72	2100
DFNS	Seeschwalbe	Cuxhaven	19,7	6,97	100
DFNT	Würzburg	Cuxhaven	1127,5	398,00	1850
DFNU	Hessen	Cuxhaven	1486,0	524,56	2390
DFNV	Cuxhaven	Cuxhaven	1021,3	360,52	2200
DFNW	Saar	Cuxhaven	1486,0	524,56	2300
DFNX	München	Cuxhaven	1005,7	355,00	1850

DFNY — DFUT					
Unter-scheidungs-signale	Namen der Schiffe	Heimathafen	Kubikmeter (Nettoraumgehalt)	Registertons (Nettoraumgehalt)	PS
DFNY	Seute Deern	Cuxhaven	858,2	302,94	1440
DFNZ	Ramona	Cuxhaven	21,2	7,49	120
DFRP	Sabine	Uetersen	1220,8	430,74	290
DFRQ	Elisabeth Entz	Rendsburg	39846,3	14065,74	12700
DFSL	Frieda	Assel	65,6	23,15	18
DFSM	Stadersand+	Stade	868,0	306,40	500
DFSO	Wilhelmine Oltmann	Stade	658,6	232,46	250
DFSR	Emma Fitschen	Assel	62,7	22,14	16
DFST	Anna	Ostendorf	114,5	40,41	24/28
DFSV	Alwine	Barnkrug	65,5	23,13	25
DFSW	Margareta	Assel	127,7	45,09	45
DFSX	Katharina Becker	Hamburg	67,1	23,68	25
DFSY	Johanne	Assel	77,1	27,22	25
DFSZ	Anne	Assel	90,8	32,06	25
DFTA	Oste	Stade	670,7	214,52	300
DFTD	Henny	Keitum/Sylt	24,4	8,62	25
DFTE	Johanna	Hamburg	85,1	30,08	30
DFTG	Heinz Bernhard	Stade	381,6	134,71	290
DFTH	Pohlmann II	Assel	88,2	31,13	75
DFTI	Germane	Stade	523,8	184,89	250
DFTK	Vaterland	Stade	650,7	229,68	425
DFTL	Gunda	Stade	608,8	214,72	290
DFTM	Hermann Elsen	Stade	376,9	133,06	290
DFTN	Jan Suhr	Stade	510,1	180,07	300
DFTO	Rita Holst	Stade	410,8	144,85	270
DFTP	Renate Becker	Stade	334,5	118,06	300
DFTQ	Atlantis	Stade	517,2	182,59	300
DFTR	Helga Dehde	Stade	333,9	117,87	300
DFTS	Trave	Estebrügge	612,6	216,24	500
DFTT	Hanngrid	Stade	519,6	183,42	450
DFTU	Basbeck	Osten	721,9	254,81	520
DFTV	Rebena	Stade	665,8	235,04	300
DFTW	Lühe	Stade	530,1	187,13	300
DFTY	Alk	Dornbusch	525,5	185,52	300
DFTZ	Groverort	Stade	712,0	251,35	300
DFUA	Hinrich Kolster	Osten	646,2	228,12	300
DFUB	Klaus Jagemann	Stade	404,5	142,80	300
DFUC	Pohlmann 3	Assel	153,8	54,30	133
DFUD	Este	Stade	596,7	210,65	300
DFUE	Greundiek	Grünendeich	458,9	162,00	300
DFUF	Hanfried	Stade	363,1	128,18	250
DFUH	Adda	Grünendeich	355,1	125,36	160
DFUJ	Adele	Wischhafen	185,3	65,41	60
DFUL	Agnes	Krautsand	286,1	100,98	60
DFUM	Alma	Bützfleth	175,1	61,88	75
DFUN	Gerda Suhr	Abbenfleth	201,2	71,02	70
DFUP	Amalie	Abbenfleth	154,9	54,67	80
DFUQ	Amanda	Ritsch/Kehdingen	191,4	67,76	80
DFUT	Anna	Wischhafen	241,5	85,26	48

DFUU — DFXG

Unter-scheidungs-signale	Namen der Schiffe	Heimathafen	Kubikmeter Nettoraumgehalt	Registertons Nettoraumgehalt	PS
DFUU	Anna	Krautsand	110,8	39,12	60
DFUV	Anna	Assel	234,5	82,77	100
DFUW	Anna Dieckmann	Emden	113,6	40,09	25
DFUX	Anna-Maria	Dornbusch	113,0	39,88	100
DFUY	Anne	Bützfleth	158,2	55,84	90
DFUZ	Anni	Wischhafen	150,0	52,93	75
DFVB	Marianne Söhl	Ritsch/Kehdingen	93,8	32,95	36
DFVC	Bertha	Hamburg	169,8	59,92	60
DFVD	Betty	Krautsand	195,1	68,86	60
DFVE	Elfriede H.	Gauensiek	222,1	78,39	120
DFVF	Comet	Krautsand	117,6	41,52	75
DFVI	Daheim	Krautsand	166,9	58,91	50
DFVK	Dora	Dornbusch	83,2	29,36	25
DFVL	Edelweiß	Krautsand	258,3	91,17	75
DFVM	Elisabeth	Wischhafen	163,0	57,55	80
DFVO	Ella	Bützfleth	154,7	54,61	100
DFVP	Else Marie	Heiligenhafen	101,4	35,78	35
DFVR	Jan Reinhold	Nordstrand	130,2	45,97	50
DFVS	Frieda	Dornbusch	91,1	32,15	50
DFVT	Frieda Elisabeth	Wischhafen	225,0	79,42	75
DFVW	Iduna	Hamburg	199,7	70,50	72
DFVX	Günter	Wischhafen	260,9	92,08	50
DFVZ	Hans	Krautsand	167,8	59,22	75
DFWA	Walter	Lübeck	218,7	77,19	120
DFWB	Heini	Hamburg-Neuenfelde	260,7	92,04	150
DFWD	Helios	Stade	112,9	39,84	55
DFWE	Elke-Marie	Krautsand	147,7	52,15	90
DFWF	Hoffnung	Krautsand	252,2	89,02	90
DFWG	Ro. 14	Hamburg	124,6	43,97	36
DFWH	Ida	Krautsand	254,9	89,99	50
DFWI	Irma	Gauensiek	132,0	46,60	50
DFWJ	Johanna	Gauensiek	291,5	102,90	75
DFWL	Johanne	Bützfleth	196,6	69,88	50
DFWM	Johanne	Mühlenhafen	216,4	76,38	114
DFWN	Johannes-Emil	Amrum	108,3	38,22	40
DFWO	Gerda Becker	Ritsch/Kehdingen	153,3	54,11	80
DFWQ	Käte	Hamburg	334,5	118,07	200
DFWT	Katharina	Mühlenhafen	191,9	67,73	70
DFWU	Kehrwieder	Wischhafen	201,4	71,09	75
DFWV	Herta Marlies	Hamburg	89,4	31,55	25
DFWW	Horn	Bützfleth	141,6	49,98	100
DFWX	Margaretha	Stade	267,8	94,53	80
DFWY	Margaretha	Gauensiek	125,8	44,42	75
DFWZ	Margaretha	Krautsand	168,7	59,54	75/95
DFXB	Maria	Abbenfleth	98,9	34,91	35
DFXC	Maria Dorothea	Assel	77,4	27,32	25
DFXD	Tilde	Munkmarsch/Sylt	69,4	24,49	75
DFXE	Marie	Ritsch/Kehdingen	178,4	62,97	90
DFXG	Mary	Königreich	112,8	39,83	25

DFXH — DGAB					
Unterscheidungssignale	Namen der Schiffe	Heimathafen der Schiffe	Nettoraumgehalt Kubikmeter	Nettoraumgehalt Registertons	PS
DFXH	Mathilde	Wischhafen	187,2	66,07	50
DFXI	Merkur	Freiburg/Elbe	106,0	37,41	50
DFXJ	Meta Adele	Gauensiek	273,5	96,55	75
DFXK	Norderelbe	Hamburg	123,0	43,43	60
DFXL	Paul Gährs	Estebrügge	399,6	141,06	150
DFXM	Persia	Dornbusch	158,5	55,00	75
DFXN	Martha Jacobs	Brake	205,8	72,64	140
DFXO	Peter	Ritsch/Kehdingen	144,0	50,85	55
DFXR	Ruhr	Bützfleth	260,5	91,97	110
DFXS	Seeadler	Wischhafen	132,0	46,60	80
DFXU	Sophie	Laboe	118,8	41,95	36
DFXV	Süderelbe	Dornbusch	164,3	57,99	75
DFXX	Heinz-Georg	Barssel	214,8	75,84	75
DFXZ	Venus	Oberndorf	184,9	68,79	90
DFYA	Venus	Gauensiek	111,1	39,20	75
DFYB	Vineta	Barnkrug	116,5	41,14	60
DFYC	Walter	Weserdeich	113,6	40,10	80
DFYD	Windhuk	Wyk/Föhr	100,7	35,54	70
DFYE	Windsbraut	Borstel/Jork	161,8	57,11	100
DFYF	Windsbraut	Wischhafen	287,1	101,38	80
DFYG	Windsbraut	Laboe	100,5	35,51	50
DFYH	Keen Tied	Itzehoe	115,1	40,61	80
DFYL	Johanna	Wischhafen	213,8	75,30	120
DFYN	Uranus	Abbenfleth	130,0	46,02	60
DFYQ	Frieda	Bützfleth	108,4	38,27	25
DFYR	Heimkehr II	Cuxhaven	127,6	45,03	25/28
DFYS	Bertha	Abbenfleth	170,7	60,26	80
DFYV	Johanne	Grünendeich	178,1	62,88	75
DFYW	Sirene	Estebrügge	222,1	78,39	100
DFZA	Betty	Gräpel	94,1	33,23	30
DFZB	Frieda	Barnkrug	218,2	77,04	75
DFZD	Jürgen	Stade	405,0	142,96	250
DFZE	Ruth-Dieter	Stade	508,9	179,63	200
DFZF	Anna Sietas	Grünendeich	962,4	339,72	250
DFZJ	Magda Elfers	Assel	166,1	58,63	100
DFZK	Heinz	Lühe	192,6	67,99	—
DFZL	Elfriede	Assel	32,6	11,50	24
DFZM	Gerda Adele	Elm/Stade	130,2	45,95	25
DFZQ	Johanne-Marie	Bützfleth	101,8	35,92	25
DFZR	Claus	Bützfleth	63,9	22,54	25
DFZS	Hanni-Lene	Bremen	705,2	248,92	250
DFZT	Anna	Freiburg/Elbe	110,7	39,09	25
DFZU	Gretchen	Ritsch/Kehdingen	83,4	29,44	40
DFZV	Adele	Barnkrug	54,9	19,38	22
DFZW	Rolf Behrmann	Krautsand	422,8	149,24	250
DFZX	Schwinge	Stade	338,5	119,49	180
DFZY	Renate	Stade	462,6	163,30	250
DFZZ	Cremona 2	Hamburg	438,0	154,52	240
DGAB	Aar	Hamburg	497,6	175,64	250

DGAC — DGCC					
Unterscheidungssignale	Namen der Schiffe	Heimathafen der Schiffe	Kubikmeter (Nettoraumgehalt)	Registertons (Nettoraumgehalt)	PS
DGAC	Moana	Orth/Fehmarn	364,6	128,7	200
DGAD	Scheersberg+	Hamburg	3007,1	1061,50	1650
DGAE	Jens Jensen	Hamburg	282,9	99,87	165
DGAF	Jan Wilfried	Hamburg	299,9	105,88	150
DGAG	Bernd Leonhardt	Hamburg	9671,4	3414,0	3500
DGAH	Adele	Hamburg	268,4	94,75	75
DGAI	Adelheid	Hamburg	277,6	97,99	80
DGAJ	Adelheid	Hamburg	195,9	69,14	75
DGAK	Antje Adelheid	Hamburg	113,3	40,01	120
DGAL	Adler	Hamburg	276,1	97,46	75
DGAM	Dieksand	Hamburg-Finkenwdr.	60,2	21,24	130
DGAN	Mikado	Hamburg	92,7*	32,71*	200
DGAO	Eckstein	Duisburg	372,8	131,60	200
DGAP	Agnes	Hamburg	136,5	48,20	80
DGAQ	Neuwied	Hamburg	1497,1	528,27	800
DGAR	A. H. Both	Hamburg	751,8	265,19	200
DGAS	Albatross	Hamburg-Finkenwdr.	41,7	14,72	80
DGAT	Albert	Hamburg	110,0	38,84	50
DGAU	Sankt Marien	Hamburg	1851,1	653,44	1500
DGAW	Albert Gido	Hamburg	213,8	75,31	85
DGAX	Alida	Hamburg	160,4	56,64	75
DGAY	Angeln	Hamburg	839,2	296,29	520
DGAZ	Alita III	Hamburg	260,8	91,88	125
DGBA	Fehmarn III	Hamburg	89,8	31,70	60
DGBB	Allegro	Hamburg	213,4	75,34	110
DGBC	Alma	Hamburg	402,8	142,08	150
DGBD	Alma	Büsum	122,3	43,17	70
DGBE	Alma	Hamburg	271,7	95,90	75
DGBF	Alma	Husum	118,1	41,69	75
DGBH	Pickhuben	Hamburg	963,7	340,18	1050
DGBI	Alteland	Hamburg	238,5	84,18	72
DGBJ	Laumühlen	Hamburg	404,8	142,78	300
DGBK	Inka Ritscher+	Hamburg	925,7	326,77	300
DGBL	A. M. 1	Hamburg	194,1	68,50	100
DGBM	A. M. 2	Hamburg	117,5	41,48	50
DGBN	Birte Hugo Stinnes	Kiel	13765,8	4859,34	6000
DGBO	Othmarschen	Hamburg	186,8	65,95	420
DGBP	Amandus	Hamburg	142,9	50,46	75
DGBQ	Georgswerder	Hamburg	72,6	25,68	850
DGBR	Amazone	Hamburg	353,1	124,63	150
DGBS	Amor	Hamburg-Finkenwdr.	38,9	13,74	120
DGBT	Andome	Hamburg	124,1	43,82	75
DGBU	Anita	Hamburg	281,8	85,35	135
DGBV	Ness	Hamburg	1290,8	455,67	1530
DGBW	Seefalke III	Hamburg	174,0	61,44	130
DGBX	Anna	Hamburg	196,6	69,40	90
DGCA	Anna	Hamburg	98,7	34,85	50
DGCB	BP Olex 95	Emden	102,2	36,09	50
DGCC	Anna	Hamburg-Finkenwdr.	49,7	17,54	120

* = Bruttoraumgehalt.

DGCD — DGED

Unter-scheidungs-signale	Namen der Schiffe	Heimathafen der Schiffe	Kubikmeter Nettoraumgehalt	Registertons Nettoraumgehalt	PS
DGCD	Alsterfleet	Hamburg	1754,7	619,42	800
DGCE	Bilbao+	Hamburg	3420,5	1207,84	2520
DGCF	Ernst G. Russ	Hamburg	21008,7	7416,07	7200
DGCG	Anna-Frieda	Hamburg	285,8	100,88	90/115
DGCH	Anna-Helene	Hamburg	298,8	105,47	90
DGCI	Nordland I	Wyk/Föhr	128,6	45,39	50
DGCJ	Hilda-S	Hamburg	124,6	43,99	50
DGCK	Anna Marie	Hamburg	292,8	103,17	110
DGCL	Anna Marta	Hamburg	378,7	133,67	200
DGCM	Anna Thekla	Hamburg	277,4	97,92	100
DGCN	Anna Woldmann	Hamburg-Finkenwdr.	70,9	25,04	200
DGCP	A. M. 3	Hamburg	156,6	55,28	100
DGCQ	Anne Helene	Hamburg	145,5	51,38	95
DGCS	Annemarie	Hamburg	459,1	126,06	150
DGCT	Anni	Hamburg	224,2	79,13	90
DGCU	Anni	Hamburg	329,2	116,21	80
DGCV	Eros	Hamburg	888,7	313,72	500
DGCW	Antares	Hamburg	324,9	114,70	100
DGCX	Antje	Hamburg	671,7	237,18	300
DGCZ	Antje Oltmann	Hamburg	410,1	144,75	300
DGDA	Aquarius	Emden	146,6	51,74	120
DGDB	Argonaut	Hamburg	212,3	74,93	80
DGDC	Arnolde	Hamburg	421,3	148,74	165
DGDD	Blumenthal+	Hamburg	15544,3	5487,13	10800
DGDE	Astrid	Hamburg	95,9	33,84	150
DGDF	Atlantik	Hamburg	413,1	145,82	150
DGDG	Audieck	Hamburg-Finkenwdr.	60,9	21,51	120
DGDH	Auguste	Hamburg	330,7	116,78	120
DGDI	Auguste	Hamburg	221,2*	78,02*	575
DGDJ	Aurora	Hamburg	117,5	41,49	100
DGDK	Ausdauer	Hamburg	4905,1	731,50	2×180
DGDL	Aventura	Hamburg	275,4	97,22	150
DGDM	Baldur	Hamburg	111,4	39,31	60
DGDO	Barnkrug	Hamburg	159,5	56,32	120
DGDP	Jupiter	Hamburg	37,4	13,21	250
DGDQ	Baumwall	Hamburg	10,2	3,59	525
DGDR	E. u. M. Schwimmkran III	Hamburg	1253,3	442,41	—
DGDT	Berger V	Bremerhaven	906,5	319,99	—
DGDU	Berger VII	Hamburg	907,9	320,49	—
DGDV	Berta Louise	Hamburg	256,9	90,68	70
DGDW	Bertha	Hamburg	345,8	122,08	110
DGDX	Bertha	Hamburg	192,8	68,05	105
DGDY	Berta Hermine	Hamburg-Finkenwdr.	21,5	7,59	85
DGDZ	Bertha Johanna	Hamburg	369,5	130,43	110
DGEA	Berta Köhlmann	Hamburg	392,7	138,62	150
DGEB	Jutta II	Brake	226,4	79,93	115
DGEC	Betty	Hamburg	156,1	55,10	50
DGED	Langeoog III	Langeoog	309,7	109,33	200

* = Bruttoraumgehalt.

DGEE — DGGA					
Unter-scheidungs-signale	Namen der Schiffe	Heimathafen der Schiffe	Kubik-meter Nettoraumgehalt	Register-tons Nettoraumgehalt	PS
DGEE	Albertine	Hamburg	57,8	20,42	25
DGEF	Bugsier 4	Hamburg	68,1	24,05	850
DGEG	Brigitta	Hamburg	35,6	12,57	100
DGEH	Brix Hansen	Hamburg-Finkenwdr.	58,0	20,47	180
DGEI	Traute	Hamburg	525,0	185,33	300
DGEJ	Sundpilen	Hamburg	1127,1	397,88	1000
DGEK	Naumburg	Hamburg	4350,7	1535,80	3600
DGEL	Hornbay	Hamburg	4342,2	1532,80	5340
DGEM	Bussard	Hamburg	67,1	23,69	180
DGEN	Bützfleth	Hamburg	224,7	79,44	100
DGEO	B. & V. Kranich	Hamburg	526,2	185,75	1000
DGEP	Ina Lehmann	Lübeck	854,8	301,78	525
DGER	Christian Russ+	Hamburg	19948,6	7041,87	5340
DGES	Carlshütte	Hamburg	418,5	147,48	200
DGEU	Sottorf	Hamburg	2266,3	799,99	1250
DGEV	Essenberg	Hamburg	2876,20	1015,30	2000
DGEW	Balkan+	Hamburg	12241,9	4321,88	4000
DGEX	C. A. Woldmann	Hamburg-Finkenwerder	50,1	17,69	120
DGEY	Charlotte	Hamburg	161,5	57,02	70
DGEZ	Charlotte	Hamburg	653,8	230,81	350
DGFA	Nanni Russ	Hamburg	1765,0	623,05	1500
DGFB	Gretke Oldendorf	Lübeck	2838,5	1001,98	1800
DGFC	C. H. Kreft	Hamburg-Finkenwdr.	61,9	21,83	130
DGFD	Walküre	Hamburg	377,5	133,24	150
DGFE	Christa Juls	Hamburg	322,0	113,65	100
DGFF	Martin Friedrichs	Hamburg	770,4	271,95	1000
DGFG	Barbara	Hamburg	778,2	274,72	500
DGFH	Sonja	Hamburg	198,8	70,19	90
DGFI	Palmyra	Hamburg	341,6	120,60	150
DGFJ	Hohenlinden	Hamburg	881,0	311,00	500
DGFK	Rita	Munkmarsch/Sylt	57,1	20,16	50
DGFL	Elisabeth Henriette Schulte+	Hamburg	5138,6	1813,9	2300
DGFM	Claus Erich	Hamburg	336,3	118,73	100
DGFN	Bernd Becker	Hamburg	781,1	277,86	300
DGFO	Condor	Hamburg	233,2	82,33	100
DGFP	Condor	Hamburg	88,0	31,06	30
DGFR	Marie-Louise Haltermann	Hamburg	1132,5	399,75	840
DGFS	Stuttgart	Hamburg	670,9	236,82	990
DGFT	Courier	Hamburg	202,2	71,37	100
DGFU	Unterelbe	Hamburg	420,5	148,43	200
DGFV	Herta Raap	Hamburg	106,0	37,41	50
DGFW	Delphin III	Hamburg	411,0	145,08	150
DGFX	Delphin IV	Hamburg	344,5	121,63	200
DGFY	Schauenburg	Hamburg	6493,5	2292,21	5400
DGFZ	Derfflinger	Hamburg	501,7	177,10	150
DGGA	Deutschland	Rendsburg	579,0	204,39	200

DGGB — DGIA

Unter-scheidungs-signale	Namen der Schiffe	Heimathafen der Schiffe	Nettoraumgehalt Kubikmeter	Nettoraumgehalt Registertons	PS
DGGB	Diamant	Neustadt/Holst.	35,4	12,51	90
DGGC	Diana	Wyk/Föhr	111,5	39,34	80/90
DGGD	Dide	Hamburg	298,3	105,29	100
DGGE	Grete Hagenah	Hamburg	174,1	61,46	75
DGGF	Dora	Hamburg	219,9	77,62	90
DGGG	Krischan Stark	Hamburg	637,4	224,99	300
DGGH	Dora	Hamburg	271,8	95,94	70
DGGI	Elselotte Rehder	Hamburg	1399,6	494,06	830
DGGJ	Dorotea	Hamburg	291,4	102,87	100
DGGK	Dorothea	Hamburg	276,5	97,59	75
DGGL	Dorothea	Hamburg	223,8	79,01	110
DGGM	Stuttgart	Hamburg	8977,7	3169,13	8000
DGGN	Thorwald	Hamburg	720,5	254,32	400
DGGO	Norderelbe II	Hamburg	280,4	98,99	65
DGGP	Eben Ezer	Hamburg-Finkenwdr.	31,2	11,02	85
DGGQ	Edith	Hamburg	281,2	99,27	90
DGGR	Egerland	Hamburg	392,8	138,76	200
DGGS	Argonaut	Hamburg	606,5	214,10	300
DGGT	Odin	Kiel	73,3	25,88	320
DGGU	Jens	Hamburg	416,1	146,86	250
DGGV	Elbe	Hamburg	137,8	48,65	75
DGGW	Eric Reckmann	Hamburg	2131,4	752,40	1240
DGGX	Elbe	Hamburg	99,8	35,22	50
DGGY	Elbe	Hamburg	697,0	246,05	—
DGGZ	Tankleichter Elbe	Hamburg	2199,9	776,55	—
DGHA	Elenore	Hamburg	312,7	110,38	250
DGHB	Anna Rehder+	Hamburg	1181,4	417,40	990
DGHD	Käte Hamm	Hamburg	1127,2	396,84	700
DGHE	Thomas Schulte+	Hamburg	3878,3	1369,04	1680
DGHG	Elise	Hamburg	158,2	55,85	90
DGHH	Hartmut von Ahn	Hamburg	251,8	88,89	80
DGHI	Cap San Augustin+	Hamburg	15778,6	5569,86	11650
DGHJ	Düsseldorf	Hamburg	11703,8	4131,44	9000
DGHK	Elsa	Hamburg	191,4	67,55	100
DGHL	Oste	Hamburg	119,1	42,04	170
DGHM	Emanuel	Hamburg	269,4	95,12	100
DGHN	Emanuel	Hamburg	255,6	90,22	180
DGHO	Darmstadt	Hamburg	11523,5	4067,79	9000
DGHP	Emil	Hamburg	4,4	1,55	475
DGHQ	Emma	Hamburg	304,7	100,57	180
DGHS	Emma	Hamburg	223,3	78,82	150
DGHT	Cap San Lorenzo+	Hamburg	15721,9	5549,81	11650
DGHU	Ottensen	Hamburg	186,8	65,95	420
DGHV	Kajen	Hamburg	978,3	345,35	1150
DGHW	Emma	Hamburg-Altenwdr.	22,3	7,87	100
DGHX	Emma	Hamburg	219,0	77,31	120
DGHY	Marina	Hamburg	127,2	44,91	75
DGHZ	Emma Irene	Hamburg	300,7	106,15	125
DGIA	Dixy Porr	Hamburg	1451,4	512,36	1000

DGIB — DGKE

Unterscheidungssignale	Namen	Heimathafen	Kubikmeter	Registertons	PS
	der Schiffe		Nettoraumgehalt		
DGIB	Emma Lucie	Hamburg	179,6	63,39	75
DGIC	Emma Oltmann	Hamburg	207,5	73,26	90
DGID	Energie	Hamburg	4905,1	1731,50	800
DGIE	Reint	Hamburg	415,1	146,54	235
DGIF	Erich	Hamburg	191,5	67,61	60
DGIG	Lüneburg	Hamburg	7526,2	2656,69	2750
DGIH	Ferdinandstor	Hamburg	1907,8	673,44	1250
DGII	Erika	Hamburg	168,2	59,36	85
DGIJ	Erna	Heiligenhafen	157,1	55,47	50
DGIK	Balmung	Hamburg	384,1	135,60	290
DGIL	Erika Bischoff +	Hamburg	3838,4	1354,96	1650
DGIM	Erna Marie	Hamburg	225,9	79,78	120
DGIN	Erna Mayer	Hamburg	314,2	110,91	100
DGIP	Ernst	Hamburg	166,1	58,65	90
DGIS	Ernst August	Hamburg	166,9	58,92	100
DGIT	Erwin	Hamburg	148,3	52,36	50
DGIV	Esriel	Hamburg	106,4	37,54	50
DGIW	Esso 60	Hamburg	382,4	134,98	—
DGIX	Estetal	Hamburg	163,4	57,67	120
DGIY	Hermann Blume	Hamburg	531,3	187,54	300
DGIZ	Oldenburg	Hamburg	690,2	243,64	300
DGJA	Ewald Ehlert	Rendsburg	505,1	178,31	200
DGJB	Adler	Hamburg	77,9	27,50	75
DGJD	Christianna Pikuritz	Hamburg	3919,9	1383,71	3600
DGJE	Johan Carel Oetker	Hamburg	17613,2	6217,45	5500
DGJF	Erwin Schröder	Hamburg	2907,7	1026,40	2800
DGJG	Fairplay VIII	Hamburg	254,8*	89,95*	379
DGJH	Fairplay IX	Hamburg	209,6*	73,98*	349
DGJI	Fairplay X	Hamburg	140,8	49,70	650
DGJJ	Fairplay XI	Hamburg	210,9*	74,44*	347
DGJL	Consul Horn +	Hamburg	1237,3	436,76	750
DGJM	Hornland	Hamburg	6785,9	2395,41	5850
DGJO	Falke	Hamburg	295,0	104,12	200
DGJP	Falke	Hamburg	252,9	89,28	120
DGJQ	Mehe	Hamburg	280,7	99,08	150
DGJR	Jehann	Hamburg	235,8	83,24	125
DGJS	Fiducia	Hamburg	144,7	51,07	50
DGJT	Finkwarder	Hamburg	406,4	143,45	180
DGJU	Fischland	Hamburg	317,5	112,07	012
DGJW	St. Magnus	Bremen	1226,8	433,03	775
DGJX	Friedrich Matthias Harmstorf	Hamburg	136,4	48,15	310
DGJY	Fortuna	Hamburg	218,3	77,07	75
DGJZ	Fortuna	Hamburg	215,0	75,90	100
DGKA	Annaliese Wohlen	Hamburg	334,2	117,96	215
DGKB	Fortuna	Hamburg	314,4	110,97	200
DGKC	Fortuna	Hamburg	102,9	36,33	50
DGKD	Fortuna	Hamburg	233,5	82,42	90
DGKE	Franz Holm	Hamburg	337,8	133,87	150

* = Bruttoraumgehalt.

DGKF — DGMF

Unterscheidungssignale	Namen der Schiffe	Heimathafen der Schiffe	Kubikmeter Nettoraumgehalt	Registertons Nettoraumgehalt	PS
DGKF	Franziska	Hamburg	267,8	94,35	125
DGKG	Gerd-Ute	Hamburg	220,8	77,95	120
DGKI	Freia	Kiel	22,1	7,80	96
DGKJ	Freia	Hamburg-Finkenwdr.	31,8	11,23	120
DGKK	Freiherr vom Stein	Hamburg	435,7	135,81	150
DGKL	Frida	Hamburg	91,2	32,19	25
DGKM	Fridmariwalt	Hamburg	285,4	100,75	120
DGKN	Medem	Hamburg	224,6	79,30	110
DGKO	Frieda	Hamburg	328,9	116,11	110
DGKP	Frieda	Hamburg	301,6	106,46	100
DGKQ	Frieda	Hamburg	185,1	65,33	100
DGKR	Frieda	Hamburg	260,9	92,09	80
DGKS	Frieda	Hamburg	108,5	38,29	80
DGKT	Gerlinde	Rendsburg	565,2	199,52	250
DGKU	Erich Schröder	Hamburg	2834,9	1001,08	2800
DGKV	Frieda Mariechen	Hamburg	113,8	40,16	50
DGKW	Friedrich Campsen	Hamburg	161,9*	57,14*	240
DGKX	Hornberg	Hamburg	6566,7	2318,05	3330
DGKY	Friedrich Wilhelm	Hamburg	294,5	103,95	120
DGLA	Fritz Schindler	Hamburg	392,7	138,62	110
DGLB	Fritz Vollmers	Hamburg	304,4	107,46	150
DGLC	Gebrüder	Hamburg	22,2	7,85	75
DGLD	Gebrüder	Büsum	13,8	4,88	75
DGLE	Heijo	Haren/Ems	445,8	157,36	150
DGLF	Gemeinschaft	Hamburg	264,7	93,44	—
DGLG	Gerda	Hamburg	165,2	58,33	40
DGLH	Gretel Marina	Hamburg	345,8	122,07	150
DGLI	Heros	Hamburg	378,8	133,73	200
DGLJ	Gerda Waller	Hamburg	272,0	96,01	110
DGLK	Gerfried	Hamburg	456,3	161,06	150
DGLL	Konrad	Kiel	59,8	21,11	120
DGLM	Gertha	Hamburg	285,8	100,87	90
DGLO	Mojenhörn	Hamburg	348,8	123,13	150
DGLP	Gertrud	Hamburg	312,8	110,41	90
DGLQ	Gertrud	Cranz/Elbe	469,8	165,86	150
DGLR	Gertrud	Duisburg	190,7	67,30	75
DGLS	Gertrud II	Hamburg	464,7	164,04	150
DGLT	Katharina Kolkmann	Hamburg	1501,7	530,10	1000
DGLU	Gesche	Hamburg	161,1	56,92	50
DGLV	Gesine	Hamburg	128,5	45,37	50
DGLW	Hannchen	Lübeck-Schlutup	20,1	7,08	80
DGLX	Gloria	Hamburg	404,1	142,64	200
DGLY	Glückauf	Hamburg	63,2	22,31	150
DGLZ	Louise Schupp	Hamburg	1279,3	451,59	750
DGMB	Wiesbaden +	Hamburg	14067,2	4965,72	9000
DGMC	Angelika I	Düsseldorf	788,1	278,36	405
DGMD	Gorch Fock	Hamburg	348,8	123,12	150
DGME	Gorch Fock	Hamburg-Finkenwdr.	72,6	25,82	180
DGMF	Anke Grothmann	Hamburg	176,1	62,17	50

* = Bruttoraumgehalt.

DGMG — DGOJ

Unter-scheidungs-signale	Namen der Schiffe	Heimathafen	Kubikmeter Nettoraumgehalt	Registertons Nettoraumgehalt	PS
DGMG	Grauerort	Hamburg	262,7	92,72	150
DGMI	Gundula+	Hamburg	1878,1	662,97	1000
DGMJ	Greta	Hamburg	136,2	48,09	60
DGML	Gretchen	Hamburg	183,5	64,77	120
DGMM	Gretchen	Hamburg	257,2	90,79	60
DGMN	Leverkusen	Hamburg	11361,6	4010,65	9000
DGMO	Reinhard I	Hamburg	117,6	41,50	80
DGMP	Grete	Hamburg	184,6	65,15	50
DGMQ	Marita-R	Hamburg	229,6	81,06	80
DGMR	Juelsand	Hamburg	790,3	278,97	520
DGMS	Amazone II	Hamburg	623,0	219,93	300
DGMT	Griep	Hamburg	1905,6	672,67	—
DGMU	Heino	Hamburg	866,4	305,84	300
DGMV	Gudrun	Hamburg	335,0	118,27	100/135
DGMW	Tinsdal	Hamburg	2929,2	1034,02	2200
DGMY	Bernd	Hamburg	247,7	87,44	105
DGMZ	Antares	Hamburg	62,3	21,98	120
DGNA	Gustav Adolf	Hamburg	193,3	68,25	120
DGNB	Martha Friesecke	Hamburg	918,7	324,28	300
DGNC	Hamburg	Hamburg	226,1	79,82	150
DGNF	Hanna	Hamburg	421,7	148,85	200
DGNG	Hannchen Allers	Hamburg	271,3	95,95	150
DGNI	Hannover	Hamburg	214,5	75,73	120
DGNJ	Hans	Ritsch	136,7	48,26	75
DGNL	Hans	Hamburg	248,2	87,61	150
DGNM	Erika Reinhold	Hamburg	139,3	49,19	60
DGNN	Carola Reith+	Hamburg	16091,8	5680,41	2000
DGNO	Hans Albert	Hamburg	151,1	53,34	75
DGNP	Maya	Hamburg	2028,3	716,01	1700
DGNQ	Hans Günther	Hamburg	299,9	105,85	100
DGNR	Kettwig	Hamburg	4578,2	1616,09	1096
DGNS	Hans Hinrich	Hamburg	207,5	73,23	100
DGNT	Gustav Pistor	Hamburg	9676,5	3415,79	3000
DGNU	Luise Leonhardt	Hamburg	9287,6	3278,52	3500
DGNV	Essen	Hamburg	11254,0	3972,66	9000
DGNW	Hans und Grete	Helgoland	148,6	52,25	75
DGNX	Elli	Hamburg	381,0	134,49	120
DGNY	Hans Werner	Hamburg	204,3	72,12	107
DGNZ	Hanseat	Hamburg	185,4	65,44	150
DGOA	Schürbek	Hamburg	3753,9	1325,14	2000
DGOB	Wittebank	Hamburg	58,9	20,79	150
DGOC	Hartwig	Hamburg	311,3	109,89	120
DGOE	Hebe	Hamburg	162,7	57,45	150
DGOF	Cap Roca+	Hamburg	15114,4	5335,39	7000
DGOG	Muschelgrund	Hamburg-Finkenwerder	60,1	21,20	120
DGOH	Melanie	Hamburg	2279,6	804,70	1400
DGOI	Heimat	Hamburg	443,0	156,38	300
DGOJ	Heimat	Hamburg	271,8	95,96	120

DGOK — DGQO

Unter-scheidungs-signale	Namen der Schiffe	Heimathafen	Kubikmeter (Nettoraumgehalt)	Registertons (Nettoraumgehalt)	PS
DGOK	Käte Hintz	Hamburg	271,9	96,00	150
DGOL	Heimkehr	Hamburg	265,9	93,85	180
DGOM	Heimkehr	Hamburg	184,6	65,16	70
DGON	Lühedeich	Hamburg	238,9	84,32	100
DGOO	Natal+	Hamburg	11147,6	3935,10	4000
DGOQ	Lugano+	Hamburg	5604,9	1978,53	3500
DGOR	Heinrich	Cranz	99,0	34,95	50
DGOS	Osiris	Hamburg	387,6	136,60	240
DGOT	Heinz	Hamburg	159,5*	56,45*	180
DGOU	Heinz-Heino	Hamburg	300,4	106,08	100
DGOV	Lotte Nagel	Krautsand	352,1	124,28	75
DGOW	Heinz Schriewer	Hamburg	346,2	122,20	150
DGOX	Helene	Hamburg	281,8	99,49	150
DGOY	Helene	Hamburg	122,7	43,31	75
DGOZ	Helene	Hamburg-Altenwdr.	30,6	10,80	80
DGPA	Adler	Hamburg	351,3	124,00	440
DGPC	Helga	Hamburg	388,0	136,97	90
DGPD	Helga	Hamburg-Finkenwdr.	60,9	21,48	150
DGPF	Nanna	Hamburg	540,7	159,09	300
DGPG	Triglav	Hamburg	44,0	15,53	150
DGPH	Hertha Henning	Hamburg	228,2	80,56	75
DGPJ	Plan+	Hamburg	1026,2	362,25	520
DGPK	Helmut	Hamburg	220,3	77,78	85
DGPM	Bussard III	Büsum	21,4	7,57	100
DGPN	Euros	Hamburg	625,1	220,67	1500
DGPO	Morian	Uetersen	240,4	84,85	115
DGPP	Monsun	Hamburg	223,6*	78,92*	280
DGPR	Transcanada	Hamburg	5221,6	1843,24	6000
DGPS	Hermann	Hamburg	210,5	74,32	50
DGPT	Venus I	Norderney	87,7	30,94	45
DGPU	Hermine	Hamburg	167,4	59,11	90
DGPW	Claus Schriewer	Hamburg	360,8	127,35	300
DGPX	Staberhuk	Burgstaaken	184,2	65,02	140
DGPY	Elli-Margot	Hamburg	258,8	91,37	75
DGQA	Hertha	Hamburg	94,5	33,34	50
DGQB	Hiev	Hamburg	1785,3	630,22	—
DGQC	Hilda	Hamburg-Finkenwdr.	72,5	25,59	180
DGQD	Hilda	Husum	11,9	4,21	60
DGQE	Hilde Loop	Hamburg-Finkenwdr.	60,9	21,48	120
DGQF	Deneb+	Hamburg	949,1	335,04	475
DGQG	Käte Boll	Duisburg-Ruhrort	843,8	297,69	—
DGQH	Nereus	Hamburg	782,4	276,17	300
DGQI	Ruth	Hamburg	284,7	100,50	150
DGQJ	Bugsier 6	Hamburg	68,1	24,05	850
DGQK	Hoffnung	Hamburg	153,7	54,26	80
DGQL	Haseldorf	Hamburg	1403,4	495,40	830
DGQM	Gisela Russ	Hamburg	1727,6	609,86	1575
DGQN	Belgrano	Hamburg	10173,0	3591,07	3680
DGQO	Axel	Hamburg	661,2	233,41	400

* = Bruttoraumgehalt.

DGQP — DGSQ

Unterscheidungssignale	Namen der Schiffe	Heimathafen	Nettoraumgehalt Kubikmeter	Nettoraumgehalt Registertons	PS
DGQP	Stubbenhuk	Hamburg	3972,1	1402,15	2880
DGQQ	Ida	Hamburg	302,8	106,89	155
DGQR	Dammtor	Hamburg	1880,4	663,77	1250
DGQS	Immanuel	Hamburg	369,2	130,34	180
DGQU	Ingeborg	Stade	453,9	160,22	150
DGQV	Adrian+	Hamburg	13682,8	4829,85	6000
DGQW	Ingeborg	Hamburg	186,8	65,94	90
DGQX	Ingeborg III	Hamburg	321,8	113,82	125
DGQY	Irene	Hamburg	405,9	143,28	210
DGQZ	Irene	Kiel	34,0	12,01	150
DGRA	Ingrid Metzendorff	Hamburg	200,9	70,92	150
DGRB	Marie-Elise	Flensburg	163,9	57,85	80/100
DGRC	Mariechen II	Hamburg	272,7	96,25	105
DGRD	Anita Albers	Glückstadt	124,6	43,98	100
DGRE	Irmgard	Hamburg	312,0	110,18	100
DGRF	Irmgard	Hamburg	420,5	148,42	100
DGRG	Isar	Hamburg	176,9	62,46	80
DGRH	Jacobus	Hamburg	308,1	108,77	150
DGRJ	Johann	Hamburg	58,2	20,55	500
DGRK	J. C. Wriede	Hamburg-Finkenwdr.	54,7	19,31	120
DGRL	Adele+	Hamburg	901,6	318,27	300
DGRM	Erlangen	Hamburg	10313,8	3640,76	9000
DGRN	Cairo	Hamburg	4221,0	1490,02	2750
DGRP	R. C. Rickmers+	Hamburg	13310,0	4698,48	5400
DGRQ	Partner	Hamburg	779,4	275,14	300
DGRR	Johanna	Hamburg-Finkenwdr.	30,4	10,73	90
DGRS	Johanna Höge	Hamburg	280,0	98,83	90
DGRT	Johanne	Hamburg	294,2	103,85	75
DGRU	Johanne	Hamburg	127,3	44,95	75
DGRV	Falke	Lübeck	64,4	22,72	25
DGRW	Holenweg	Hamburg	248,0	87,53	150
DGRX	Johannes	Hamburg	235,3	83,05	75
DGRY	Remscheid	Hamburg	5037,4	1778,19	4200
DGRZ	Comet	Krautsand	268,6	94,83	90
DGSA	Johannes Matthies	Hamburg	291,7*	102,98*	400
DGSB	Windhuk+	Hamburg	11221,8	3961,11	4000
DGSC	Butjadingen	Brake	233,8	82,54	150
DGSD	Ahrensburg	Hamburg	4709,9	1662,60	5140
DGSF	Jonni Wilhelmine	Hamburg	244,4	86,26	110
DGSG	Karin W	Hamburg	66,6	23,51	136
DGSH	Wuppertal	Hamburg	5037,5	1778,24	4200
DGSI	Vriendschap	Hamburg	48	17	120
DGSJ	Weissenburg	Hamburg	4344,8	1533,58	3600
DGSK	Justizia	Hamburg	147,9	52,19	50
DGSN	Käte	Hamburg	168,4	95,45	50
DGSO	Ina von Ahn	Hamburg	252,2	88,95	80
DGSP	Hanse I	Hamburg	448,7	158,89	200
DGSQ	Andrea Lühmann	Geversdorf	434,5	153,37	150

* = Bruttoraumgehalt.

Unter-scheidungs-signale	Namen der Schiffe	Heimathafen	Kubikmeter (Nettoraumgehalt)	Registertons (Nettoraumgehalt)	PS
DGSS	Käthe	Hamburg	131,0	46,23	120
DGST	Seefalke	Hamburg	525,0	185,33	300
DGSV	Käthe Block	Hamburg	166,6	58,81	75
DGSW	Reibel I.	Hamburg	1918,7	677,82	700
DGSX	Käthe Ritscher	Hamburg	402,8	142,20	200
DGSY	Kamerad	Hamburg	256,3	90,48	110
DGSZ	Kaptaube	Hamburg	216,6	76,45	75
DGTA	Heinrich Wegener	Hamburg	141,6	49,98	120
DGTB	Frieda Wilckens	Hamburg	792,0	279,57	300
DGTD	Karla	Burgstaaken	254,9	89,97	100
DGTE	Ilse Matthiesen	Hamburg	1056,2	372,83	500
DGTF	Katerine	Hamburg-Finkenwdr.	60,9	21,48	150
DGTG	Katharina	Hamburg	197,1	69,56	50
DGTH	Kattegat	Hamburg-Finkenwdr.	54,9	19,38	175
DGTI	Kehdingen	Hamburg	438,7	154,86	150
DGTJ	Hans Oltmann	Hamburg	830,2	293,07	700
DGTK	Kehrwieder II	Hamburg	498,3	175,90	275
DGTL	Uhlenhorst	Hamburg	1773,8	625,96	450
DGTM	Königsberg	Hamburg	280,1	98,88	145
DGTN	Kondor	Hamburg	279,6	98,70	90
DGTO	Lori Dreyer	Hamburg	423,9	149,65	200
DGTP	Julius Hauschildt	Hamburg	781,7	275,95	300
DGTQ	Landkirchen	Glückstadt	281,5	99,36	150
DGTR	Erna	Hamburg	13,1	4,61	70
DGTS	Landrath Küster	Cuxhaven	34,1	12,03	90
DGTU	Leda	Büsum	109,6	38,68	75
DGTV	Lene Reinhold	Hamburg	140,3	49,54	75
DGTW	Juist	Hamburg	468,5	165,39	200
DGTX	Nerissa	Hamburg	970,4	342,56	1000
DGTZ	Lilly	Hamburg	272,5	96,20	180
DGUA	Wally	Hamburg	406,7	143,55	150
DGUB	Line Hinsch	Hamburg	146,9	51,85	100
DGUC	Lisa	Hamburg	839,9	296,50	500
DGUD	Finkenau+	Hamburg	3357,6	1185,24	2000
DGUE	Lisa	Wischhafen	169,7	59,91	100
DGUF	Lisa	Hamburg-Finkenwdr.	66,7	23,54	150
DGUG	Lisa Oltmann	Hamburg	275,5	97,26	125
DGUH	Liselotte	Hamburg	155,1	58,27	100
DGUI	Lothar	Hamburg	1215,1	428,93	450
DGUJ	Ursula Bock	Hamburg	2884,2	1018,11	1200
DGUK	Ursel	Hamburg	187,6	66,21	50
DGUL	Hadersleben	Hamburg	546,1	192,77	225
DGUM	Mehetal	Hamburg	203,4	71,80	90
DGUN	Luise	Warsingsfehn	125,7	44,38	75
DGUO	Gesa	Hamburg	222,2	78,44	165
DGUP	Magdalena	Pellworm	123,9	43,78	70
DGUQ	Claere Jung	Hamburg	3705,9	1308,19	2520
DGUR	Magret-Inge	Hamburg	209,2	73,84	200
DGUS	Gustav	Hamburg	33,6	11,85	180

DGUT — DGWV					
Unter-scheidungs-signale	Namen der Schiffe	Heimathafen	Kubikmeter (Nettoraumgehalt)	Registertons (Nettoraumgehalt)	PS
DGUT	Marga	Hamburg	250,8	88,53	120
DGUU	Margaretha	Hamburg	279,6	98,69	75
DGUV	Magaretha	Großensiel	206,5	72,90	60
DGUW	Margaretha	Hamburg	164,8	58,18	80
DGUX	John Beckedorf	Hamburg	1163,6	410,76	—
DGUY	Otma	Hamburg-Cranz	390,8	137,97	150
DGVA	Carlsson II	Hamburg	187,2	59,01	155
DGVB	Ingeborg II+	Hamburg	1030,9	363,89	300
DGVC	Willi Huber	Hamburg	4101,6	1447,87	1650
DGVD	Queen II	Hamburg	68,2	24,13	190
DGVE	Margit	Hamburg-Finkenwdr.	68,9	24,33	180
DGVF	Maria	Brake	105,1	37,09	75
DGVH	Marie-Gisela	Hamburg	115,5	40,76	50
DGVI	Calliope	Hamburg	4190,9	1479,38	1250
DGVJ	Helga Russ	Hamburg	1765,0	623,05	1500
DGVK	Concordia	Bremen	2837,8	1001,74	1400
DGVL	Vagabund	Hamburg	409,7	144,62	100
DGVN	Marianne	Brake	227,1	80,15	60
DGVO	Marianne	Hamburg	208,4	73,57	80
DGVP	Meta Ohle	Hamburg	253,8	89,58	180
DGVQ	Marieanne	Hamburg	129,2	45,63	36
DGVR	Marido	Hamburg	259,0	91,41	80
DGVS	Marie	Hamburg	149,1	52,62	90
DGVT	Marie	Hamburg	148,7	52,49	60
DGVU	Jan Hamm	Hamburg	1097,9	387,55	475
DGVV	Dalbek+	Hamburg	7266,6	2565,11	2910
DGVW	Hannes Fesefeldt	Hamburg	778,1	274,66	300
DGVX	Montania+	Hamburg	21680,9	7653,37	6650
DGVY	Altenwerder	Hamburg	72,6	25,63	850
DGVZ	Ida Kuhlencort	Hamburg	141,2	49,86	75
DGWC	Elke	Hamburg	670,5	36,67	400
DGWD	Hochkamp	Hamburg	2919,3	1030,50	1875
DGWE	Breiholz	Rendsburg	247,9	87,52	95
DGWF	Bugsier 7	Hamburg	68,1	24,05	850
DGWG	Antje Ohm	Hamburg	312,4	110,25	125
DGWH	Martha	Hamburg	106,1	37,44	50
DGWI	Martha	Hamburg	117,9	41,64	45
DGWJ	Hans Pickenpack	Hamburg	920,2	324,82	1250/1570
DGWL	Ellerbek	Hamburg	2899,2	1023,43	1875
DGWM	Martha Ahrens	Hamburg	342,0	120,71	200
DGWN	Martha Christine	Hamburg	245,3	86,58	120
DGWO	August Peters	Hamburg	1615,4	570,25	750
DGWQ	Mary	Hamburg	177,3	62,67	100
DGWR	Matador	Hamburg	297,4	104,98	112
DGWS	Matador	Rendsburg	263,2	92,90	120
DGWT	Matador II	Hamburg	263,2	92,90	75
DGWU	Thea	Hamburg	315,8	111,82	90
DGWV	Wilhelm Doerenkamp	Hamburg	4833,9	1706,36	2520

DGWW — DGYT

Unterscheidungssignale	Namen der Schiffe	Heimathafen	Kubikmeter Nettoraumgehalt	Registertons Nettoraumgehalt	PS
DGWW	Ozean	Hamburg	814,1	287,36	300
DGWX	Max	Wyk/Föhr	79,9	28,20	90
DGWY	Mandus	Hamburg	278,3	98,26	150
DGWZ	Süderelv	Hamburg	321,3	113,41	120
DGXA	Memelland	Hamburg	489,1	172,66	240
DGXB	Meridian	Brake	232,4	82,02	120
DGXC	Merkur	Hamburg	181,0	63,91	100
DGXD	Meta	Hamburg	273,8	96,65	180
DGXE	Meta	Hamburg	198,7	70,15	75
DGXF	J. C. Ertel	Hamburg	5171,1	1805,58	1470
DGXG	Jürgen Stahmer	Hamburg	606,5	214,10	300
DGXH	Meta-Grete	Hamburg	214,5	75,71	150
DGXI	Meta Holst	Hamburg-Finkenwdr.	74,1	26,15	180
DGXJ	Ernst Uwe	Hamburg	258,7	91,32	150
DGXK	Maike	Hamburg-Finkenwdr.	59,2	20,89	155
DGXL	Meteor	Hamburg	233,5	82,44	85
DGXM	Wilhelm Schulte	Hamburg	3007,1	1061,50	1400
DGXN	Else Parchmann	Bremen	983,0	347,00	350
DGXO	Mimi	Hamburg	219,4	77,46	75
DGXP	Minna	Hamburg	179,8	63,48	120
DGXQ	Vale+	Hamburg	17699,2	6247,83	5400
DGXR	Minna Catharina	Hamburg	234,6	82,81	90
DGXS	Minna Marie	Hamburg	163,1	57,56	50
DGXT	Reinhard Danz	Hamburg	856,4	302,31	500
DGXU	Jürgen Wehr	Hamburg	910,0	321,22	300
DGXV	Möwe	Hamburg	180,4	63,68	75
DGXW	Aenne Tänzler	Hamburg	52,0	18,36	14
DGXX	Monica	Warsingsfehn	503,6	117,77	400
DGXY	Otto	Hamburg	1042,0	367,82	1200
DGXZ	Mulli	Hamburg	184,5	65,11	90
DGYA	Muschi	Hamburg-Finkenwdr.	29,1	10,27	90
DGYB	Richard Strauss	Hamburg	141,2	49,83	320
DGYD	Neptunes	Hamburg	142,6	50,33	60
DGYE	Nessdiek	Hamburg-Finkenwdr.	57,2	20,18	120
DGYF	Neuenfelde	Hamburg	281,6	99,42	200
DGYG	Niederelbe	Hamburg	562,5	198,57	150
DGYH	Niedersachsen	Hamburg	326,0	115,08	165
DGYI	Niobe	Hamburg	137,4	48,52	80
DGYJ	Niobe	Hamburg	246,1	86,86	75
DGYK	Nixe	Hamburg	198,0	69,91	90
DGYL	Nobiskrug	Hamburg	452,4	159,69	175
DGYM	Norden	Hamburg	472,8	166,88	180
DGYN	Grete Hauschildt	Hamburg	790,9	279,17	300
DGYO	BP Olex 39	Hamburg	234,1	82,63	230
DGYP	Nordmark	Hamburg	380,4	134,28	200
DGYQ	Nordstern	Hamburg-Finkenwdr.	60,9	21,48	125
DGYR	Ilse Russ	Hamburg	1731,9	611,38	1575
DGYS	Nymphe	Wilhelmshaven	38,6	13,63	100
DGYT	Nordwind+	Hamburg	2503,8	883,84	1400

DGYU — DHBB					
Unterscheidungssignale	Namen der Schiffe	Heimathafen	Kubikmeter Nettoraumgehalt	Registertons Nettoraumgehalt	PS
DGYU	Leipzig	Hamburg	11257,2	3973,79	9000
DGYW	Ingrid Becker	Rendsburg	394,5	139,25	108
DGYX	Orion	Hamburg	315,8	111,47	200
DGYY	Lothareins	Hamburg	697,4	239,88	300
DGYZ	Sahlenburg	Cuxhaven	136,5	48,17	100
DGZC	Ostsee	Hamburg	426,9	150,78	280
DGZD	Pallos	Hamburg	149,5	52,76	75
DGZF	Margarete Peters+	Hamburg	1804,4	636,96	800
DGZH	Louise	Hamburg	460,1*	162,48*	1330
DGZI	Luise I	Hamburg	394,8	139,87	240
DGZJ	Petrolina	Hamburg	1006,0	355,11	—
DGZK	Pinnau	Hamburg	273,6	96,58	125
DGZL	Nordstern	Hamburg	13489,5	4761,80	4200
DGZM	Widar	Hamburg	8639,8	3049,86	3500
DGZO	Leanna	Hamburg	3902,8	1377,69	1400
DGZP	Welheim+	Hamburg	14825,1	5233,24	6000
DGZQ	Esteburg	Hamburg	890,9	314,49	400
DGZR	Polaris	Hamburg	335,9	118,58	110
DGZS	Polarstern	Hamburg	126,2	44,54	60
DGZT	Portia	Hamburg	1255,1	443,04	800
DGZU	Preciosa	Amrum	121,6	42,92	70
DGZV	Marion Petera	Cuxhaven	28,9	10,18	85
DGZW	Christian Goedeken	Hamburg	766,8	270,52	1000
DGZY	Reina	Hamburg	131,3	46,34	50
DGZZ	Nordlicht	Hamburg	483,5	170,68	300
DHAB	Roland	Hamburg	396,0	139,78	150
DHAC	Peter S	Hamburg	430,5	151,97	280/300
DHAD	Pollux III	Hamburg	202,8	71,58	100
DHAE	Esperanza+	Hamburg	8064,6	2846,81	4200
DHAF	Rügen	Flensburg	14,0	4,99	35
DHAG	Hella	Hamburg	566,5	199,99	200
DHAJ	Nordland+	Hamburg	13643,2	4816,04	4200
DHAK	Erik Blumenfeldt+	Hamburg	21430,6	7565,00	5400
DHAL	Troyburg+	Hamburg	6920,0	2442,77	3600
DHAM	Orion II	Hamburg	930,2	328,37	430
DHAN	Schlei	Hamburg	155,9	55,04	120
DHAO	Esther Charlotte Schulte+	Hamburg	5095,4	1798,70	2250
DHAP	Schwalbe	Hamburg	106,9	37,73	125
DHAQ	Schwalbe	Hamburg	253,3	89,41	90
DHAR	Schwalbe	Hamburg-Finkenwdr.	37,4	13,32	90
DHAS	Schwalbe II	Hamburg	237,1	83,71	150
DHAU	Norderhever	Pellworm	71,0	38,78	90
DHAW	Seefalke	Hamburg	248,6	87,76	75
DHAX	Tübingen	Hamburg	10302,0	3636,60	9000
DHAY	Seemöve	Hamburg	214,9	75,85	150
DHAZ	Seemöve	Hamburg	272,4	96,16	100
DHBA	Seestern	Kiel	171,7	60,62	135
DHBB	Fairplay VI	Hamburg	109,4	38,60	800

* = Bruttoraumgehalt.

DHBC—DHDE

Unterscheidungssignale	Namen der Schiffe	Heimathafen der Schiffe	Kubikmeter (Nettoraumgehalt)	Registertons (Nettoraumgehalt)	PS
DHBC	Saarland +	Hamburg	14549,2	5135,86	9000
DHBD	Wallo	Hamburg	455,7	160,87	150
DHBE	Borkum	Hamburg	322,6	113,86	200
DHBF	Hertha Gerdau	Hamburg	788,3	278,28	300
DHBG	Siegfried Brey	Hamburg	293,4	103,59	110
DHBH	Uwe K	Abbenfleth	391,9	138,36	180
DHBI	Sirene	Stade	243,8	86,07	112
DHBJ	Sleipner	Hamburg	237,0	83,68	80
DHBK	Pegasus I	Hamburg	423,4	149,46	200
DHBL	Cap Verde +	Hamburg	15116,5	5336,11	7000
DHBN	Spika	Hamburg	204,1	72,02	75
DHBO	Richard Kaselowsky	Hamburg	20683,6	7301,82	7200
DHBR	Lucie Schulte	Hamburg	3236,4	1142,46	1250
DHBS	Trude	Rendsburg	433,3	152,94	165
DHBT	Berta Beck	Hamburg	468,6	165,42	250
DHBU	Stör	Hamburg	399,6	141,05	150
DHBV	Stormarn	Hamburg	988,0	348,47	750
DHBW	Käthe Brunckhorst	Hamburg	592,3	209,09	300
DHBX	Süderilw	Hamburg-Finkenwdr.	45,8	16,16	125
DHBY	Sülfmeister	Hamburg	173,6	61,27	120
DHBZ	Ingeborg	Hamburg	1870,8	660,39	750
DHCA	Taube	Elsfleth	169,3	59,77	90
DHCB	Ubena	Hamburg	8104,6	2860,92	5340
DHCC	Taucher Flint I	Hamburg	86,9	30,66	200
DHCE	Taucher Flint III	Hamburg	60,1	21,21	180
DHCG	Taucher Harmstorf 5	Hamburg	47,8	16,87	75
DHCH	Taucher Harmstorf 6	Hamburg	23,2	8,20	50
DHCI	Taucher Ottar Harmstorf IX	Hamburg	274,6	96,92	—
DHCK	Thea	Hamburg	300,2	105,97	100
DHCL	Thomas	Hamburg	790,8	279,16	250
DHCM	Elfi Breuer	Hamburg	916,6	323,56	300
DHCN	Hove	Hamburg	956,2	337,53	480
DHCO	Tine Schröder	Hamburg	140,1	49,44	70
DHCP	Marga Henning	Hamburg	313,7	110,75	215
DHCQ	Pionier	Bensersiel	71,4	25,19	150
DHCR	Treue	Hamburg	318,3	112,37	214
DHCS	Triton	Carolinensiel	121,2	42,80	120
DHCT	Undine	Hamburg	422,6	149,17	150
DHCU	Undine	Hamburg	269,4	95,10	75
DHCV	Uranus	Hamburg	130,1	45,92	50
DHCW	Göttingen	Hamburg	10311,5	3639,94	9000
DHCX	Uwe-Ursula	Hamburg	295,0	104,14	180
DHCY	Valborg	Hamburg	473,1	167,01	150
DHCZ	Vertrauen	Hamburg	237,6	83,86	50
DHDA	Anke H.	Hamburg	465,5	164,32	250
DHDC	Fischbek +	Hamburg	7316,0	2582,55	3000
DHDD	Vorwärts	Hamburg	301,1	106,29	90
DHDE	Vorwärts	Hamburg	145,5	51,35	80

DHBC–DIGL

DHDF — DHFQ

Unter-scheidungs-signale	Namen der Schiffe	Heimathafen der Schiffe	Kubikmeter (Nettoraumgehalt)	Registertons (Nettoraumgehalt)	PS
DHDF	Carl Julius	Hamburg	9112,3	3216,68	4000
DHDH	Walter	Hamburg	127,2	44,89	90
DHDI	Walter	Hamburg	122,0	43,06	100
DHDJ	Marita	Haren/Ems	385,2	135,97	200
DHDK	Ane Jess	Rendsburg	210,8	74,42	120
DHDL	Else III	Hamburg	218,5	77,18	100
DHDM	Urania	Hamburg	342,8	121,00	190
DHDP	Hermann Tiedemann	Hamburg	62,6*	22,10*	260
DHDS	Weser	Hamburg	749,2	264,45	—
DHDU	Wilfried	Hamburg	424,7	149,93	150
DHDV	Vossloch	Hamburg	292,5	103,25	100
DHDW	Wilhelmina	Brake	264,5	93,96	105
DHDX	Louise Bock	Hamburg	4121,8	1455,01	1800
DHDY	Steendiek+	Hamburg	3254,1	1148,68	2000
DHDZ	Willida	Hamburg	138,1	48,74	75
DHEA	Willy Charles	Hamburg	207,8*	73,36*	575
DHEB	Willy Marie	Hamburg	454,2	160,88	110
DHED	Wolf	Hamburg	515,2	181,85	150
DHEF	Heiner	Hamburg	220,5	77,83	100
DHEG	Woterküken	Tönning	15,3	5,39	75
DHEH	Mönkeberg	Hamburg	1643,4	580,12	850
DHEI	Ariadne	Hamburg	365,1	128,88	198
DHEJ	E. u. M. Schwimmkran IV	Hamburg	1405,3	496,08	—
DHEK	Dortmund	Hamburg	11536,9	4072,54	9500
DHEL	Pollux	Oldersum	74,1	26,15	16/18
DHEN	Erika Schulte+	Hamburg	3238,0	1143,01	1470
DHEO	Erna Liebisch	Hamburg	497,4	175,57	330
DHEP	Inge Fiedler	Hamburg	726,8	256,55	300
DHER	Paul	Hamburg	749,9	280,61	250
DHES	Bewa	Hamburg	782,6	276,24	300
DHET	Elvdiek	Hamburg	761,3	268,75	300
DHEU	Stintfang	Hamburg	4462,2	1575,17	3500
DHEW	Valeria+	Hamburg	5723,2	2020,30	4000
DHEZ	Bergungsschute 4	Hamburg	246,3	86,95	—
DHFA	Bugsier 11	Hamburg	68,1	24,05	850
DHFC	Martha Russ	Hamburg	2119,0	748,01	1200
DHFD	Brook	Hamburg	2252,3	795,08	1250
DHFE	Adolph	Hamburg	98,2	34,67	250
DHFF	Dorothea Weber	Hamburg	691,0	243,92	250
DHFG	Juliane Schröder	Hamburg	1813,6	640,18	1500
DHFH	Klaus Wilhelm	Hamburg	513,2	181,17	360
DHFI	Nesserland	Leer	1409,4	497,52	500
DHFJ	Sinstorf	Hamburg	2141,2	755,83	1750
DHFK	Helgoland	Husum	18,2	6,48	100
DHFM	Bugsier 9	Hamburg	44,9	15,86	470
DHFN	Meta	Elsfleth	257,4	90,86	130
DHFO	Helga Howaldt+	Hamburg	14723,0	5197,22	4000
DHFQ	Rudolf Oetker	Hamburg	20678,3	7299,45	7200

* = Bruttoraumgehalt.

DHFR — DHIM

Unterscheidungssignale	Namen der Schiffe	Heimathafen	Nettoraumgehalt Kubikmeter	Nettoraumgehalt Registertons	PS
DHFR	**Cranz**	**Hamburg**	**610,8**	**215,60**	250
DHFS	**Johannes Friedrich**	**Hamburg**	294,7	104,04	120
DHFU	Carlshütte IV	**Rendsburg**	110,4	38,96	50
DHFV	**E. Russ**	**Hamburg**	**2102,5**	**742,18**	1200
DHFW	Wilhelmine Essberger	Hamburg	20579,2	7264,54	7200
DHFX	Ludwigshafen	Hamburg	11279,4	3981,61	9000
DHFZ	Transmichigan	Hamburg	2423,8	855,61	700
DHGA	**Genius**	**Hamburg**	387,0	136,59	180
DHGB	Hermann-Hans	Hamburg	521,0	183,91	250
DHGC	**Tilly Russ**	**Hamburg**	2281,0	805,19	1200
DHGE	**Welle**	**Hamburg**	369,9	140,10	350
DHGG	Cormoran II	Hamburg	408,0	144,00	600
DHGH	Carla	Warsingsfehn	128,6	45,39	75
DHGI	Adele	**Hamburg**	267,8	94,54	105
DHGM	Este	Hamburg	566,0	199,79	250
DHGP	Pergamon	**Hamburg**	5927,9	2092,56	1450
DHGQ	Uta Herma Martens	**Hamburg**	559,4	197,48	250
DHGR	Thetis	**Hamburg**	684,8	241,56	250
DHGS	Herta Giese	Hamburg	569,7	201,12	300
DHGT	Leopard	Hamburg	511,9	180,71	250
DHGU	Robert Bornhofen +	Hamburg	9614,6	3393,96	3800
DHGV	Carlo Porr	Hamburg	1707,8	602,85	1000
DHGX	Esso München	Hamburg	28594,7	10093,92	12700
DHGY	**Sonderburg**	**Hamburg**	31,3	11,04	640
DHGZ	Hamburg	Hamburg	596,0	210,37	250
DHHE	Christa Köncke	Hamburg	427,1	150,77	240
DHHF	Alfred	Hamburg	1126,4	397,60	450
DHHJ	Ella Feldtmann	**Hamburg**	612,7	216,27	250
DHHK	Triton	Hamburg	18,1	6,39	90
DHHM	Rheinland	Hamburg	4114,9	1452,55	1200
DHHN	**Thor**	**Hamburg**	**3440,4**	**1214,48**	**1800**
DHHO	Gretchen v. Allwörden	Osten	509,9	179,98	250
DHHP	Edelgard	Hamburg	391,6	138,24	250
DHHQ	Vormann Rass	Hamburg	1874,8	661,79	1000
DHHR	**Paul Lübcke**	**Hamburg**	746,8	263,68	1250
DHHT	Hamburg	Hamburg	14951,6	5277,93	10560
DHHW	Anita Hauschildt	Hamburg	341,5	120,54	180
DHHX	Thüringen	Hamburg	762,2	269,05	250
DHIB	Rügen	Hamburg	571,8	201,86	250
DHIC	**Simson**	**Hamburg**	690,7	243,81	—
DHID	**Klaus**	**Hamburg**	271,5	95,88	125
DHIE	**Annemarie Renate**	**Hamburg**	391,0	138,01	300
DHIG	**Claus Möller**	**Hamburg**	728,1	257,04	1250
DHIH	**Hanseat**	Hamburg	675,9	238,60	250
DHII	Levensau	Hamburg	1515,6	534,99	1430
DHIJ	**Weser**	**Hamburg**	566,8	200,10	—
DHIK	Tetuan	Hamburg	2359,8	832,84	1450
DHIL	Wiking	Hamburg	576,7	203,57	300
DHIM	Jan Peter	Hamburg	427,3	150,84	250

DHIN — DHLJ

Unter-scheidungs-signale	Namen der Schiffe	Heimathafen	Kubikmeter (Nettoraumgehalt)	Registertons (Nettoraumgehalt)	PS
DHIN	Matador	Hamburg	133,2*	47,04*	390
DHIO	Otto Schubert	Hamburg	691,0	243,92	800
DHIQ	Peter	Hamburg	435,8	160,19	175
DHIR	Uta	Hamburg	865,4	302,30	300
DHIS	Gebina	Haren/Ems	1061,3	374,63	300
DHIT	Wolfgang Russ	Hamburg	4523,5	1596,81	4000
DHIU	Holger	Hamburg	2548,2	899,51	1165
DHIW	Wotan	Hamburg	177,3	62,58	2×850
DHJA	Almut	Hamburg	2465,4	870,29	900
DHJB	Rita	Hamburg	678,0	239,34	250
DHJD	Wihinapa	Hamburg	17753,7	6267,06	6100
DHJE	Matthias Föcher	Hamburg	609,5	215,15	880
DHJH	Bahrenfeld	Hamburg	428,4	151,23	970
DHJK	Wotan	Hamburg	994,9	351,21	—
DHJM	Bertha	Hamburg	94,1	33,33	60
DHJN	Keitum	Rendsburg	2549,0	899,79	1600
DHJP	Ludwigsburg+	Hamburg	6831,9	2411,67	3600
DHJR	Heinrich Colsmann	Hamburg	561,2	198,11	800
DHJT	Burstah	Hamburg	1841,0	649,86	2200
DHJU	Änne-Ursula	Hamburg	463,7	163,70	250
DHJV	Antilope	Hamburg	719,9	254,12	250
DHJX	Ursula Schulte	Hamburg	6490,2	2291,01	4000
DHJZ	Morsum	Rendsburg	2549,0	899,79	1600
DHKA	Barmbek	Hamburg	428,4	151,23	970
DHKB	Korbach	Hamburg	3070,0	1083,70	1650
DHKC	Seeadler	Hamburg	200,2	70,67	125
DHKE	Hilda-Rebecka	Hamburg	654,2	230,94	250
DHKI	Mandan	Hamburg	1139,7	402,32	1050
DHKJ	Günther Schulte	Hamburg	7041,3	2485,58	2240
DHKK	MargaretheReckmann	Hamburg	632,1	223,13	800
DHKN	Bugsier 8	Hamburg	68,1	24,05	850
DHKO	Cap Ortegal+	Hamburg	15320,7	5408,20	7200
DHKQ	Brunsbüttel	Hamburg	4588,9	1619,88	5140
DHKR	Mobil Oil 6	Hamburg	88,8	31,34	90
DHKS	Puck	Bremen	401,5	141,73	250
DHKT	Otto Porr	Hamburg	1716,1	605,82	1370
DHKU	Setubal+	Hamburg	2177,7	768,72	1470
DHKV	Lystum	Rendsburg	2552,7	901,12	1600
DHKW	Nobistor+	Hamburg	7030,5	2481,75	3000
DHKX	Nordenham+	Hamburg	2102,2	742,00	1000
DHKZ	Virgilia+	Hamburg	5721,2	2019,59	4000
DHLA	Oldenburg	Hamburg	1870,9	660,42	2400
DHLB	W. Th. Stratmann	Hamburg	463,5*	163,62*	1140
DHLD	Shell 42	Hamburg	136,3	48,12	200
DHLE	Coburg	Hamburg	3507,2	1238,04	1600
DHLF	Sylvia	Hamburg	908,3	320,62	660
DHLG	Martin Lütje	Hamburg	971,4	342,90	300
DHLI	Ria F.	Hamburg	491,4	173,46	250
DHLJ	Pollux	Hamburg	86,1	30,38	24

* = Bruttoraumgehalt.

DHLK — DHNR					
Unterscheidungssignale	Namen der Schiffe	Heimathafen der Schiffe	Kubikmeter Nettoraumgehalt	Registertons Nettoraumgehalt	PS
DHLK	Krautsand	Hamburg	793,4	280,07	250
DHLL	Roland Essberger	Hamburg	877,0	309,56	800
DHLM	Las Palmas+	Hamburg	5239,7	1849,62	3600
DHLQ	Rabat	Hamburg	1865,9	658,67	2400
DHLR	Johanne	Hamburg	735,6	259,67	300
DHLT	Blinkfür	Hamburg-Finkenwdr.	59,3	20,92	120
DHLU	Tenerife+	Hamburg	5240,7	1849,96	3600
DHLV	Else Hugo Stinnes	Hamburg	3873,8	1367,27	1950
DHLW	Köhlfleet	Hamburg	2047,5	722,66	1000
DHLX	Shell 43	Hamburg	149,6	52,80	200
DHLZ	Tanger+	Hamburg	5239,7	1849,62	3600
DHMA	Mai Rickmers	Hamburg	7909,7	2792,14	1700
DHMB	Irma-Renate	Kiel-Friedrichsort	61,6	21,73	150
DHMC	Ellen Hugo Stinnes	Hamburg	6119,2	2160,08	2000
DHMD	Johannes L.	Hamburg	903,7	319,01	300
DHME	Hoechst	Hamburg	11321,3	3996,43	9000
DHMF	Brandenburg	Hamburg	4146,3	1463,64	2350
DHMG	Messina+	Hamburg	3548,8	1252,78	2000
DHMH	Luise	Hamburg	17,6	6,23	40
DHMI	Svealand+	Hamburg	3484,2	1229,98	2400
DHMJ	Algier+	Hamburg	3548,5	1252,68	2400
DHMK	Heinrich Ihde	Hamburg	546,8	193,03	850
DHML	Lisboa	Hamburg	1863,4	657,81	2400
DHMN	Bugsier 10	Hamburg	44,9	15,86	470
DHMO	Valencia+	Hamburg	3566,0	1258,79	2400
DHMP	Santa Ursula	Hamburg	11612,6	4099,25	3600
DHMQ	Niedersachsen+	Hamburg	6888,2	2431,54	4540
DHMS	Heimatland	Hamburg	724,5	255,74	500
DHMT	Hecht	Hamburg	34,2	12,06	120
DHMU	Timandra	Hamburg	640,0	225,90	800
DHMV	Palermo+	Hamburg	3562,8	1257,50	2400
DHMW	Astarte	Hamburg	781,7	275,94	300
DHMX	Norrland	Hamburg	3487,0	1230,91	1600
DHMY	Elbstrom	Hamburg	555,3	196,03	300
DHMZ	Marianne	Hamburg	74,9	26,44	18
DHNA	Sankt Johann	Hamburg	2848,7	1005,58	1200
DHNC	Hannover	Leer	524,7	185,21	560
DHND	Antje	Heiligenhafen	62,9	22,20	120
DHNE	Jersbek	Hamburg	2855,4	1007,97	1850
DHNG	Gesa Meinken	Hamburg	737,9	260,46	300
DHNH	Nordstrand	Hamburg	1199,9	423,55	760
DHNI	Jacob Becker	Hamburg	738,9	260,81	500
DHNJ	Baumwall	Hamburg	1428,4	504,21	1500
DHNK	Esther Schulte	Hamburg	8078,9	2851,87	2100
DHNL	Santa Elena	Hamburg	11607,5	4097,45	4000
DHNM	Burkhard Bröhan+	Hamburg	3716,4	1311,90	1650
DHNN	Titania	Hamburg	640,0	225,92	800
DHNO	Käthe Jonas+	Hamburg	947,8	334,59	300
DHNR	„Y"	Hamburg	56,2	19,85	450

* = Bruttoraumgehalt.

DHNS — DHPW

Unter-scheidungs-signale	Namen der Schiffe	Heimathafen der Schiffe	Kubik-meter Nettoraumgehalt	Register-tons Nettoraumgehalt	PS
DHNS	Klaus Schoke	Hamburg	9241,4	3262,22	3000
DHNT	Hainig	Hamburg	2185,1	771,85	1600
DHNU	Petra	Hamburg	1111,9	392,49	1040
DHNV	Aegir	Hamburg	8520,9	3007,88	3500
DHNW	Achilles	Hamburg	993,7	350,79	300
DHNX	Astrid	Hamburg	4859,7	1715,48	4850
DHNY	Duisburg	Hamburg	4180,7	1475,78	2350
DHNZ	Elisabeth Bornhofen	Hamburg	3387,0	1195,68	2300
DHOA	Bari+	Hamburg	3447,1	1216,84	1650
DHOB	Liselotte Essberger	Hamburg	3604,9	1272,54	1200
DHOC	Proteus	Hamburg	4284,1	1512,28	4100
DHOD	Hans Hinnick	Hamburg	65,9	23,28	1500
DHOE	Odenwald	Hamburg	8043,1	2839,21	4200
DHOF	Neuwerk	Hamburg	398,2	140,57	300
DHOG	Rehhorst	Hamburg	2142,4	756,26	900
DHOH	Werner Meyburg	Hamburg	724,8	255,87	500
DHOI	Heluan	Hamburg	2391,9	819,64	1000
DHOJ	Ostpreussen+	Hamburg	8523,1	3008,64	2000
DHOK	Atlanta	Hamburg	1389,7	490,58	1400
DHOL	Gertrude Wiener	Hamburg	2980,2	1052,00	1400
DHOM	Njörd	Lübeck	642,8	226,89	800
DHON	Eider	Hamburg	1076,5	380,00	—
DHOO	Hermes	Hamburg	679,9	240,01	300
DHOP	Herta Johanne III	Hamburg	760,1	268,30	300
DHOR	Stör	Hamburg	603,6	213,08	500
DHOT	Paula	Hamburg	396,6	140,00	250
DHOU	Perseus	Hamburg	4284,1	1512,28	4100
DHOV	Bernd Wesch	Hamburg	2151,1	759,34	1000
DHOX	Spreewald	Hamburg	8120,9	2866,66	4200
DHOY	Esso Jade	Hamburg	88,4	31,21	88
DHOZ	Verena	Bremerhaven	917,0	323,70	750
DHPA	Fairplay I	Hamburg	19,7	6,95	970
DHPB	Adolf Leonhardt	Hamburg	11272,8	3379,28	3500
DHPC	Cap Salinas	Hamburg	12294,2	4339,86	3520
DHPD	Seefalke	Hamburg	60,5	21,36	125
DHPF	Frieda Peters	Hamburg	1877,1	662,60	1050
DHPG	Hornfels	Hamburg	6386,8	2254,53	2700
DHPH	Stadeland	Bremen	680,9	240,37	300
DHPI	Pinguin	Hamburg	37,6	13,26	150
DHPK	Reinhart Lorenz Russ	Hamburg	4261,2	1504,19	3000
DHPM	Heimo Reckmann	Hamburg	958,2	338,35	1200
DHPN	Gretchen Müller	Hamburg	1496,4	528,22	1100
DHPO	Kaltehofe	Hamburg	268,4	94,75	150
DHPP	Transvaal	Hamburg	6202,1	2189,34	3330
DHPQ	Esso 65	Hamburg	93,2	32,89	120
DHPR	Diana	Hamburg	75,6	26,70	108
DHPT	Hornsund	Hamburg	6392,4	2256,58	2700
DHPV	Amrum	Hamburg	1714,9	605,37	1200
DHPW	Flensburg	Flensburg	208,7*	73,66*	350

* = Bruttoraumgehalt.

DHPX — DIAE

Unterscheidungssignale	Namen der Schiffe	Heimathafen	Nettoraumgehalt Kubikmeter	Nettoraumgehalt Registertons	PS
DHPX	Athen	Hamburg	4270,1	1507,34	3000
DHPY	Ilsabe Oldendorff	Lübeck	3942,6	1391,73	1700
DHPZ	Angelburg	Hamburg	4298,6	1517,42	4800
DHQA	Johann Ahlers	Hamburg	1933,5	682,51	1000
DHQB	Julia	Hamburg	447,1	157,84	490
DHQC	Flottbek	Hamburg	3723,7	1314,48	2200
DHQD	Kamerun	Hamburg	6163,9	2186,45	3330
DHQF	Hildegard Peters	Hamburg	2929,9	1034,24	1250
DHQG	Tarpenbek	Hamburg	3694,0	1303,98	2000
DHQH	Beate Bolten	Hamburg	7869,2	2777,83	2400
DHQI	Ehrenfeld	Hamburg	2964,1	1046,31	1400
DHQJ	Burg Sparrenberg	Hamburg	6699,8	2365,02	3500
DHQK	Wagrien	Hamburg	811,4	286,41	500
DHQL	Vina del Mar	Hamburg	79,3	28,00	240
DHQN	Jan	Hamburg	144,4	50,99	750
DHQO	Hildegard Z. Nimtz+	Hamburg	5849,5	2064,86	2300
DHQR	Santa Isabel	Hamburg	11618,1	4101,19	3520
DHQS	Onabe	Hamburg	110,2	38,89	250
DHQT	Heinrich Grammerstorf+	Kiel	6677,1	2357,02	2 × 1200
DHQU	Stör	Hamburg	118,4	41,81	170
DHQV	Assel	Hamburg	787,5	277,98	300
DHQW	Oste	Hamburg	603,1	212,90	500
DHQY	Anita	Hamburg	6702,5	2365,97	4000
DHQZ	Fuhlsbüttel	Hamburg	3730,4	1316,83	1450
DHRC	Magdeburg	Hamburg	4183,2	1476,67	2350
DHRD	Nigeria	Hamburg	6188,2	2184,45	3300
DHRE	Else Müller	Hamburg	1493,7	527,27	1150
DHRG	Johann Haltermann	Hamburg	3954,4	1395,91	1680
DHRH	Weissesee	Bremerhaven	8874,2	3132,59	2800
DHRI	Poseidon	Hamburg	9287,9	3275,63	4000
DHRJ	Porto+	Hamburg	2116,4	747,07	1470
DHRK	Sarrius	Hamburg	76,9	27,16	25
DHRM	Jacob Rüsch+	Hamburg	1479,1	522,11	300
DHRN	Albert	Hamburg	161,1	56,88	120
DHRO	Claus Bischoff	Hamburg	7473,3	2638,08	1700
DHRQ	Transontario	Hamburg	2150,0	758,96	1400
DHRR	Niedermehnen	Hamburg	635,4	224,28	850
DHRT	Rolf	Hamburg	781,1	275,74	300
DHRU	Rügen	Hamburg	1228,4	433,63	860
DHRV	Habicht	Lübeck	144,7*	51,06*	400
DHRX	Nordlicht	Hamburg-Altenwerder	27,5	9,71	150
DHRY	Helga Hauschildt	Hamburg	614,7	216,98	300
DHRZ	Taucher Ottar Harmsdorf IV	Hamburg	94,9*	33,50*	325
DIAA	Desdemona	Hamburg	3296,5	1163,68	1470
DIAB	Atlantik	Hamburg	6076,9	2145,14	3000
DIAD	Esso 62	Hamburg	78,5	27,72	90
DIAE	Peter Frese	Hamburg	410,3	144,83	250

* = Bruttoraumgehalt.

DIAF — DICK

Unter-scheidungs-signale	Namen der Schiffe	Heimathafen	Kubik-meter Nettoraumgehalt	Register-tons Nettoraumgehalt	PS
DIAF	Schwinge	Hamburg	599,7	211,69	500
DIAG	Gisela Flint	Hamburg	502,7	177,45	300
DIAH	Oberg	Hamburg	765,1	270,08	520
DIAI	Galata	Hamburg	4266,0	1505,00	2750
DIAJ	St. Michael	Hamburg	3110,9	1098,15	2100
DIAL	Koblenz	Hamburg	56,2	19,83	400
DIAM	Cleopatra	Hamburg	3296,5	1163,68	1470
DIAN	Baldur	Hamburg	8630,6	3046,62	3500
DIAO	Ute-Erika	Hamburg	534,1	188,54	300
DIAQ	Sondith	Hamburg	526,2	185,73	300
DIAR	Tarragona	Hamburg	2634,1	929,82	1500
DIAS	Amazonas	Hamburg	3928,1	1386,64	2700
DIAU	Roland Russ	Hamburg	4292,0	1515,08	2750
DIAV	Agnes Essberger	Hamburg	801,4	282,91	360
DIAW	Inka	Hamburg	1923,3	678,94	1300
DIAX	Ungeheuer	Bremen	9,8	3,47	60
DIAY	Rudgert Vinnen	Bremen	3110,9	1098,15	2680
DIAZ	Helene	Hamburg	127,0	44,84	36
DIBA	Käthe-Marie	Hamburg	685,0	241,81	500
DIBB	Lee	Hamburg	1220,9	430,98	700
DIBC	Leamitra	Hamburg	3766,6	1329,60	1400
DIBD	Martha	Hamburg-Finkenwdr.	31,7	11,20	120
DIBE	Hohewisch	Hamburg	53,7*	18,96*	200
DIBG	Dresden+	Hamburg	21641,6	7639,48	12500
DIBH	Pazifik	Hamburg	6145,5	2169,85	3000
DIBJ	Werratal	Hamburg	3546,4	1251,87	2560
DIBK	Mercur	Flensburg	1471,3	519,86	900
DIBL	Hinrich Hey	Hamburg	627,5	221,49	1100
DIBN	Claudia	Hamburg	1026,5	362,85	490
DIBO	Sturmvogel	Hamburg	170,7	60,26	65
DIBP	Otto Kamm II	Hamburg	169,2	59,74	150
DIBQ	Alstertor	Hamburg	3808,9	1344,58	4670
DIBR	Mathilde	Hamburg	219,4	77,45	100
DIBS	Wiedau+	Hamburg	2702,1	953,83	2500
DIBT	Oetje	Oldenburg	105,8	37,85	90
DIBU	Usedom	Hamburg	120,08	42,48	200
DIBV	Libanon	Hamburg	7448,4	2629,27	2750
DIBW	Augsburg	Hamburg	4268,1	1506,64	3600
DIBX	Hein Hoyer	Hamburg	10107,0	3567,77	2600
DIBY	Christa	Hamburg	3865,9	1364,67	1400
DIBZ	Quartole	Hamburg	3969,8	1401,82	4200
DICA	Flottbek	Hamburg	107,9	38,07	180
DICD	Ratzeburg+	Hamburg	6073,1	2143,79	3400
DICE	Marie	Hamburg	49,8	17,58	18
DICG	Wakenitz	Hamburg	1765,4	623,18	1050
DICH	Alstertal	Hamburg	3546,4	1251,87	2560
DICI	Marie Rüsch	Hamburg	790,9	279,18	300
DICJ	William	Hamburg	381,0	134,48	180
DICK	Kerstin Matthiesen	Hamburg	898,0	317,00	750

* = Bruttoraumgehalt.

Unterscheidungssignale	Namen der Schiffe	Heimathafen	Kubikmeter Nettoraumgehalt	Registertons Nettoraumgehalt	PS
DICL	Werner Felter	Hamburg	588,7	207,82	300
DICM	Georg Russ	Hamburg	3531,6	1246,66	2400
DICN	Julin	Hamburg	1614,8	569,84	750
DICO	Köln	Cuxhaven	670,9	236,82	990
DICP	Alsterdamm+	Hamburg	1623,1	572,94	800
DICQ	Wien+	Hamburg	14050,8	4959,76	9000
DICR	Frankfurt	Hamburg	14857,9	5444,84	10560
DICS	Würzburg	Düsseldorf	1549,6	547,08	700
DICT	Eduard Schupp	Hamburg	1844,2	651,01	1000
DICU	Luise Horn+	Hamburg	2274,1	802,77	1650
DICV	Quadrivium	Hamburg	3926,1	1385,91	4200
DICW	Bugsier 1	Hamburg	68,0	23,99	600
DICX	Luv	Hamburg	1182,0	417,23	700
DICY	Takarako II	Hamburg	35,0	12,36	120
DICZ	Atalanta	Hamburg	141,4	49,98	116
DIDA	Värmland	Hamburg	971,6	342,99	1000
DIDB	Elbe	Hamburg	706,9	249,53	500
DIDC	Hammonia	Hamburg	1507,6	532,18	1000
DIDD	St. Patrick	Lübeck	527,5	186,21	500
DIDF	Hasselburg+	Hamburg	9899,8	3494,68	5340
DIDG	Ausdauer	Hamburg	10,7	3,78	25
DIDH	Boberg	Hamburg	626,8	221,09	500
DIDI	Elsa Essberger	Hamburg	18731,9	6612,85	6650
DIDJ	Johannes Schupp	Hamburg	1066,3	376,42	750
DIDK	Bugsier 2	Hamburg	68,2	24,06	850
DIDL	Anna Catharina	Hamburg	3490,1	1232,00	1800
DIDM	Edmund Hugo Stinnes	Hamburg	4153,7	1466,26	3600
DIDN	Elfriede Rohden	Leer/Ostfr.	1147,3	405,00	660
DIDP	Kassel	Hamburg	8967,1	3165,40	8000
DIDQ	Johanna	Hamburg	3827,2	1351,01	1400
DIDR	Karl Leonhardt	Hamburg	5630,0	1977,90	2000
DIDT	Steckelhörn	Hamburg	3866,7	1364,49	2700
DIDU	Passau	Bremerhaven	670,9	236,82	990
DIDW	Energie	Hamburg	306,7	108,26	90
DIDY	Cressida	Hamburg	953,5	336,59	1000
DIDZ	Krautsand	Hamburg	1030,0	363,60	700
DIEA	Margaret C. Ertel	Hamburg	2421,9	854,98	925
DIEB	Hans Gosch	Hamburg	676,8	238,90	1000
DIEC	Lucie Vollmers	Hamburg	983,1	347,02	430
DIED	von Beckerath	Hamburg	422,4	149,10	750
DIEE	Ute Parchmann	Bremen	1135,5	400,84	300
DIEF	Württemberg+	Hamburg	13790,0	4867,87	6000
DIEG	Lissy Schulte	Hamburg	1074,2	379,20	1250
DIEI	Bugsier 3	Hamburg	68,1	24,05	850
DIEJ	Berlin	Hamburg	6062,0	2139,89	3360
DIEK	Mailand+	Hamburg	8406,8	2967,60	5400
DIEL	Heidelberg+	Hamburg	15757,7	5562,47	9000
DIEM	Alsterpark	Hamburg	1646,8	581,14	800
DIEN	Ankara	Hamburg	7610,8	2686,62	2750

DIEO — DIGL

Unterscheidungssignale	Namen der Schiffe	Heimathafen der Schiffe	Kubikmeter (Nettoraumgehalt)	Registertons (Nettoraumgehalt)	PS
DIEO	Waldeck	Hamburg	4839,8	1708,44	2800
DIEQ	Roland II	Hamburg	63,1	22,27	18
DIER	Billetal	Hamburg	3573,6	1261,48	2560
DIES	Pellworm	Hamburg	1132,5	399,76	840
DIET	Hinrich	Hamburg	2512,8	887,04	1600
DIEU	Constantia	Hamburg	21015,9	7418,61	7250
DIEV	Hermann Schulte	Hamburg	3089,1	1090,45	1470
DIEW	Köln	Hamburg	8976,6	3168,74	8000
DIEX	BP Kiel	Hamburg	907,6	320,37	800
DIEY	Transatlantic+	Hamburg	9110,4	3215,96	3335
DIEZ	Amalie Essberger	Hamburg	593,0	209,32	400
DIFA	Paula Rahmann	Hamburg	597,8	211,02	300
DIFB	Falkenstein	Hamburg	8896,9	3140,59	5600
DIFC	Barbara	Hamburg	6839,8	2414,47	3600
DIFD	Rodenbek	Hamburg	3627,8	1280,61	2700
DIFE	Wolfgang Vogelsang	Hamburg	2053,4	724,84	1050
DIFF	Malaga+	Hamburg	2928,4	1033,74	1280
DIFG	Warendorp	Lübeck	1410,1	497,76	1000
DIFH	Victoria	Hamburg	47,3	16,71	400
DIFI	Trave	Hamburg	2041,5	720,67	—
DIFJ	Freundschaft	Hamburg	58,5	20,47	65
DIFM	Leada+	Hamburg	8789,1	3102,53	4550
DIFN	Fairway	Hamburg	2511,5	886,55	1400
DIFO	Braunschweig	Hamburg	11218,3	3960,06	9000
DIFP	Ophelia	Hamburg	3397,8	1199,43	1470
DIFQ	Alca	Hamburg	351,3	124,00	440
DIFR	Heimat	Hamburg-Finkenwdr.	61,5	21,71	130
DIFS	Nicola	Bremerhaven	1302,7	459,85	850
DIFT	Bussard	Hamburg Finkenwerder	61,9	21,86	120
DIFU	Käte	Hamburg-Finkenwerder	61,9	21,86	120
DIFV	Ingrid Leonhardt	Hamburg	8955,3	3161,23	3500
DIFW	Alk	Hamburg	112,7	39,79	460
DIFX	Hermann Krone	Hamburg	539,3	190,37	1440
DIFY	Michael M	Hamburg	1247,8	440,31	800
DIFZ	Mönkedamm	Hamburg	2017,0	712,01	1200
DIGA	Egon Wesch	Hamburg	725,2	255,98	1000
DIGB	Butt	Hamburg	593,3	209,44	300
DIGC	Transpacific+	Hamburg	8822,6	3114,39	3335
DIGD	Miranda	Hamburg	7598,7	2682,35	5200
DIGE	Santa Rita+	Hamburg	16109,7	5686,73	4000
DIGF	Alsen	Hamburg	500,3	176,60	560
DIGG	Boreas	Hamburg	719,6	254,02	1500
DIGH	Nordmeer	Hamburg	13475,0	4756,74	4200
DIGI	Hüxter	Hamburg	942,6	332,75	1050
DIGJ	Simon von Utrecht	Hamburg	6369,5	3307,42	3000
DIGK	Alteland	Hamburg	1022,7	361,02	500
DIGL	Helga	Hamburg	447,9	158,13	300

Unterscheidungssignale	Namen der Schiffe	Heimathafen	Kubikmeter (Nettoraumgehalt)	Registertons (Nettoraumgehalt)	PS
DIGM	Frauke Danz	Hamburg	686,2	242,22	500
DIGN	Perikles	Hamburg	4281,9	1511,51	4670
DIGO	Konstanz	Hamburg	689,4	243,37	1000
DIGP	Marie Boettger	Hamburg	2180,3	769,65	1465
DIGQ	Katharina	Hamburg	631,4	222,89	300
DIGR	Karen Bolten	Hamburg	2922,6	1031,67	1850
DIGS	Mainz	Hamburg	689,4	243,37	875
DIGT	Gelsenkirchen	Hamburg	739,6	261,07	875
DIGU	Inge-Ursula +	Hamburg	883,5	311,88	300
DIGW	Santa Rosa +	Hamburg	16201,3	5719,06	4000
DIGX	Humor	Hamburg	140,5*	49,58*	520
DIGY	Karl	Hamburg	227,2	80,19	350
DIHA	Mossel Bay	Hamburg	6228,4	2198,63	3800
DIHB	Hans August	Hamburg	80,0	28,23	18
DIHD	Hornkliff	Hamburg	6458,4	2279,83	3300
DIHE	Albatross	Hamburg	75	26	275
DIHF	Marwa	Hamburg	448,5	158,32	300
DIHG	Grönnebek	Hamburg	3866,1	1364,72	2000
DIHH	Navico III	Hamburg	188,3	66,47	275
DIHK	Heimdal	Hamburg	5309,5	1874,26	1775
DIHM	Fritz Hugo Stinnes	Hamburg	3057,5	1079,29	850
DIHN	Jan Jonas	Hamburg	607,0	214,26	300
DIHO	Hildegard Doerenkamp +	Hamburg	7808,9	2756,55	3800
DIHP	Fairplay IV	Hamburg	110,5	39,00	800
DIHR	Hansa	Hamburg	392,5	138,54	300
DIHS	Johannes Russ +	Hamburg	17370,7	6131,87	5340
DIHT	Navico IV	Hamburg	127,6	45,06	250
DIHU	Esso Düsseldorf	Hamburg	28775,0	10157,59	12672
DIHV	Alsterufer	Hamburg	4191,1	1479,45	4670
DIHW	Bugsier 12	Hamburg	44,8	15,88	470
DIHX	Emilia	Hamburg	447,1	157,84	450
DIHY	Ute	Hamburg	930,1	328,31	300
DIIA	Borkumriff	Hamburg	60,1	21,23	120
DIIB	Hedwig Lünstedt	Hamburg	701,1	247,49	300
DIIC	Karin	Hamburg-Finkenwdr.	63,5	22,43	120
DIID	Seilmoker	Hamburg-Finkenwdr.	59,5	21,02	150
DIIE	Urundi	Hamburg	8067,6	2847,86	5335
DIIF	Frank Leonhardt	Hamburg	9501,9	3354,19	4200
DIIH	Bravo	Hamburg	198,8	70,18	350
DIII	Cap Blanco	Hamburg	9649,6	3406,81	7200
DIIJ	Günther	Hamburg	619,8	218,80	300
DIIK	Steendiek	Hamburg-Finkenwdr.	60,9	21,48	120
DIIL	Bismarckstein	Hamburg	829,5	292,88	300
DIIO	Botilla Russ	Hamburg	1177,7	415,78	1530
DIIP	Jochen	Wilhelmshaven	107,2	37,83	2×150
DIIQ	Paul Rickmers +	Hamburg	12707,0	4485,57	5400
DIIR	Piräus	Hamburg	4085,7	1442,27	4650
DIIS	Jupiter	Hamburg	767,3	270,84	280

* = Bruttoraumgehalt.

DIIT — DIKX

Unterscheidungssignale	Namen der Schiffe	Heimathafen der Schiffe	Kubikmeter Nettoraumgehalt	Registertons Nettoraumgehalt	PS
DIIT	Hannover	Hamburg	14866,2	5247,76	10560
DIIU	Cap Frio	Hamburg	9660,0	3412,07	7200
DIIV	Congo	Hamburg	6076,0	2144,82	2700
DIIW	Ellen M	Hamburg	407,5	143,84	300
DIIX	Therese	Hamburg	103,6*	36,57*	320
DIIY	Quartett	Hamburg	4523,1	1596,66	5340
DIIZ	Michel	Hamburg	461,7*	162,98*	1140
DIJA	Mikado II	Hamburg	189,6*	66,94*	378
DIJB	Hasselwerder	Hamburg	599,8	211,78	300
DIJC	Klaus Leonhardt	Hamburg	9671,4	3414,00	3500
DIJD	Falke	Hamburg	25,2	8,91	300
DIJE	Theresia Russ	Hamburg	1182,1	417,29	1500
DIJH	Geert Howaldt	Hamburg	8735,4	3083,61	4000
DIJI	Ölsauger II	Hamburg	147,7	52,14	360
DIJJ	Portunus	Hamburg	4647,8	1640,67	5140
DIJK	Ilse Wolter	Hamburg	774,8	273,50	300
DIJL	Jörn Witt	Hamburg	1110,2	391,89	600
DIJN	Trotzenburg	Hamburg	602,4	212,65	450
DIJO	Nord	Hamburg	97,2*	34,32*	350
DIJP	Wappen von Hamburg	Hamburg	3245,1	1145,54	5×1200
DIJQ	Voline	Hamburg	702,6	248,01	475
DIJS	John Schröder	Hamburg	2905,9	1025,77	1650
DIJT	Ditmar Koel	Hamburg	11425,4	4033,16	2500
DIJU	Horncap	Hamburg	4360,3	1539,18	5340
DIJV	Hedwig Henning	Hamburg	621,0	219,28	360
DIJW	Marschenland	Hamburg	417,0	147,20	280
DIJX	Gilda	Hamburg	450,1	158,89	300
DIJY	Heidenau	Hamburg	564,4	192,88	300
DIJZ	Gisela Essberger	Hamburg	857,4	302,66	520
DIKA	Esso Hamburg	Hamburg	28596,2	10094,44	12500
DIKB	Plato	Hamburg	525,7	185,57	300
DIKD	Ulanga	Hamburg	6133,8	2165,28	3800
DIKE	Cap Norte	Hamburg	10969,4	3872,21	7200
DIKF	Brunshausen	Hamburg	4586,0	1618,85	5140
DIKG	Faust	Hamburg	18870,8	6661,39	6500
DIKH	Christine Bischoff	Hamburg	3098,0	1093,59	1200
DIKI	Quo vadis	Hamburg	480,4	169,58	280
DIKJ	Klaus Block	Hamburg	609,7	215,24	300
DIKK	Millerntor	Hamburg	8890,4	3138,30	4000
DIKL	Esso Frankfurt	Hamburg	28632,4	10107,28	12670
DIKM	Saturn	Hamburg	35,2	12,41	300
DIKN	Ravensberg+	Hamburg	3952,2	1395,11	3600
DIKP	Eggebek	Hamburg	898,9	317,33	900
DIKR	Greif	Hamburg	168,7*	59,57*	300
DIKS	Anne Marie	Hamburg	484,4	170,98	300
DIKT	Julius Schindler	Hamburg	20593,0	6269,38	7200
DIKV	Cap Vilano	Hamburg	10976,7	3874,81	7200
DIKW	Fairplay XIV	Hamburg	109,3	38,60	800
DIKX	Solingen	Hamburg	5005,9	1767,09	4200

* = Bruttoraumgehalt.

DIKY — DINA

Unterscheidungssignale	Namen der Schiffe	Heimathafen der Schiffe	Kubikmeter Nettoraumgehalt	Registertons Nettoraumgehalt	PS
DIKY	Rita Bartels	Hamburg	450,7	159,09	300
DILA	Borkum	Hamburg	1470,7	519,15	1100
DILB	Hinrich Peters	Hamburg	1936,2	683,47	650
DILC	Leabeth+	Hamburg	4085,6	1442,28	1680
DILD	Selma Nimtz	Hamburg	3622,5	1278,74	3800
DILF	Usaramo	Hamburg	8103,6	2860,58	5335
DILG	Walvis Bay+	Hamburg	12810,6	4522,14	5000
DILH	Cap Finisterre+	Hamburg	15158,8	5350,90	7200
DILI	Eilenburg	Hamburg	530,0	187,09	300
DILJ	Krefeld	Hamburg	5037,5	1778,28	4200
DILK	Kuhwerder	Hamburg	69,9	24,66	850
DILM	Sleipner II	Hamburg	670,1	263,58	460
DILN	Fairwind+	Hamburg	5335,5	1883,42	2000
DILO	Helmuth Hardekopf	Hamburg	156,1	55,11	120
DILP	Parthenon	Hamburg	4095,5	1445,70	4670
DILQ	Bökelnburg	Hamburg	962,6	339,78	430
DILR	August Thyssen	Hamburg	11927,0	4210,23	2500
DILS	Augusta	Hamburg	446,5	157,61	180
DILT	Lissabon+	Hamburg	7768,5	2742,27	3340
DILV	Pasajes+	Hamburg	2116,4	747,07	1470
DILW	Rudolf Karstens	Hamburg	486,8	171,85	300
DILX	Ortrud Müller	Hamburg	1626,2	574,04	1000
DILY	Elbe	Hamburg	6057,8	2138,41	2700
DILZ	Hilda Wesch+	Hamburg	2909,0	1026,86	1000
DIMA	Dithmarschen	Hamburg	671,8	276,96	300
DIMC	Hanna Dreier	Hamburg	594,2	209,76	260
DIMD	Klaus Buck	Hamburg	441,1	155,71	300
DIME	Westfalen+	Hamburg	14778,5	5216,81	6750
DIMF	Patricia	Hamburg	393,1	138,76	198
DIMG	Hornstern	Hamburg	6773,1	2390,90	5850
DIMH	Brunswick	Hamburg	4600,4	1623,94	4200
DIMI	Helge	Hamburg	475,7	167,92	300
DIMJ	Beate	Hamburg	963,3	340,04	300
DIMK	Heinz-Helmut	Hamburg	450,8	159,19	300
DIML	Nordstern	Hamburg	800,1	282,44	300
DIMM	Cläre Hugo Stinnes+	Hamburg	15290,1	5397,86	6300
DIMN	Nelly Haltermann	Hamburg	1078,0	380,54	520
DIMO	Kirchwerder	Hamburg	69,9	24,66	850
DIMP	Finkenwerder	Hamburg	69,9	24,66	850
DIMR	Bonita+	Hamburg	2808,7	991,47	1350
DIMS	Glückauf	Hamburg	798,7	281,93	800
DIMT	Alsterkamp	Hamburg	4968,1	1753,73	4450
DIMU	Lealott+	Hamburg	7795,3	2751,74	4200
DIMV	Frieda Buss	Hamburg	932,1	329,01	300
DIMW	Luise Bornhofen	Hamburg	9789,4	3455,66	3800
DIMX	Silvana	Hamburg	596,9	210,72	300
DIMY	H.-Günther Bülow	Hamburg	978,9	345,55	520
DIMZ	Austria	Hamburg	30,3	10,70	150
DINA	Augustenburg	Hamburg	5688,4	2008,02	4800

DINB — DIPD

Unterscheidungssignale	Namen der Schiffe	Heimathafen der Schiffe	Kubikmeter (Nettoraumgehalt)	Registertons (Nettoraumgehalt)	PS
DINB	Heike	Hamburg	559,2	197,40	300
DINC	Frauke	Hamburg	931,1	328,66	300
DIND	Hermann Langreder +	Hamburg	1720,9	607,49	1000
DINE	Marie Steffens	Hamburg	178,8	63,10	80
DINF	Heinrich Christian Oetker	Hamburg	17556,7	6197,50	5500
DING	Ernst Schröder	Hamburg	2898,6	1023,27	2800
DINH	Carlota Bolten	Hamburg	2921,4	1031,27	1850
DINI	Zephyros	Hamburg	850,1	300,07	1800
DINJ	Gerd Frese	Hamburg	686,6	242,38	300
DINK	Montan +	Hamburg	14069,3	4966,45	6300
DINL	Nessand +	Hamburg	1041,4	367,63	700
DINM	Stubbenhuk	Hamburg	67,4*	23,78*	320
DINN	Togo	Hamburg	8078,3	2851,64	5100
DINP	Griesenwerder	Hamburg	69,9	24,66	850
DINQ	Polaris	Hamburg	59,7	21,08	190
DINR	Ursula Peters	Hamburg	2147,2	757,97	1140
DINS	Fleth	Hamburg	968,3	341,82	500
DINV	Anna-Marie	Hamburg	77,7*	27,42*	360
DINW	Elmo	Hamburg	235,7	83,19	112
DINX	Athlet	Hamburg	491,0	173,31	1600
DINY	Birte	Hamburg	914,0	322,64	300
DINZ	Urania	Hamburg	2527,3	892,12	1250
DIOA	Eilbek +	Hamburg	5998,2	2117,37	2200
DIOB	Magda Wegener	Hamburg	779,1	275,01	300
DIOD	Brage	Hamburg	8556,3	3020,36	3500
DIOE	Bugsier 14	Hamburg	68,9	24,31	850
DIOF	Heinrich Knüppel	Hamburg	596,0	210,38	300
DIOG	Margaretha Bischoff +	Hamburg	3104,6	1095,92	1320
DIOH	Planet	Hamburg	807,8	285,17	500
DIOI	Imperator	Hamburg	409,1	144,41	300
DIOJ	Braunsfeld	Hamburg	2297,8	811,14	1250
DIOK	Usedom	Hamburg	552,5	195,02	350
DIOL	Corona	Hamburg	7808,5	2756,40	5400
DION	Sagitta	Hamburg	968,9	342,08	750
DIOO	Gasoel V	Hamburg	183,1	64,61	200
DIOP	Oscar Mathies	Hamburg	1866,0	658,70	1000
DIOQ	Bernd-Gunda	Hamburg	693,3	244,78	300
DIOT	Clio	Hamburg	503,4	177,70	300
DIOU	Cormoran	Hamburg	92,4	32,60	345
DIOV	Caroline Oetker	Hamburg	37286,7	13162,20	16500
DIOW	Annegret	Hamburg	596,9	210,72	300
DIOX	Bugsier 15	Hamburg	68,9	24,31	850
DIOY	Ingeborg	Hamburg	603,2	212,94	150
DIOZ	Jonny Jonas	Hamburg	973,3	343,57	500
DIPA	Vogelsberg	Hamburg	3897,7	1375,88	1760
DIPB	Carsten Rehder	Hamburg	736,2	259,86	1200
DIPC	Apollo	Hamburg	689,4	243,37	500
DIPD	Hammaburg	Hamburg	611,6	215,91	300

* = Bruttoraumgehalt.

Unter-scheidungs-signale	Namen der Schiffe	Heimathafen	Kubik-meter Nettoraumgehalt	Register-tons	PS
DIPE	Welf	Hamburg	397,7	140,40	300
DIPF	Weimar+	Hamburg	14147,8	4994,18	9000
DIPG	Walter Richter	Hamburg	594,1	209,72	300
DIPH	Heinrich Udo Schulte	Hamburg	3880,2	1369,71	1680
DIPI	Käthe Bartels	Hamburg	746,6	263,54	525
DIPJ	Hohenbuchen	Hamburg	884,6	312,26	675
DIPK	Birgit Müller	Hamburg	921,4	325,25	300
DIPL	Alsterkamp	Hamburg	1753,8	619,09	800
DIPM	J. H. Jonas	Hamburg	596,9	210,72	300
DIPN	Ilse Feldmann	Hamburg	778,6	274,84	300
DIPO	Freiburg+	Hamburg	8041,8	2838,74	4200
DIPP	BP Olex 34	Hamburg	136,9	48,34	170
DIPQ	Nordwald	Hamburg	1296,2	447,54	870
DIPR	Cap Palmas+	Hamburg	14438,0	5096,62	6300
DIPS	Herford+	Hamburg	3291,5	1161,89	2000
DIPT	Rungholt	Cuxhaven	41,1	14,52	120
DIPU	Dieksand	Hamburg	1040,1	367,15	700
DIPV	Esso Vegesack	Hamburg	152,2	53,72	133
DIPW	Nordenfeld	Hamburg	889,5	313,98	500
DIPX	Marie Lehmann	Lübeck	750,0	264,75	525
DIPY	Amélie Thyssen+	Hamburg	21599,8	7624,56	6650
DIPZ	Erna Witt+	Hamburg	3504,9	1237,23	2000
DIQA	Inge Leonhardt	Hamburg	1769,9	624,77	1000
DIQB	Elisabeth Bröker	Hamburg	610,6	215,55	300
DIQC	Therese Horn+	Hamburg	1319,9	465,91	750
DIQD	Bunte Kuh	Hamburg	3225,8	1138,52	6000
DIQE	Werner Franck	Hamburg	1132,1	399,63	650
DIQF	Palmyra	Hamburg	2554,5	901,75	1200
DIQG	Sevilla+	Hamburg	2177,7	768,72	1470
DIQI	Adelheid	Uetersen	562,5	198,56	190
DIQU	Anna	Bützfleth	173,5	61,25	110
DIQW	Anna	Cuxhaven	30,3	10,69	90
DIRD	Astarte	Wilhelmshaven	32,6	11,52	50
DIRE	Bernd	Hamburg	322,4	113,81	150
DIRI	F. Werner	Uetersen	427,9	151,04	200
DIRL	Eleonore	Dornbusch	411,4	145,24	165
DIRP	Condor	Schulau	66,2	23,37	150
DIRS	Diamant	Friedrichskoog	14,3	5,05	50
DIRX	Ostetal I	Hamburg	343,5	121,25	160
DISH	Ernst Heinrich	Moorege	109,0	38,49	72
DISI	Ernte	Oberndorf	204,7	72,25	35
DISL	Falke	Schulau	59,6	21,04	135
DISM	Fortuna	Glückstadt	300,7	106,16	150
DISQ	Frieda	Schulau	36,6	12,90	100
DISU	Frija	Glückstadt	251,7	88,86	150
DITG	Hermann Suhr	Hamburg	420,7	148,51	200
DITI	Ida Joerk	Hamburg	1524,7	538,22	550
DITN	Ingerta	Hamburg	39,9	14,09	150
DITO	Irmgard	Wischhafen	220,1	77,70	60

DITS — DIYU					
Unterscheidungssignale	Namen der Schiffe	Heimathafen der Schiffe	Kubikmeter (Nettoraumgehalt)	Registertons (Nettoraumgehalt)	PS
DITS	Käte	Seesteraudeich	34,5	12,19	100
DITT	Nova	Stade	374,4	132,17	240
DITX	Kehrwieder	Burg/Dithm.	111,3	39,29	50
DITY	Kehrwieder	Seester	35,5	12,53	105
DIUI	Adlergrund	Lübeck-Travemünde	32,3	11,40	150
DIUJ	Marie-Eleonore	Helgoland	247,9	87,52	160
DIUN	Monika	Heikendorf	35,5	12,53	75
DIVB	Odin	Glückstadt	252,0	88,86	150
DIVC	Orion	Burg/Dithm.	248,2	87,68	40
DIVK	Rheingold	Hamburg	277,6	98,00	148
DIVS	Seerose II	Neufeld	7,9	2,79	60
DIVU	Seestern	Burg/Dithm.	98,4	34,75	36
DIVV	Sirius	Seester	28,5	10,06	90
DIWE	Thea	Kollmar/Holstein	258,9	91,37	120
DIWH	Traute	Glückstadt	275,5	97,25	250
DIWK	Walter	Hamburg	133,2	47,01	50
DIWO	Windsbraut	Dieksanderkoog	20,4	7,20	24
DIWP	Zukunft	Uetersen	345,6	122,0	150
DIWT	Widder	Bremen	768,9	282,01	250
DIWU	Saxnot	Glückstadt	416,3	146,98	550
DIWW	Erna	Elmshorn	372,3	131,43	120
DIWX	Frieda	Elmshorn	272,0	96,02	100
DIWZ	Gretchen Vollmers	Uetersen	412,6	146,64	250
DIXF	Gisela	Kollmar/Holstein	423,8	149,61	180
DIXH	Nordsee	Schulau	57,3	20,21	120
DIXM	Berta	Elmshorn	276,0	97,42	110
DIXN	Thyra	Elmshorn	265,2	93,63	120
DIXO	Kiel	Kiel	33,6	11,86	60
DIXP	Marta	Elmshorn	339,1	119,78	110
DIXQ	Zita	Elmshorn	229,9	81,16	65
DIXT	Anke Christa	Glückstadt	62,4	22,04	150
DIXU	Grete	Itzehoe	58,1	20,52	—
DIXX	Julianka	Itzehoe	692,1	224,29	250
DIXY	Edelweiß	Seester	27,2	9,61	105
DIXZ	Elbe	Hamburg	58,9	20,80	180
DIYD	Hans Bülow	Kollmar/Holstein	606,4	214,07	520
DIYE	Bishorst	Haseldorf	520,4	183,71	300
DIYF	Schwalbe	Lägerdorf	125,2	44,19	66
DIYG	Albatros	Beidenfleth	92,4	32,63	40
DIYH	Anke	Niendorf	58,5	20,66	150
DIYK	Luise	Friedrichskoog	16,6	5,88	90
DIYL	Ernst Sturm	Glückstadt	159,1	56,15	120
DIYM	Anita Schütt	Itzehoe	430,5	151,96	300
DIYP	Rosita Maria	Lübeck	541,3	191,09	300
DIYQ	Peter Meyer	Uetersen	353,6	124,8	350
DIYR	Hinrich Koppelmann	Schulau	412,5	145,62	300
DIYS	Seerose	Schulau	57,2	20,18	120
DIYT	Hannchen Staeglich	Schulau	61,2	21,59	120
DIYU	Mittelriff	Schulau	60,3	21,28	150

DIYV — DJAX					
Unter-scheidungs-signale	Namen der Schiffe	Heimathafen der Schiffe	Kubik-meter Nettoraumgehalt	Register-tons Nettoraumgehalt	PS
DIYV	Käte	Schulau	59,5	21,02	120
DIYW	Bussard	Schulau	59,1	20,86	120
DIYX	Wotan	Glückstadt	375,5	132,56	600
DIYY	Hödur	Glückstadt	375,5	132,56	600
DIZA	Quellental	Pinneberg	84,7	29,88	—
DIZB	Steinburg	Itzehoe	920,1	324,79	300
DIZC	Hermod	Glückstadt	405,0	142,98	600
DIZD	Marie Both	Glückstadt	996,1	351,64	520
DIZE	P. C. Asmussen	Elmshorn	497,8	175,74	300
DIZF	Ameland	Glückstadt	886,7	313,00	450
DIZG	Bruno	Brunsbüttelkoog	515,0	181,80	215
DIZH	Elbmarschen	Glückstadt	948,5	334,82	480
DIZI	Olaf	Hamburg	547,8	193,37	250
DIZJ	Lux	Glückstadt	932,0	329,04	500
DIZK	Kai	Glückstadt	930,6	328,50	500
DIZL	Glückstadt	Glückstadt	254,3	89,76	2×150
DIZM	Dithmarschen	Friedrichskoog	15,9	5,61	75
DIZN	Mühlenau	Pinneberg	189,5	66,90	—
DIZO	Anke	Glückstadt	237,1	83,68	115
DIZP	Stördiek	Itzehoe	522,5	184,46	300
DIZQ	Hornsriff	Friedrichskoog	22,1	7,81	120
DIZR	Tegelhörn	Itzehoe	903,5	318,96	875
DIZS	Steenborg	Kollmar	454,2	160,33	375
DIZY	Ingrid Weide+	Flensburg	3632,0	1282,11	1400
DIZZ	Albatros	Flensburg	211,9	74,81	260
DJAA	Harnis	Flensburg	1118,0	394,65	560
DJAB	Alexandra	Flensburg	155,5	54,90	420
DJAC	Ambronia	Amrum	23,7	8,35	100
DJAD	Ägir	Hamburg	275,2	97,15	190
DJAE	Annemarie	Keitum/Sylt	32,8	11,59	25
DJAF	Astrea	List/Sylt	110,8	39,20	86
DJAG	Karl-Friedrich	Dagebüll	50,2	17,72	25
DJAH	Vier Gebrüder	Dagebüll	53,6	18,91	35
DJAI	Christel	Kiel	21,1	7,44	120
DJAJ	Christine	Wyk/Föhr	97,9	34,57	100
DJAK	Doris	Flensburg	776,6	274,15	340
DJAL	Henriette	Munkmarsch	19,4	6,84	35/45
DJAM	Schleswig	Flensburg	246,3*	86,94*	380
DJAN	Holnis	Flensburg	275,4	97,22	200
DJAO	Kollund	Flensburg	119,1	42,04	95
DJAP	Inge R.-Christophersen	Flensburg	2925,0	1032,58	950
DJAQ	Seestern II	Kiel	60,9	21,51	125
DJAR	Hansa	Flensburg	239,1	84,49	240
DJAS	Hilligenlei	Wyk/Föhr	184,9	65,28	320
DJAT	Forelle	Flensburg	63,3	22,33	125
DJAU	Frisia	Wyk/Föhr	123,9	43,73	80
DJAV	Marianne C	Flensburg	718,5	253,68	300
DJAX	Grete	Flensburg	80,9	28,55	50

* = Bruttoraumgehalt.

DJAY — DJCX

Unterscheidungssignale	Namen der Schiffe	Heimathafen der Schiffe	Kubikmeter Nettoraumgehalt	Registertons Nettoraumgehalt	PS
DJAY	Orange Star	Wyk/Föhr	520,4	183,71	400
DJAZ	Flensburg	Flensburg	112,2	39,59	95
DJBA	Maria Elise	Flensburg	40,1	14,15	130
DJBB	Hedwig Pannbacker	Flensburg	537,3	189,65	300
DJBC	Hermine	Wyk/Föhr	92,5	32,64	50
DJBD	Venus	Flensburg	463,7	163,67	300
DJBE	Irmgard	Burg/Fehmarn	18,2	6,43	100
DJBF	Käthe Marie	Amrum	71,1	25,10	70
DJBG	Pollux	Flensburg	4640,6	1638,12	2000
DJBI	Libelle	Flensburg	63,3	22,33	100
DJBJ	Schleswig-Holstein	Wyk/Föhr	502,7	177,45	480
DJBK	Edith N.-Christophersen	Flensburg	1311,4	462,92	860
DJBL	Marie Ursula	Flensburg	310,0	109,42	150
DJBM	Nordfriesland	Wyk/Föhr	423,4	149,46	300
DJBN	Oste	Wyk/Föhr	83,6	29,52	120
DJBO	Rolf Verhey	Dagebüll	23,4	8,27	75
DJBP	Rungholt	Wyk/Föhr	35,3	12,48	72
DJBR	Jul	Wyk/Föhr	143,9	90,81	120
DJBT	Siegfried	Neustadt/Holst.	20,0	7,06	90
DJBU	Neptun+	Flensburg	7398,8	2611,78	2400
DJBV	Mona Rosa	Flensburg	421,1	148,64	300
DJBW	Kapitäne Christiansen	Wyk/Föhr	300,3	106,00	200
DJBX	Liselotte	Flensburg	695,0	245,33	700
DJBY	Käthe	Wyk/Föhr	31,9	11,25	16
DJBZ	Antje-Doris	Wyk/Föhr	48,2	17,03	
DJCA	Pommern	Flensburg	615,9	217,41	500
DJCB	Henry Horn+	Glücksburg	1002,4	353,86	700
DJCC	Rüm Hart	Wyk/Föhr	549,4	193,94	800
DJCD	Hildegard	Amrum	41,4	14,66	90
DJCE	Hubert	Langballigholz	18,1	6,38	120
DJCF	Tümmler	List/Sylt	17,1	6,03	57
DJCG	Bodil Schmidt	Flensburg	1493,3	527,15	1000
DJCH	Karl Gunther Lohse	Flensburg	1807,0	637,86	1000
DJCI	Mimi Horn+	Glückstadt	1014,9	358,26	700
DJCJ	Waldtraut Horn+	Glücksburg	1630,5	575,57	1000
DJCK	Claus Horn+	Glücksburg	1684,3	594,57	1000
DJCL	Anna	Amrum	18,2	6,43	
DJCM	Falke	Wyk/Föhr	42,1	14,86	100
DJCN	Amrum	Steenodde	232,0	81,91	200
DJCO	Hildegard	Dagebüll	60,9	21,49	100
DJCP	Bianka	Heiligenhafen	18,0	6,37	105
DJCS	Glücksburg	Flensburg	266,6	94,11	200
DJCT	Flensau	Flensburg	2151,3	759,39	1200
DJCU	Krabbe	Amrum	50,5	17,81	50
DJCV	Charlotte Bohl	Flensburg	418,4	147,71	250
DJCW	Jupiter	Flensburg	2116,6	747,16	1200
DJCX	Schwennau	Flensburg	2120,8	748,63	1200

DJCY — DJGS

Unterscheidungssignale	Namen der Schiffe	Heimathafen	Nettoraumgehalt Kubikmeter	Nettoraumgehalt Registertons	PS
DJCY	Jan Meeder	Flensburg	768,5	271,80	250
DJCZ	Pallas	Flensburg	2085,9	736,81	1200
DJDA	Mürwik	Flensburg	270,9	95,65	200
DJDC	Uranus+	Flensburg	5983,5	2112,19	3360
DJDD	Merkur	Flensburg	706,3	249,34	250
DJDE	Krusau	Flensburg	2324,7	820,61	1200
DJDF	Schleswig-Holstein	Flensburg	638,6	225,44	250
DJDG	Hilligenlei	Langeness	21,2	7,48	68
DJDH	Meteor II	Hamburg	90,1	31,82	150
DJDJ	AnnelisChristophersen	Flensburg	1402,4	495,05	830
DJDK	Münster	Flensburg	755,4	266,67	250
DJDL	Fritz Raabe	Bremen	712,8	251,61	250
DJDM	Bernhard Howaldt	Flensburg	8708,6	3074,15	3000
DJDN	Hermann Althoff	Flensburg	622,8	219,84	250
DJDO	Birknack	Flensburg	4232,1	1493,93	1600
DJDQ	Amisia	Flensburg	1432,4	505,63	520
DJDR	Diana	Flensburg	4230,0	1493,17	1600
DJDS	Holstein+	Glücksburg	2307,9	814,69	1000
DJDU	Heinrich	Pellworm	49,3	17,40	55
DJDX	Schwalbe	Büsum	16,0	5,66	50
DJDZ	Albert	Cuxhaven	97,2	34,32	50
DJEA	Mars	Büsum	16,0	5,65	60
DJEB	Miranda	Büsum	451,3	159,32	300
DJED	Anna	Pellworm	43,6	15,37	95
DJEG	Claus Hermann	Büsum	28,0	9,90	80
DJEH	Liane	Husum	23,7	8,38	120
DJEI	Anni	Pellworm	91,8	32,41	25
DJEK	Andrea	Hamburg	863,6	304,84	300
DJEN	Arn VIII	Arnis	875,8	309,17	495
DJES	Carl Jensen	Kiel	149,6	52,83	120
DJET	Harald	Hallig Hooge	34,8	12,27	40
DJEU	Catrina	Friedrichstadt	138,9	49,03	100
DJEY	Mariechen	Kappeln	34,5	12,18	150
DJEZ	Seeburg	Tönning	29,5	10,42	100
DJFE	Frieda	Pellworm	99,1	35,00	60
DJFG	Seefalke I	Büsum	21,1	7,45	100
DJFI	Möve	Maasholm	15,8	5,57	50
DJFJ	Eider	Süderstapel	184,2	65,02	100
DJFL	Nordfriesland	Nordstrand	21,2	7,46	100
DJFM	Ol Büsum	Büsum	17,1	6,04	30
DJFO	Heike	Maasholm	59,7	21,09	150
DJFQ	Orion	Büsum	20,9	7,39	90
DJFT	Seedüwel	Maasholm	19,9	7,03	50
DJFW	Feuerland	Büsum	14,8	5,22	100
DJGB	Frida	Büsum	18,8	6,65	75
DJGF	Fürchtenicht	Tönning	14,7	5,19	115
DJGM	Günther	Niendorf	23,5	8,30	100
DJGN	Gustav	Pellworm	137,3	48,48	55
DJGS	Hedi Engels	Büsum	31,3	11,05	90

DJHB — DJNN

Unterscheidungssignale	Namen	Heimathafen	Kubikmeter	Registertons	PS
	der Schiffe		Nettoraumgehalt		
DJHB	Herta	Arnis/Schlei	148,5	52,41	120
DJHD	Hildegard-Marie	Husum	21,7	7,66	75
DJHO	Hans Jürgen	Hamburg	127,7	45,06	120
DJHP	Kehrwieder	Cuxhaven	60,1	21,21	150
DJHR	Klaus Groth	Westeraccumersiel	21,2	7,48	80
DJHX	Nordmeer	Büsum	60,0	21,20	150
DJIG	Marie	Husum	57,5	20,31	65
DJII	Rungholt	Husum	30,5	10,76	50
DJIU	Fairplay III	Hamburg	12,3	4,34	400
DJIW	Frieda	Pellworm	26,2	9,24	45
DJJL	Pellworm	Pellworm	135,7	47,90	2×165
DJJM	Pellworm	Pellworm	389,7	137,55	150
DJJR	Heimat	Kappeln	22,9	8,09	150
DJKB	Sturmvogel	Büsum	18,6	6,57	100
DJKG	Paulina	Büsum	496,9	175,41	300
DJKH	Paloma	Büsum	58,0	20,46	150
DJKO	Wilhelm Külper	Büsum	34,1	12,02	120
DJKR	Hein Funk	Hamburg	164,5	58,08	75
DJKS	Rudolf Engels	Büsum	59,2	20,89	150
DJKV	Nordwest	Maasholm	16,7	5,91	120
DJKX	Zukunft	List/Sylt	15,8	5,95	75
DJLA	Elsa	Maasholm	18,1	6,37	105
DJLB	Nordlicht	Büsum	16,7	5,91	75
DJLD	Annemarie	Kappeln	26,5	9,36	150
DJLG	Meteor	Husum	92,8	32,76	50
DJLK	Gebrüder	Büsum	19,7	6,95	20
DJLM	Stadt Husum	Husum	67,9	23,95	100
DJLO	Mariana	Büsum	495,4	174,89	300
DJLU	Wiking	Büsum	16,1	5,68	
DJLZ	Tamora	Büsum	452,4	159,69	300
DJMB	Barbara	Büsum	25,4	8,96	75
DJMF	Concordia	Kappeln/Schlei	31,5	11,10	
DJMG	Puck	Kappeln/Schlei	38,0	13,40	
DJMH	Nöck	Kappeln/Schlei	84,8	29,94	100
DJMK	Seehund	Maasholm	19,5	6,88	15
DJMM	Antje	Kappeln/Schlei	15,3	5,39	100/120
DJMO	Pidder Lüng	Hallig Hooge	31,7	11,18	15
DJMQ	Anne Ohl	Ulsnis	749,9	264,70	250
DJMR	Marga	Maasholm	29,3	10,35	
DJMS	Wik	Kiel	86,5	30,53	117
DJNB	Nordmeer	Burgstaaken	18,7	6,61	150
DJNC	Sturmvogel	Kappeln/Schlei	26,9	9,33	120
DJND	Adler	Kappeln/Schlei	20,7	7,32	
DJNE	Bussard II	Büsum	20,2	7,12	80
DJNG	Greif	Kappeln/Schlei	15,8	5,58	
DJNH	Vorwärts	Arnis/Schlei	17,1	6,02	
DJNL	Norderholm+	Kiel	4284,0	1512,27	3300
DJNM	Anna	Kiel	102,2	36,08	200
DJNN	Anna-Elise	Varelerhafen	112,9	39,84	75

DJNO — DJQL

Unter-scheidungs-signale	Namen der Schiffe	Heimathafen	Kubikmeter (Nettoraumgehalt)	Registertons (Nettoraumgehalt)	PS
DJNO	Emmalies	Hamburg	373,8	131,54	195
DJNP	Antje	Kiel	15,2	5,35	75
DJNQ	August	Kiel	119,6	42,22	160
DJNR	Käte Grammerstorf	Kiel	4062,1	1433,98	1275
DJNT	Bülk	Kiel	89,3	31,53	350
DJNU	Bungsberg	Hamburg	680,3	240,10	360
DJNW	Heikendorf	Kiel	616,6	217,7	1120
DJNZ	Dorathea	Kiel	48,1	16,95	120
DJOA	Schleswig-Holstein	Kiel	50,1	17,68	150
DJOB	Geheimrat Sartori	Kiel	1408,4	497,15	1000
DJOC	Eckholt	Eckernförde	12,7	4,46	100
DJOF	Harald	Hamburg	452,3	159,65	150
DJOG	Hilke Marita	Büsum	13,0	4,57	80
DJOH	Glücksburg	Kiel	613,5	216,55	1530
DJOI	Fehmarn	Hamburg	579,8	204,69	330
DJOK	Friedrichsort	Kiel	339,0	119,67	280
DJOL	Georg	Kiel	121,1	42,76	100
DJOM	Hans-Helmut	Schilksee-Strande	13,6	4,77	90
DJOO	Seeadler	Kiel	31,1	10,9	120
DJOR	Heinrich	Kiel	126,7	44,72	120
DJOS	Irene	Pellworm	137,7	47,56	75
DJOT	Falkenstein	Kiel	612,8	216,33	1530
DJOU	Hertha	Kiel	136,7	48,25	150
DJOV	Heimkehr	Eckernförde	65,1	22,98	120
DJOW	Hilda	Kiel	515,2	181,86	150
DJPA	Hohwacht	Kiel	86,0	30,25	300
DJPB	Jürgensby	Flensburg	277,5	97,97	380
DJPC	Elch	Hamburg	172,3*	60,83*	550
DJPD	Holtenau	Kiel	202,2*	71,73*	350
DJPF	Ilse	Kiel	159,5	56,30	130
DJPG	Ingrid	Kiel	331,7	117,08	150
DJPI	Christian Sartori+	Kiel	4511,3	1592,51	2250
DJPK	Mönkeberg	Kiel	206,0	72,55	240
DJPM	Knud Viking	Hamburg	687,7	242,76	900
DJPP	Willi	Kiel	124,0*	43,76*	180
DJPU	Neuende	Hamburg	660,0	232,99	300
DJPV	Birgitte	Heikendorf	13,4	4,72	80
DJPX	Nordmark	Eckernförde	17,6	6,22	120
DJPY	Nordstern	Eckernförde	20,3	7,16	80
DJPZ	Editha	Eckernförde	797,5	281,52	460
DJQA	Ernst Friesecke	Kiel	879,8	310,57	450
DJQB	Iltis	Kiel	436,1	153,95	—
DJQC	Edith	Heikendorf	34,0	12,00	120
DJQD	Maria	Heikendorf	24,0	8,47	120
DJQE	Clemens Sartori+	Kiel	4615,5	1629,28	1800
DJQG	Olhörn	Kiel	909,3	320,97	1000
DJQI	Schwan	Lübeck-Travemünde	23,8	8,39	150
DJQK	Seeadler	Hamburg	230,6*	81,42*	500
DJQL	Sonja	Kiel	38,1	13,46	80

* = Bruttoraumgehalt.

D J QM — D J T L

Unterscheidungssignale	Namen der Schiffe	Heimathafen	Kubikmeter (Nettoraumgehalt)	Registertons (Nettoraumgehalt)	PS
DJQM	Theoja I	Cuxhaven	36,7	12,95	125
DJQO	Maria Fr. Joerk	Hamburg	416,4	146,96	250/270
DJQQ	Eva	Heikendorf	31,8	11,24	120
DJQR	Gaarden	Kiel	169,5	59,84	500
DJQS	Sucher	Rendsburg	411,9	145,40	200
DJQU	Flensburg	Kiel	564,9	199,42	850
DJQV	Ute	Kiel	39,3	13,87	100
DJQW	Veritas	Kiel	137,8	48,65	75
DJQY	Ellerbek	Kiel	203,2	71,73	190
DJQZ	Käte Oltmann	Hamburg	328,0	115,77	200
DJRB	Kronsberg	Hamburg	993,2	350,59	1000
DJRC	Stadtrat Suhr	Eckernförde	16,9	5,96	72
DJRE	Wogram	Heikendorf	34,3	12,13	120
DJRG	Möwe	Laboe	14,2	5,02	120
DJRH	Mamsell	Kiel	21,7	7,64	170
DJRI	Seestern	Heikendorf	17,6	6,21	80
DJRL	Karl-Heinz	Heiligenhafen	19,5	6,90	100
DJRN	Biomaris-Atlantic	Bremen	45,1	15,91	120
DJRP	Kronsort	Eckernförde	22,2	7,85	90
DJRQ	Christa	Großenbrode	28,7	10,15	100
DJRS	Johann Böhnke	Strande	46,2	16,29	180
DJRX	Hedwig-Elisabeth	Heikendorf	40,9	14,43	125
DJRZ	Heimatland	Eckernförde	32,4	11,43	120
DJSA	Einigkeit	Neufeld	17,2	6,09	120
DJSB	Hermann Tiessen	Kiel	138,1	48,75	120
DJSE	Nordmeer	Neustadt/Holst.	29,9	10,24	120
DJSH	Windsbraut	Kappeln	14,1	4,99	100
DJSI	Doris	Kiel	110,1	38,88	60
DJSK	Wellingdorf	Kiel	564,9	199,42	850
DJSL	Duburg	Kiel	2468,0	871,20	1200
DJSN	Emmi	Laboe	49,1	17,34	
DJSO	Felsen	Eckernförde	52,9	18,68	110
DJSP	Sabine	Kiel	24,9	8,81	120
DJSQ	Frisch Auf	Heikendorf	23,9	8,43	100
DJST	Grete-Herta	Heikendorf	16,2	5,73	120
DJSU	Frieden	Brake	21,1	7,45	90
DJSX	Glücksburg	Kiel	2468,4	871,34	1200
DJSY	Heikendorf	Kiel	284,6	100,45	300
DJSZ	Knurrhahn	Kiel	23,2	8,19	75
DJTA	Strande	Kiel	480,9*	169,75*	1150
DJTB	Schwalbe	Eckernförde	14,6	5,15	90/120
DJTC	Martha Elfriede	Kiel	58,3	20,56	150
DJTE	Frie 2	Büsum	16,4	5,75	75
DJTF	Peter	Lübeck	23,0	8,11	120
DJTG	Brigitte	Eckernförde	27,5	9,70	120
DJTI	Ruth	Bremerhaven	61,7	21,80	150
DJTJ	Elisabeth	Eckernförde	37,6	13,29	120
DJTK	Blidum	Rendsburg	2417,2	853,80	1200
DJTL	Kehrwieder	Kiel	11,0	3,88	95

* = Bruttoraumgehalt.

Unterscheidungssignale	Namen der Schiffe	Heimathafen der Schiffe	Kubikmeter (Nettoraumgehalt)	Registertons (Nettoraumgehalt)	PS
DJTM	Kitzeberg	Kiel	221,3	78,00	300
DJTN	Neumünster	Kiel	487,6	172,12	925 u. 180
DJTO	Pillau	Heikendorf	66,3	23,40	180
DJTP	Siegfried	Heikendorf	17,5	6,19	105
DJTQ	Dievenow	Kiel	58,9	20,79	150
DJTS	Elfriede+	Kiel	3038,9	1072,72	800
DJTV	Annemarie+	Kiel	3036,5	1071,90	800
DJTW	Löwe	Kiel	616,8	217,55	—
DJTX	Wodan	Kiel	1016,5	358,51	—
DJTZ	Marie Luise	Strande	36,6	12,91	120
DJUA	Martin	Heikendorf	47,5	16,77	150
DJUC	Möltenort	Kiel	265,1	93,50	300
DJUD	Maria	Kiel	213,0*	75,19*	525
DJUE	Roland	Kiel	871,5	307,65	250
DJUF	Annchen Felter	Lübeck	332,8	117,27	500
DJUG	Navajo VI	Kiel	68,5	24,17	150
DJUH	Rendsburg	Kiel	489,5	172,80	1205
DJUI	Nesshörn	Kiel	880,8	310,92	1000
DJUK	Heimat	Laboe	19,3	6,83	85
DJUM	Heimatland	Möltenort	59,6	21,04	150
DJUN	Kim	Kiel	971,2	342,83	1500
DJUO	Thomas	Heikendorf	26,8	9,45	150
DJUP	Einigkeit	Möltenort	41,8	14,00	150
DJUR	Trave	Kiel	505,0	190,70	850
DJUS	Spüler Friedrich	Rendsburg	914,9*	322,95*	125
DJUT	Freya	Kiel	40,8	14,40	150
DJUU	Margarete	Kiel	22,0	7,78	120
DJUV	Schwalbe	Kiel	154,3*	54,48*	120
DJUW	Schwan	Neumühlen/Kiel	210,1	74,17	—
DJUX	Schwentine	Neumühlen	7,4	2,62	100
DJUY	Stadt Kiel	Kiel	410,6	144,94	520
DJUZ	Steffen	Kiel	208,4*	73,58*	250
DJVA	Stein	Kiel	5,0	1,78	550
DJVB	Bussard I	Hamburg	92,0*	32,49*	281
DJVC	Heimat	Rendsburg	23,4	8,28	150
DJVD	Schwan II	Kiel	31,4	11,04	240
DJVE	Husum	Kiel	536,4	189,33	850
DJVF	Eider	Kiel	540,2	190,70	850
DJVG	Konsul Sartori	Kiel	1426,8	503,66	1000
DJVH	St. S. 80	Kiel	685,4	241,95	312
DJVI	St. S. 81	Kiel	685,0	241,70	312
DJVJ	Christian	Kiel	20,4	7,20	120
DJVL	Vorwärts	Brunsbüttelkoog	279,2*	98,57*	450
DJVM	St. S. 35	Kiel	584,5	206,34	—
DJVN	Schwentine	Kiel	540,2	190,70	850
DJVP	St. S. 36	Kiel	584,5	206,34	—
DJVQ	Karin	Heikendorf	32,8	11,59	150
DJVR	Karl Grammerstorf	Kiel	3932,3	1197,48	2300

* = Bruttoraumgehalt.

DJVS — DJXV

Unterscheidungssignale	Namen der Schiffe	Heimathafen der Schiffe	Kubikmeter Nettoraumgehalt	Registertons Nettoraumgehalt	PS
DJVS	Klaus Siegfried	Kiel	23,5	8,30	105
DJVU	Rita...............	Arnis/Schlei	23,5	8,29	85
DJVV	Herbert............	Rendsburg	198,2	69,94	75
DJVW	Büsum	Kiel	536,4	189,38	850
DJVX	Waltraut Behrmann	Rendsburg	835,1	294,78	250
DJVY	Inge...............	Laboe	16,1	5,69	100
DJVZ	Cläre Grammerstorf .	Kiel...............	6192,9	2186,09	1800
DJWA	Catharina Oldendorff+	Lübeck	13460,6	4751,60	5340
DJWB	Nordland	Lübeck	2702,9	954,18	1600
DJWC	Altstadt	Kiel	92,3	32,58	182
DJWD	Uwe	Lübeck-Travemünde	24,5	8,65	120
DJWE	Anne Gret	Lübeck-Gothmund ..	18,1	6,40	120
DJWF	Antje	Niendorf	25,0	8,84	150
DJWG	Lübeck+...........	Lübeck	14733,9	5201,05	5340
DJWH	Kurfürst	Burgstaaken........	73,3	25,86	150
DJWI	Brandenburg	Hamburg	265,8	93,82	148
DJWJ	Hans Matthias......	Burgstaaken........	439,1	154,99	220
DJWK	Friedrich Pahlke	Burg/Fehmarn	8,5	3,01	100
DJWL	Flamingo	Flensburg	181,3	64,01	350
DJWN	Anneliese	Lübeck-Schlutup....	25,5	9,02	95
DJWP	Möwe II	Lübeck-Travemünde	1969,4	695,20	1000
DJWQ	Käthe Heisler	Heiligenhafen.......	60,9	21,51	120
DJWR	Hinrich Oldendorff ..	Lübeck	9492,8	3350,97	4180
DJWS	Assen..............	Hamburg	1877,9	662,91	1000
DJWT	Dora	Burgstaaken........	103,8	36,65	100
DJWW	Navico V	Lübeck	151,6	53,51	230
DJWY	Goodenwind........	Lübeck	60,0	21,20	150
DJWZ	Ostpreußen.........	Heiligenhafen.......	60,2	21,41	125
DJXB	Hella	Haffkrug...........	63,6	22,44	150
DJXD	Christoffer Oldendorff	Lübeck	8291,5	2926,89	1750
DJXE	Hedwig	Lübeck-Travemünde	25,3	8,93	150
DJXF	Hans Oldendorff	Lübeck	3481,2	1228,26	1220
DJXG	Jutta..............	Lübeck-Travemünde	63,5	22,43	150
DJXH	Hans Peter.........	Lübeck-Travemünde	65,3	23,05	150
DJXJ	Urania.............	Heiligenhafen.......	59,7	21,09	125
DJXK	Gebe Oldendorff	Lübeck	2396,6	845,99	800
DJXL	Margarethe	Lübeck-Schlutup....	21,3	7,51	120
DJXM	Sturmvogel.........	Heiligenhafen.......	58,9	20,78	120
DJXN	Kehrwieder	Heikendorf.........	61,8	21,83	150
DJXO	Gemma............	Lübeck	325,0	114,74	500
DJXP	Senator Hagelstein ..	Lübeck	6215,7	2194,14	2120
DJXQ	Gertrud	Kiel	23,4	8,26	160
DJXR	Heidi..............	Friedrichskoog	15,8	5,59	100
DJXS	Gorch Fock	Niendorf	20,2	7,13	90
DJXT	Jobst Oldendorff ...	Lübeck	3484,8	1230,14	1220
DJXU	Kahlberg	Lübeck	2707,5	975,75	770
DJXV	Greif	Lübeck	41,7	14,74	815

DJXW — DJZW

Unterscheidungssignale	Namen der Schiffe	Heimathafen	Kubikmeter Nettoraumgehalt	Registertons Nettoraumgehalt	PS
DJXW	Griep to	Lübeck-Travemünde.	29,7	10,47	100
DJXX	Elsbeth	Lübeck-Schlutup	19,6	6,91	75
DJXY	Habicht	Neustadt/Holst.	23,0	8,11	150
DJXZ	Hanna Frida	Kiel	78,8	27,83	36
DJYA	Heita	Lübeck-Travemünde	63,5	22,42	200
DJYB	Hai	Heiligenhafen	18,7	6,62	120
DJYC	Antje-Christa	Heikendorf	58,7	20,70	150
DJYD	Heimat	Lübeck-Schlutup	17,6	6,20	100
DJYE	Heimat	Niendorf	16,1	5,67	70
DJYF	Concordia I	Lübeck-Travemünde	32,9	11,62	150
DJYG	Venus	Lübeck-Travemünde	60,9	21,49	120
DJYI	Anna Oldendorff	Lübeck	3745,6	1322,21	2300
DJYJ	Angela	Burgstaaken	66,0	23,31	200
DJYK	Cora	Lübeck	654,4	230,98	960
DJYL	Fona	Lübeck	1114,8	393,54	1000
DJYN	Holl fast	Brake	29,7	10,47	120
DJYO	Ingrid	Lübeck-Travemünde.	16,5	5,84	90
DJYP	Irjo	Niendorf	18,4	6,50	90
DJYQ	Ann Ida	Lübeck	440,7	155,55	110
DJYR	Columbus	Lübeck-Travemünde	62,4	20,08	120
DJYS	Hoffnung	Lübeck-Travemünde	61,0	21,58	120
DJYT	Johannes	Lübeck	457,2	161,39	300
DJYU	Wollin	Lübeck-Travemünde.	17,4	6,15	150
DJYV	Sirius II	Neustadt/Holst.	16,2	5,70	75
DJYX	Lore	Neustadt/Holst.	20,7	7,30	150
DJYY	Odin IV	Lübeck-Travemünde	55,4	19,55	60
DJYZ	Vogelsand	Lübeck	2291,5	808,89	1250
DJZA	Marie	Elsfleth	335,6	118,49	150
DJZB	Mariechen	Heiligenhafen	144,3	50,95	125
DJZC	Dinklage	Hamburg	1800,7	635,65	1000
DJZD	Anke II	Glückstadt	61,9	21,85	150
DJZE	Claus Peter	Heiligenhafen	24,7	8,71	120
DJZF	Möwe	Hamburg	380,8	134,48	200
DJZG	Christine	Heiligenhafen	17,3	6,10	125
DJZH	Maja+	Lübeck	3307,6	1167,57	860
DJZI	Hanseat I	Niendorf	90,4	31,92	190
DJZJ	Astrid II	Lübeck-Travemünde	19,1	6,76	120
DJZK	Antje Mahler	Hamburg	304,8	107,60	200
DJZL	Nordstern	Heiligenhafen	15,9	5,63	150
DJZM	Vineta	Lübeck-Travemünde	60,2	21,25	120
DJZN	Orion	Hamburg	339,4	119,81	150
DJZP	Ostwacht	Burg/Fehmarn	98,1	34,62	600
DJZQ	Perseus	Burgstaaken	26,1	9,21	150
DJZR	Ursula Heinemeier	Lübeck	1354,8	478,24	900
DJZS	Polchow	Lübeck	1422,7	502,22	1050
DJZT	Bredow	Lübeck	145,4	51,31	150
DJZU	Pregel	Hamburg	298,4	105,33	165
DJZV	Preußen	Lübeck-Travemünde.	17,7	6,26	105
DJZW	Reni	Eckernförde	26,5	9,37	90

DJZX — DKCH

Unterscheidungssignale	Namen der Schiffe	Heimathafen der Schiffe	Kubikmeter Nettoraumgehalt	Registertons Nettoraumgehalt	PS
DJZX	Helga Oldendorff + ..	Lübeck	19579,1	6911,43	5340
DJZY	Astrid Brockmann ..	Haffkrug...........	60,8	21,45	150
DJZZ	Greetsiel	Hamburg	1410,9	498,04	950
DKAA	Roswitha	Neustadt/Holst.	16,6	5,86	150
DKAB	Trotz..............	Büsum	14,7	5,20	75
DKAC	Fjorden	Lübeck-Travemünde	2221,6	784,28	1700
DKAD	Johanna Oldendorff +	Lübeck	19581,2	6912,16	5340
DKAE	Seerose	Heiligenhafen.......	18,8	6,63	120
DKAF	Liebe..............	Heiligenhafen.......	34,1	12,03	150
DKAH	Seeadler	Maasholm..........	16,3	5,74	70
DKAI	Siegfried Lehmann +	Lübeck	1544,9	545,36	1000
DKAJ	Travemünde I	Niendorf	94,8	33,48	320
DKAK	Seeschwalbe........	Lübeck	25,2	8,91	35
DKAL	Tete Oldendorff.....	Lübeck	1524,2	583,03	600
DKAM	Ingrid Troles	Lübeck	399,6	141,04	195
DKAN	Wodan	Lübeck	628,1	221,73	350
DKAO	Magdalena Oldendorff	Lübeck	19878,1	7016,98	5340
DKAP	Steinbutt	Heiligenhafen.......	27,5	9,69	100
DKAQ	Alondra............	Lübeck	692,0	244,26	1530
DKAR	Athene	Lübeck	691,5	244,09	1530
DKAS	Swea	Lübeck-Travemünde	22,1	7,82	50
DKAT	Regina I	Heiligenhafen.......	24,5	8,66	80
DKAU	Helga II	Heiligenhafen.......	20,5	7,23	80
DKAV	Condor	Burgstaaken........	23,4	8,25	85
DKAW	Albatros	Burgstaaken........	22,1	7,80	135
DKAY	Ursula.............	Lübeck-Travemünde	21,8	7,69	95
DKAZ	Stella + ...	Lübeck	3351,7	1183,15	1840
DKBA	Eversen............	Niendorf	82,5	29,12	240
DKBC	Rotersand..........	Lübeck	3424,9	1208,99	2400
DKBD	Rügen	Neustadt/Holst......	45,1	15,90	90
DKBF	Birte Oldendorff	Lübeck	3277,7	1157,05	1250
DKBG	Venus	Burgstaaken........	30,4	10,75	120
DKBJ	Hermann	Neustadt/Holst.	22,2	7,85	120
DKBK	Pfadfinder	Niendorf	15,9	5,62	100
DKBM	Henning Oldendorff.	Lübeck	6499,8	2294,24	1800
DKBP	Herkules...........	Heiligenhafen.......	18,3	6,44	90
DKBQ	Emma.............	Burgstaaken........	20,5	7,23	75
DKBR	Dievenow	Lübeck-Travemünde	23,4	8,25	70
DKBS	Falke	Kappeln/Schlei	28,1	7,58	150
DKBT	Waltraut...........	Heiligenhafen.......	19,6	6,93	150
DKBU	Nordland	Niendorf...........	16,8	5,95	70
DKBW	Heimwärts	Neustadt/Holst......	18,9	6,68	105
DKCA	Carrara............	Rendsburg	457,9	161,64	290
DKCC	Stettiner Haff	Lübeck-Travemünde	59,9	21,14	180
DKCD	Werner	Burgstaaken........	59,5	21,02	150
DKCF	Hoffnung	Neustadt/Holst.	27,5	9,70	120
DKCG	Eduard	Lübeck	215,8*	76,18*	375/450
DKCH	Beachwood.........	Lübeck-Travemünde	1986,0	701,05	920

* = Bruttoraumgehalt.

DKCI — DKFI

Unterscheidungssignale	Namen der Schiffe	Heimathafen	Kubikmeter Nettoraumgehalt	Registertons Nettoraumgehalt	PS
DKCI	Südheide	Niendorf	92,9	32,80	300
DKCJ	Sturmvogel	Büsum	23,8	8,39	125
DKCK	Lübeck	Lübeck	282,7*	99,77*	390
DKCN	Frida	Heiligenhafen	23,3	8,21	150
DKCO	Baltic	Heiligenhafen	25,7	9,06	115
DKCQ	Margarethe III	Lübeck-Travemünde	23,4	8,25	70
DKCR	Mobil	Lübeck	98,1*	34,63*	160
DKCT	Forelle	Burgstaaken	19,8	6,98	120
DKCW	Gertrud-Marta	Kiel	32,4	11,34	90
DKDC	Brüsterort	Lübeck-Travemünde	14,1	4,98	70
DKDG	Gerda	Großenbrode	17,9	6,32	75
DKDJ	Unverzagt	Lübeck	23,0	8,05	95
DKDN	Castrop	Lübeck	1918,5	677,23	1200
DKDS	Seemöve	Lübeck-Travemünde	66,7	23,56	125
DKDT	Hugo Oldendorff	Lübeck	2449,6	864,70	900
DKDV	Breitenburg	Hamburg	4352,5	1536,43	1500
DKDW	Wickede	Lübeck	1254,4	442,80	900
DKDX	Charlotte	Niendorf	32,6	11,52	150
DKDY	Paula Helling	Niendorf	32,6	11,52	190
DKDZ	Anna	Heiligenhafen	21,1	7,43	150
DKEA	Christa	Lübeck-Travemünde	27,7	9,77	100
DKEB	Rüm Hart	Seester	55,1	19,45	150
DKEC	Doris	Burgstaaken/Fehm.	34,6	12,2	150
DKEE	Emil Berger	Lübeck	3553,8	1254,50	2×650
DKEG	Passat	Lübeck	7179,8	2534,48	1100
DKEH	Seeadler	Lübeck-Travemünde	16,2	5,71	
DKEI	Seeadler	Niendorf	19,2	6,77	150
DKEJ	Gerhard	Neustadt/Holst.	26,5	9,36	150
DKEK	Karl-Christian	Lübeck	3931,1	1387,69	1300
DKEL	Nordlicht	Burgstaaken	27,5	9,71	100
DKEN	Luchs	Neustadt/Holst.	17,2	6,06	120
DKEO	Europa II	Kappeln/Schlei	24,0	8,46	120
DKEP	Spika	Lübeck	644,9	227,63	775
DKEQ	Columbus	Burgstaaken	17,7	6,26	120
DKER	Carola	Rendsburg	406,0	143,37	300
DKES	Calla	Rendsburg	414,4	146,27	250
DKET	Cimbria	Rendsburg	406,2	143,37	250
DKEV	Wera Böhrnsen	Rendsburg	799,5	268,11	360
DKEX	Monica Parchmann	Bremen	1083,9	382,68	520
DKEY	Adele Hagenah	Hamburg	391,3	138,14	300
DKEZ	Nordwind	Rendsburg	539,0	190,26	300
DKFA	Rantum+	Rendsburg	6929,2	2410,78	3600
DKFC	Bertha Entz	Rendsburg	7161,7	2528,08	8000
DKFD	Hannchen Vollmers	Rendsburg	463,7	163,70	250
DKFE	Wera	Rendsburg	945,7	298,55	300
DKFF	Reinhold Krusemark	Rendsburg	788,9	278,47	300
DKFG	Bille	Hamburg	605,9	213,88	250
DKFH	Obereider	Rendsburg	463,7	163,67	300
DKFI	Frisches Haff	Rendsburg	62,7	22,14	150

* = Bruttoraumgehalt.

DKFJ — DKHT

Unterscheidungssignale	Namen der Schiffe	Heimathafen	Kubikmeter (Nettoraumgehalt)	Registertons (Nettoraumgehalt)	PS
DKFJ	Detlef Schmidt	Rendsburg	832,8	293,98	360
DKFK	Wilhelm	Breiholz	749,8	264,59	390
DKFL	Stadt Rendsburg	Rendsburg	869,6	306,96	500
DKFM	Avena	Breiholz	492,0	173,68	270
DKFN	Tinnum+	Rendsburg	8323,2	2938,11	4425
DKFO	Claus Jürgen	Rendsburg	341,2	120,46	150
DKFP	Johann Kolb	Rendsburg	525,0	185,88	300
DKFQ	Christopher Meeder	Rendsburg	975,9	344,51	480
DKFR	Archsum	Rendsburg	7417,0	2618,19	4650
DKFS	Silke	Rendsburg	209,1	73,83	120
DKFT	Helma Entz	Rendsburg	20870,1	7367,16	7600
DKFU	Heike Schlüter	Rendsburg	725,2	256,01	370
DKFV	Nordkyn	Rendsburg	797,3	281,43	300
DKFW	Wiking	Rendsburg	450,0	158,85	195
DKFX	Arn IX	Rendsburg	906,7	320,07	495
DKFY	Rugard	Büsum	654,2	230,93	300
DKFZ	Syllum	Rendsburg	9953,7	3513,65	5340
DKGE	Silbermöve	Kiel	40,6	14,33	120
DKGJ	Hannes	Kiel	39,5	13,93	120
DKGL	Johanna	Heikendorf	30,5	10,76	105
DKGM	Donar	Lübeck	681,3	240,51	850
DKGN	Berta Kienass	Rendsburg	764,8	269,81	850
DKGO	Loop to	Kiel	158,4	55,90	72
DKGP	Kehrheim	Büsum	26,4	9,32	90
DKGQ	Renate	Kiel	654,9	231,18	290
DKGR	Lahn	Duisburg-Ruhrort	431,8	152,26	360/390
DKGT	Glaube	Büsum	22,6	7,98	
DKGU	Vorwärts	Laboe	22,2	7,82	90
DKGV	Walküre	Kiel	40,4	14,26	160
DKGX	Grüß Gott	Langballigau	15,8	5,59	140
DKGY	Delphin	Burgstaaken	23,1	8,17	100
DKGZ	Blumenau	Kiel	9400,0	3318,18	4000
DKHA	Hannelore	Heikendorf	31,4	11,08	105
DKHB	Waltraut	Heikendorf	34,7	12,24	150
DKHC	Lina	Laboe	23,2	8,18	90
DKHD	Adler	Heikendorf	34,7	12,26	150
DKHE	Adriana	Kiel	3087,0	1089,70	1000
DKHF	Lucianna	Kiel	3085,2	1089,06	1000
DKHG	Wolf	Kiel	499,5	176,31	
DKHH	St. S. 82	Kiel	966,8	341,27	—
DKHI	St. S. 83	Kiel	966,8	341,27	—
DKHK	Rudi Klaus	Großenbrode	16,9	5,95	150
DKHL	Dietmar	Kiel	39,0	13,77	150
DKHM	Schwalbenberg	Heikendorf	63,6	22,46	120
DKHN	Gisela	Möltenort	15,6	5,51	70
DKHO	Klaus Dieter	Kiel	26,9	9,48	60
DKHQ	Silbermöve	Kiel	62,9	22,18	120
DKHR	Labor et Fides	Kiel	390,1	137,69	300
DKHT	Capella	Heikendorf	59,8	21,12	150

DKHU — DKKA

Unter-scheidungs-signale	Namen	Heimathafen	Kubik-meter	Register-tons	PS
	der Schiffe		Nettoraumgehalt		
DKHU	Ingrid	Cuxhaven	59,1	20,86	150
DKHW	Hoffnung	Heikendorf	60,5	21,36	150
DKHX	Damaskus+	Kiel	7362,5	2598,98	3000
DKIA	Catherine Sartori+	Kiel	4533,8	1600,25	2400
DKIB	Sigrid	Kiel	60,9	21,51	120
DKIC	Jupiter	Kiel	25,1	8,86	120
DKID	Helga	Kiel	57,8	20,21	120
DKIE	Einigkeit	Cuxhaven	59,6	21,04	120
DKIF	Alexandra Sartori+	Kiel	4789,0	1690,53	2400
DKIG	Helmut	Möltenort	35,4	12,50	130
DKIH	Sigrid	Kiel	120,2	43,42	120
DKII	St. S. 48	Kiel	656,6	231,80	—
DKIJ	Störtebecker	Laboe	59,5	20,99	180
DKIK	Kahlberg-Liep	Kiel	59,5	21,02	150
DKIL	Johanna	Heikendorf	58,2	20,58	135
DKIM	Sperber	Kiel	59,9	21,05	150
DKIN	Delphin	Cuxhaven	59,7	21,09	150
DKIO	Holtenau	Kiel	572,0	201,90	1530
DKIQ	Laboe	Kiel	587,5	207,38	1530
DKIS	Karin Christa	Kiel	61,7	21,88	180
DKIT	Bleibtreu	Heiligenhafen	59,2	20,90	110
DKIU	Forelle	Heikendorf	60,5	21,36	150
DKIV	Francisca Sartori	Kiel	4546,0	1604,75	2400
DKIY	Heimat	Kiel	59,1	21,15	150
DKIZ	Werner Martin Krüger	Heikendorf	32,7	11,53	180
DKJA	Helgoland	Hamburg	79,0	27,88	120
DKJB	Navico I	Hamburg	73,0	25,76	70
DKJD	Jens Bracke	Lübeck	639,0	225,58	520
DKJE	Alte Liebe	Heiligenhafen	28,1	9,91	150
DKJG	Anni	Laboe	15,8	5,56	120
DKJH	Senator Possehl+	Lübeck	14703,7	5190,41	5340
DKJI	Erika	Kiel	41,8	14,75	150
DKJJ	Annemarie	Lübeck-Travemünde	26,9	9,48	150
DKJL	Lotte	Neustadt/Holst.	17,6	6,21	80
DKJM	Twee Breeder	Burgstaaken	27,2	9,62	120
DKJN	Herrenwyk	Lübeck	713,1	251,71	—
DKJO	Glückauf	Lübeck	713,4	251,82	—
DKJP	Alfred	Neustadt/Holst.	36,4	12,85	120
DKJQ	Hilde Gertrud	Borkum	60,7	21,48	120
DKJR	Fredenhagen	Lübeck	1345,9	475,10	1000
DKJS	Seemöve	Burgstaaken	21,6	7,63	150
DKJT	Melilla	Hamburg	2346,6	828,84	2400
DKJU	Ludolf Oldendorff	Lübeck	3512,0	1239,74	2700
DKJV	Vera Parchmann	Bremen	1081,7	381,85	520
DKJW	Neptun	Burgstaaken	19,8	6,99	150
DKJY	Hans Lehmann+	Lübeck	1152,9	406,96	370
DKJZ	Seeadler	Niendorf	23,3	8,21	150
DKKA	Travemünde	Lübeck	3660,4	1292,18	1700

DKKB — DKMF

Unterscheidungssignale	Namen der Schiffe	Heimathafen der Schiffe	Kubikmeter Nettoraumgehalt	Registertons Nettoraumgehalt	PS
DKKB	Lotte	Niendorf	23,1	8,15	100
DKKD	Imme Oldendorff	Lübeck	2615,2	923,15	1600
DKKE	Gertrud II	Niendorf	23,1	8,15	150
DKKG	Fritz	Kiel	24,7	8,73	150
DKKH	Nettelbeck	Laboe	28,0	9,87	120
DKKI	Seelöwe	Timmendorfer Strand	48,0	16,95	80
DKKJ	Seestern	Niendorf	32,1	8,15	120
DKKL	Störtebecker	Niendorf	20,4	7,19	120
DKKM	Sturmvogel	Timmendorfer Strand	18,5	6,53	150
DKKO	Memel	Niendorf	57,9	20,44	120
DKKQ	Helga-Anni	Burgstaaken	36,4	12,85	175
DKKR	Rudolf-Hermann	Heiligenhafen	55,0	19,42	150
DKKS	Godenwind	Heiligenhafen	33,6	11,84	150
DKKT	Neukuhren	Niendorf	32,4	11,44	150
DKKV	Anneliese	Heikendorf	28,3	9,97	150
DKKW	Dietrich Oldendorff	Lübeck	5274,6	1861,93	1600
DKKX	Ursula	Lübeck-Travemünde	34,7	12,24	120
DKKY	Dora Oldendorff+	Lübeck	7189,7	2537,96	2700
DKKZ	Alfred	Burgstaaken	30,3	10,71	150
DKLA	Eibe Oldendorff	Lübeck	9513,6	3358,29	4180
DKLB	Zukunft	Neustadt/Holst.	16,7	5,91	120
DKLC	Thedje	Lübeck-Travemünde	23,2	8,19	150
DKLD	Regina	Lübeck	3195,4	1127,96	1250
DKLE	Seeadler	Heikendorf	58,1	20,51	140
DKLF	Irene	Lübeck-Travemünde	54,9	19,37	120
DKLG	Kehrwieder	Lübeck-Travemünde	60,9	21,51	150
DKLH	Loreley	Hamburg	59,7	21,09	150
DKLI	Lieschen	Haffkrug	60,9	21,49	150
DKLJ	Nordcap	Lübeck-Travemünde	59,7	21,09	125
DKLK	Wiltrud	Lübeck-Travemünde	61,8	21,82	150
DKLL	Finkwarder	Lübeck-Travemünde	59,6	21,05	120
DKLM	Utsire	Niendorf	62,9	22,20	150
DKLN	Renate	Niendorf	60,0	21,20	150
DKLO	Venus	Niendorf	59,5	21,02	150
DKLP	Stolper Bank	Lübeck-Travemünde	45,3	15,98	150
DKLQ	Zufriedenheit	Lübeck-Travemünde	59,7	21,09	150
DKLR	Ostbries	Haffkrug	67,6	23,86	150
DKLS	Oderbank	Burgstaaken	31,4	11,10	150
DKLT	Gerda	Lübeck-Travemünde	62,6	22,11	150
DKLV	Christa	Heiligenhafen	61,9	21,85	130
DKLW	Condor	Lübeck	222,7	78,62	300
DKLX	Samland	Niendorf	60,9	21,51	150
DKLZ	Annemarie	Heiligenhafen	62,7	22,13	125
DKMA	Mercator+	Walsum	3543,0	1250,68	1260
DKMB	Imperial	Uerdingen	286,3	94,72	300
DKMC	Glückauf II	Düsseldorf	67,5	23,85	300
DKMD	Niederrhein	Duisburg-Ruhrort	500,5	176,68	300
DKME	Neckar	Duisburg-Ruhrort	656,7	231,81	515
DKMF	Main	Duisburg-Ruhrort	764,9	269,99	500

DKMG—DKRK					
Unter-scheidungs-signale	Namen der Schiffe	Heimathafen der Schiffe	Kubikmeter Nettoraumgehalt	Registertons Nettoraumgehalt	PS
DKMG	Lippe	Duisburg-Ruhrort	522,8	184,87	300
DKMH	Traude	Düsseldorf	613,6	216,60	295
DKMI	Anna-Luise	Duisburg-Ruhrort	541,3	191,08	350
DKMK	Carl Lehnkering	Duisburg	522,5	184,46	360
DKML	Saar	Duisburg-Ruhrort	687,1	242,58	500
DKMM	Pirola	Lübeck-Travemünde	63,6	22,44	120
DKMN	Cimbria	Lübeck	2653,3	936,59	2250
DKMO	Hanse	Lübeck	16137,5	5696,54	6960
DKMQ	Störtebeker	Lübeck	464,3	163,91	300
DKMR	Dorthe Oldendorff+	Lübeck	17651,8	6231,09	7800
DKMS	Burgas	Lübeck-Travemünde	19,8	6,97	150
DKMT	Melitta	Burgstaaken a. Fehmarn	20,5	7,23	80
DKMU	Emil	Lübeck-Schlutup	17,2	6,05	90
DKMV	Seewolf	Lübeck-Travemünde	54,5	19,21	165
DKQA	Gertraud	Heikendorf	40,5	14,29	150
DKQB	Süderholm+	Kiel	4284,0	1512,27	2430
DKQC	Wangenstein	Cuxhaven	56,1	19,81	125
DKQD	Klaus	Kiel	1051,1	371,04	500
DKQE	Ute	Kiel	654,9	231,18	290
DKQF	Siegfried II	Eckernförde	70,9	25,01	120
DKQG	Klaus-Günther	Heikendorf	31,5	11,11	175
DKQI	Düsternbrook	Kiel	243,4	85,93	200
DKQJ	Schilksee	Kiel	243,4	85,93	200
DKQK	Karin	Kiel	654,9	231,18	290
DKQL	Annie Hugo Stinnes	Kiel	2850,3	1006,15	1680
DKQM	Vossbrook	Kiel	39,4	13,91	95
DKQN	Komtur	Kiel	1820,9	642,79	925
DKQO	Christa	Laboe	31,2	11,03	150
DKQQ	Libelle	Heikendorf	18,8	6,63	90
DKQR	St. S. 61	Kiel	647,4	228,53	—
DKQS	St. S. 62	Kiel	647,4	228,53	—
DKQT	St. S. 63	Kiel	674,4	228,53	—
DKQU	St. S. 64	Kiel	658,9	232,93	—
DKQV	St. S. 65	Kiel	680,0	240,05	—
DKQW	St. S. 66	Kiel	684,2	241,52	—
DKQX	Petra	Kiel	27,8	9,82	116
DKQY	Falkenstein	Kiel	243,7	86,02	200
DKRA	Harald	Kiel	1243,1	438,81	—
DKRB	Gisela	Laboe	17,2	6,06	80
DKRC	Holstein	Kiel	919,8	324,69	1310
DKRD	Schleswig	Kiel	936,7	330,65	1310
DKRE	Lübeck	Kiel	936,7	330,65	1310
DKRF	Kiel	Kiel	933,0	329,34	1310
DKRG	Bavaria III	Kiel	54,6	19,27	—
DKRH	Schlei	Kiel	69,7*	24,62*	150
DKRI	Fleethörn	Kiel	828,8	292,58	1200
DKRJ	Bellevue	Kiel	424,4	269,26	200
DKRK	Tiger	Kiel	881,1	311,04	—

* = Bruttoraumgehalt.

DLAA — DLCB

Unter-scheidungs-signale	Namen der Schiffe	Heimathafen	Kubikmeter (Nettoraumgehalt)	Registertons (Nettoraumgehalt)	PS
DLAA	Ravenstein	Bremen	13270,8	4684,41	12000
DLAB	Schütting	Bremen	8698,0	3070,39	5400
DLAC	Frauenfels	Bremen	8636,1	3048,55	4650
DLAE	Casablanca+	Bremen	4457,1	1573,35	2520
DLAG	Jason	Bremen	1550,9	547,47	1600
DLAH	Renata Schröder	Bremen	5454,6	1925,47	1650
DLAI	Soneck	Bremen	2292,5	809,25	1380
DLAJ	Travestein	Bremen	11260,7	3975,01	9000
DLAK	Rothenstein	Bremen	12843,0	4533,57	12000
DLAL	Clivia+	Bremen	10619,0	3748,51	3920
DLAM	Adolf Vinnen+	Bremen	7448,8	2629,42	3000
DLAN	Klosterfrau	Bremen	950,2	335,42	1250
DLAO	Franz Doerenkamp	Bremen	950,2	335,42	1250
DLAP	Werner Vinnen+	Bremen	8604,7	3037,45	3360
DLAQ	Hessenstein	Bremen	14794,8	5222,38	10560
DLAR	Tannstein	Bremen	9041,4	3191,60	4700
DLAS	Pallas	Bremen	814,7	287,58	1000
DLAT	Ginnheim+	Bremen	19129,9	6752,51	4200
DLAU	Reifenstein	Bremen	13565,2	4788,49	12000
DLAW	Liebenfels	Bremen	12907,8	4556,45	5600
DLAX	Torstein	Bremen	9041,4	3191,60	4700
DLAY	Merkurius	Bremen	3693,0	1303,64	1050
DLAZ	Bremerhaven	Bremen	4563,6	1610,95	6800
DLBA	Admiral Bastian+	Bremen	3196,1	1128,20	2000
DLBB	Schwalbe+	Bremen	1220,2	430,78	590
DLBC	Priamus	Bremen	814,7	287,58	1000
DLBD	Lindenfels	Bremen	12822,8	4526,48	5600
DLBE	Kelkheim+	Bremen	6760,4	2386,43	3300
DLBF	Stephanitor	Bremen	18326,3	6469,18	7200
DLBG	Atlas Hugo Stinnes	Bremen	4396,4	1551,98	2300
DLBH	Marienfels	Bremen	12701,4	4483,59	5600
DLBI	Fidentia	Bremen	1503,7	530,82	1050
DLBK	Bischofstor+	Bremen	14519,4	5125,36	4200
DLBL	Hundseck+	Bremen	1464,4	516,95	660
DLBM	Roseneck+	Bremen	1431,8	505,48	660
DLBN	Brunneck	Bremen	1434,8	506,82	660
DLBO	Ceuta+	Bremen	5638,2	1990,29	3500
DLBP	Neidenfels	Bremen	12701,4	4483,59	5600
DLBQ	Birkenstein	Bremen	9488,8	3349,53	9000
DLBS	Nordenham	Bremen	4557,8	1608,74	6800
DLBT	Breitenstein	Bremen	9482,4	3347,29	9000
DLBU	Octavia+	Bremen	8562,8	3022,48	3600
DLBV	Bischofstein	Bremen	9482,4	3347,29	9000
DLBW	Stepenitz	Bremen	1444,2	509,80	1050
DLBX	Star+	Bremen	1220,2	430,75	590
DLBY	Nora Hugo Stinnes	Bremen	4385,8	1548,17	2300
DLBZ	Hein von Bargen+	Hamburg	1496,0	528,09	1000
DLCA	Neuenfels	Bremen	12716,7	4488,99	5600
DLCB	Carl Meentzen+	Bremen	4016,2	1417,78	2000

* = Bruttoraumgehalt

DLCC — DMCP

Unter-scheidungs-signale	Namen	Heimathafen	Kubik-meter	Register-tons	PS
	der Schiffe		Nettoraumgehalt		
DLCC	Ganter+	Bremen	2912,8	1028,20	1975
DLCD	Ockenfels	Bremen	12713,4	4487,85	5660
DLCE	Cadiz	Hamburg	4055,0	1431,41	4320
DLCF	Arsterturm	Bremen	2601,5	918,83	1200
DLCH	Wesertal	Bremen	5156,7	1820,32	4320
DLCI	Hille Oldendorff	Lübeck	3641,0	1285,28	2300
DLCJ	Inanda	Bremen	1521,1	536,94	1050
DLCL	Alioth	Bremen	2560,6	903,88	2100
DLCM	Auriga	Bremen	2432,5	858,69	1200
DLCN	Rheinfels	Bremen	13513,2	4770,17	2100
DLCO	Charlotte Bastian	Bremen	1342,2	473,80	1000
DLCP	Seven Seas	Bremen	23863,8	8423,92	8500
DLCQ	Blankenstein+	Bremen	13480,7	4758,68	9000
DLCR	Rabenfels	Bremen	12663,6	4470,24	5600
DLCS	Bartenstein+	Bremen	13480,7	4758,68	9000
DLCT	Reichenfels	Bremen	10634,4	3757,75	2000
DLCU	Brake	Bremen	4922,3	1737,56	3400
DLCV	Syrte+	Bremen	4653,1	1642,54	2500
DLCW	Alcyone	Bremen	2558,7	903,24	2100
DLCX	Rotenfels	Bremen	13753,0	4854,81	4200
DLCY	Pagenturm	Bremen	2528,0	892,38	1200
DLCZ	Transsylvania+	Bremen	3000,5	1059,19	2200
DLDA	Jasenitz	Bremen	1444,2	509,80	1000
DLDB	Bodenstein+	Bremen	13480,7	4758,68	9000
DLDC	Phönix	Bremen	2017,0	712,02	1300
DLDD	Tellus	Bremen	440,3	155,44	500
DLDE	Bremer Pionier	Bremen	77,2	27,24	1100
DLDG	Schönfels	Bremen	10542,0	3721,32	3800
DLDH	Phönizien+	Bremen	4673,4	1649,71	2500
DLDI	Bremer Stauer	Bremen	441,4	155,80	750
DLDJ	Spreestein+	Bremen	7975,3	2815,27	3900
DLDK	Ann-Charlott	Bremen	704,7	248,75	450
DLDL	Detmold	Bremen	418,8	147,84	600
DLDM	Mellum	Bremen	255,1*	90,06*	750
DLDN	Louise	Bremen	1378,7	486,67	1000
DLDO	Pluto	Bremen	623,5	220,11	1000
DLDP	Alcor	Bremen	2544,5	898,22	2100
DLDQ	Bielefeld	Bremen	418,8	147,84	600
DLDR	Praunheim	Bremen	20022,7	7068,01	6300
DLDS	Siegstein+	Bremen	7962,5	2810,78	3900
DLDT	Hugo Stinnes	Bremen	17127,0	6045,82	9000
DLDU	Domsheide	Bremen	19013,9	6711,92	5400
DLDV	Albatros	Bremen	2017,0	712,02	1300
DLDW	Erika+	Bremen	2597,1	916,77	2500
DLDX	Mellum+	Bremen	9379,6	3310,99	3800
DLDY	Bremer Makler	Bremen	698,7	246,63	750
DLDZ	Bielefeld	Bremen	444,7	156,99	310
DMCP	Cornelis	Bensersiel	102,2*	36,08*	100

* = Bruttoraumgehalt.

b) Die Schiffe der Bundesmarine

in der Reihenfolge der Unterscheidungssignale

Unterscheidungssignale	Namen der Schiffe	Art der Schiffe
DBND	Najade	Torpedofangboot
DBNE	Silbermöve	Schnellboot
DBNF	Sturmmöve	Schnellboot
DBNG	Wildschwan	Schnellboot
DBNH	Orion	Minensuchboot
DBNI	Rigel	Minensuchboot
DBNJ	Merkur	Minensuchboot
DBNK	Pluto	Minensuchboot
DBNL	Castor	Minensuchboot
DBNM	Pollux	Minensuchboot
DBNN	Mira	Minensuchboot
BBNO	Neptun	Minensuchboot
DBNQ	Spica	Minensuchboot
DBNR	Jupiter	Minensuchboot
DBNS	Saturn	Minensuchboot
DBNT	Wega	Minensuchboot
DBNU	Deneb	Minensuchboot
DBNV	Herkules	Minensuchboot
DBNW	Stier	Minensuchboot
DBNX	Aldebaran	Minensuchboot
DBNY	Skorpion	Minensuchboot
DBNZ	Atair	Minensuchboot
DBOA	Arkturus	Minensuchboot
DBOB	Triton	Torpedofangboot
DBOE	Sirius	Minensuchboot
DBOF	Saar	Tender
DBOG	Neckar	Tender
DBOH	Albatros	Schnellboot
DBOI	Alter Hafen	Wohnschiff
DBOJ	Greif	Schnellboot
DBOK	Falke	Schnellboot
DBOL	Panther	Schnellboot
DBOM	Fl 9	Flugsicherungsboot
DBON	Hipper	Schulfregatte
DBOO	Steinbock	Minensuchboot
DBOP	Düren	Minensuchboot
DBOQ	Marburg	Minensuchboot
DBOR	Konstanz	Minensuchboot

DBOT — DBSP		
Unter-scheidungs-signale	Namen der Schiffe	Art
DBOT	Cuxhaven	Minensuchboot
DBOU	Vegesack	Minensuchboot
DBOV	Z 2	Zerstörer
DBOW	Z 3	Zerstörer
DBOX	Z 4	Zerstörer
DBOY	Hameln	Minensuchboot
DBOZ	UW 10	Schulboot
DBQX	UW 11	Schulboot
DBQY	Z 5	Zerstörer
DBQZ	Eidechse	Landungsboot
DBRA	Detmold	Minensuchboot
DBRB	Z 6	Zerstörer
DBRC	Gorch Fock	Segelschulschiff
DBRE	UW 12	Schulboot
DBRG	Siegen	Minensuchboot
DBRH	Göttingen	Minensuchboot
DBRI	Passau	Minensuchboot
DBRJ	Sauerland	Depotschiff
DBRK	Hansa	Küstenwachboot
DBRL	Niobe	Küstenwachboot
DBRM	Iltis	Schnellboot
DBRN	Geier	Schnellboot
DBRO	Fl 10	Flugsicherungsboot
DBRP	Bussard	Schnellboot
DBRQ	Jaguar	Schnellboot
DBRR	Habicht	Schnellboot
DBRS	Krokodil	Landungsboot
DBRT	Kondor	Schnellboot
DBRU	Wetzlar	Minensuchboot
DBRV	Köln	Geleitboot
DBRW	Emden	Geleitboot
DBRX	Koblenz	Minensuchboot
DBRY	Knurrhahn	Wohnschiff
DBRZ	Lindau	Minensuchboot
DBSA	KW 1	Küstenwachboot
DBSB	KW 2	Küstenwachboot
DBSC	KW 3	Küstenwachboot
DBSD	Leopard	Schnellboot
DBSE	Luchs	Schnellboot
DBSF	Augsburg	Geleitboot
DBSG	Karlsruhe	Geleitboot
DBSH	Sperber	Schnellboot
DBSI	Lübeck	Geleitboot
DBSK	Natter	Landungsboot
DBSL	Pfeil	Schnellboot
DBSM	Kormoran	Schnellboot
DBSN	KW 4	Küstenwachboot
DBSO	KW 5	Küstenwachboot
DBSP	KW 6	Küstenwachboot

Schiffe der Bundesmarine und d Behörden

DBSQ — DBUO		
Unterscheidungssignale	Namen der Schiffe	Art
DBSQ	KW 7	Küstenwachboot
DBSR	KW 8	Küstenwachboot
DBSS	KW 9	Küstenwachboot
DBSU	Munin	Schnellboot
DBSV	Scharnhorst	Schulfregatte
DBSW	Hugin	Schnellboot
DBSX	Weihe	Schnellboot
DBSY	Kranich	Schnellboot
DBSZ	Trave	Tender
DBTA	Fl 5	Flugsicherungsboot
DBTB	Fl 6	Flugsicherungsboot
DBTC	Fl 7	Flugsicherungsboot
DBTD	Fl 8	Flugsicherungsboot
DBTE	KW 15	Küstenwachboot
BBTF	KW 16	Küstenwachboot
DBTG	Eismöve	Schnellboot
DBTH	Raubmöve	Schnellboot
DBTI	Fl 4	Schulboot
DBTJ	KW 17	Küstenwachboot
DBTK	KW 18	Küstenwachboot
DBTL	KW 19	Küstenwachboot
DBTM	KW 20	Küstenwachboot
DBTN	Alk	Schnellboot
DBTO	Storch	Schnellboot
DBTP	Pelikan	Schnellboot
DBTQ	Häher	Schnellboot
DBTR	Elster	Schnellboot
DBTS	Löwe	Schnellboot
DBTT	Fuchs	Schnellboot
DBTU	Reiher	Schnellboot
DBTV	Marder	Schnellboot
DBTW	Pinguin	Schnellboot
DBTX	Ems	Tender
DBTY	Oste	Tender
DBTZ	Eider	Tender
DBUA	FM 1	Schulboot
DBUB	FM 2	Schulboot
DBUC	Ruhr	Tender
DBUD	UW 1	Schulboot
DBUE	TM 2	Schulboot
DBUF	TM 1	Schulboot
DBUG	UW 4	Schulboot
DBUH	UW 5	Schulboot
DBUI	UW 6	Schulboot
DBUK	AT 2	Schulboot
DBUL	OT 1	Schulboot
DBUM	Fl 3	Schulboot
DBUN	UW 9	Schulboot
DBUO	Mars	Minensuchboot

DBUP—DBWO		
Unter-scheidungs-signale	Namen	Art
	der Schiffe	
DBUP	Dommel	Schnellboot
DBUQ	Zobel	Schnellboot
DBUR	Krebs	Minensuchboot
DBUS	Wiesel	Schnellboot
DBUT	Otter	Landungsboot
DBUU	Dachs	Schnellboot
DBUV	Graf Spee	Schulfregatte
DBUW	Hermelin	Schnellboot
DBUX	Nerz	Schnellboot
DBUZ	Scheer	Schulfregatte
DBVD	Adolf Bestelmeyer	Erprobungsboot
DBVE	Paderborn	Minensuchboot
DBVF	Gneisenau	Schulfregatte
DBVG	Raule	Schulfregatte
DBVH	Fl 11	Flugsicherungsboot
DBVI	Brommy	Schulfregatte
DBVJ	101	Torpedofangboot
DBVK	102	Torpedofangboot
DBVL	Otto Meyke	Taucherboot
DBVM	103	Torpedofangboot
DBVN	Widder	Minensuchboot
DBVO	Waage	Minensuchboot
DBVP	Lütje Hörn	Hilfsschiff
DBVQ	Weser	Tender
DBVR	Nordwind	Schulboot
DBVS	KW 10	Küstenwachboot
DBVT	Main	Tender
DBVU	Eutin	Tanker
DBVV	Plön	Hafenschlepper
DBVW	Borkum	Tanker
DBVX	Memmert	Torpedoklarmachschiff
DBVY	Pellworm	Seeschlepper
DBVZ	Passat	Sicherungsboot
DBWA	Salamander	Landungsboot
DBWB	Schleswig	Minensuchboot
DBWC	Fische	Minensuchboot
DBWD	Viktoria	Versuchs- u. Meßboot
DBWE	Seeadler	Schnellboot
DBWF	Tiger	Schnellboot
DBWG	Pfälzerland	Depotschiff
DBWH	Deutschland	Schulschiff
DBWI	Eisvogel	Eisbrecher
DBWJ	Tübingen	Minensuchboot
DBWK	Hai	Unterseeboot
DBWL	Hecht	Unterseeboot
DBWM	104	Torpedofangboot
DBWN	Perseus	Minensuchboot
DBWP	Eisbär	Eisbrecher
DBWO	25	Torpedofangboot

DBWQ — DBYW

Unter-scheidungs-signale	Namen der Schiffe	Art der Schiffe
DBWQ	26	Torpedofangboot
DBWR	Viper	Landungsboot
DBWS	Arcona	Wohnschiff
DBWT	Weilheim	Minensuchboot
DBWU	Wolf	Schnellboot
DBWY	Wieland	Werkstattschiff
DBWZ	EF 1	Erprobungsboot
DBXA	LCU 1	Landungsfahrzeug
DBXB	Gemma	Minensuchboot
DBXC	Capella	Minensuchboot
DBXD	Uranus	Minensuchboot
DBXF	TF 105	Torpedofangboot
DBXI	Fl 2	Schulboot
DBXK	Wolfsburg	Minensuchboot
DBXL	Ulm	Minensuchboot
DBXM	Flensburg	Minensuchboot
DBXN	Minden	Minensuchboot
DBXO	Fulda	Minensuchboot
DBXP	Voelklingen	Minensuchboot
DBXU	Schütze	Minensuchboot
DBXV	Wittensee	Betriebsstofftransporter
DBXW	Bodensee	Betriebsstofftransporter
DBXX	Jeverland	Depottanker
DBXY	Frankenland	Depottanker
DBXZ	Emsland	Depottanker
DBYA	Brummer	Geleitboot
DBYB	Bremse	Geleitboot
DBYC	Hummel	Geleitboot
DBYD	Biene	Geleitboot
DBYE	Wespe	Geleitboot
DBYF	Münsterland	Depottanker
DBYG	Karl Kolls	Transport- u. Versuchs-schiff
DBYH	U 1	Unterseeboot
DBYI	U 2	Unterseeboot
DBYJ	U 3	Unterseeboot
DBYK	U 4	Unterseeboot
DBYL	U 5	Unterseebott
DBYM	U 6	Unterseeboot
DBYN	Friedrich Voge	Meßboot
DBYO	Mellum	Hafenschlepper
DBYP	Thetis	Torpedofangboot
DBYQ	Hermes	Torpedofangboot
DBYR	U 7	Unterseeboot
BDYS	U 8	Unterseeboot
DBYT	U 9	Unterseeboot
DBYU	U 10	Unterseeboot
DBYV	Ariadne	Küstenwachboot
DBYW	Freya	Küstenwachboot

DBYX — DBZZ

Unter-scheidungs-signale	Namen der Schiffe	Art der Schiffe
DBYX	Vineta	Küstenwachboot
DBYY	Hertha	Küstenwachboot
DBYZ	Fl 1	Schulboot
DBZA	Angeln	Materialtransporter
DBZB	Dithmarschen	Materialtransporter
DBZC	Rhein	Tender
DBZD	Elbe	Tender
DBZE	Knechtsand	Hafenschlepper
DBZF	Scharhörn	Hafenschlepper
DBZG	Vogelsand	Hafenschlepper
DBZH	Nordstrand	Hafenschlepper
DBZI	Trischen	Hafenschlepper
DBZJ	Langeness	Hafenschlepper
DBZK	Hamburg	Zerstörer
DBZL	Schleswig-Holstein	Zerstörer
DBZO	Blauort	Hafenschlepper
DBZP	MFmVsuSt 1	Versuchsboot
DBZQ	Z 1	Zerstörer
DBZR	Siegerland	Depotschiff
DBZS	Rudolf Diesel	Erprobungsboot
DBZT	Schwarzwald	Munitionstransporter
DBZU	Wilhelm Bauer	Erprobungs-U.-Boot
DBZV	Lütjenburg	Sicherungsboot
DBZW	Putlos	Sicherungsboot
DBZX	Todendorf	Sicherungsboot
DBZY	Heiligenhafer	Sicherungsboot
DBZZ	Howacht	Sicherungsboot

Die Schiffe der Bundesmarine

in alphabetischer Reihenfolge der Namen

Unter-scheidungs-signale	Namen der Schiffe	Unter-scheidungs-signale	Namen der Schiffe
DBVD	Adolf Bestelmeyer	DBOK	Falke
DBOH	Albatros	DBWC	Fische
DBNX	Aldebaran	DBXM	Flensburg
DBTN	Alk	DBYZ	Fl 1
DBOI	Alter Hafen	DBXI	Fl 2
DBZA	Angeln	DBUM	Fl 3
DBWS	Arcona	DBTI	Fl 4
DBYV	Ariadne	DBTA	Fl 5
DBOA	Arkturus	DBTB	Fl 6
DBNZ	Atair	DBTC	Fl 7
DBUK	AT 2	DBTD	Fl 8
DBSF	Augsburg	DBOM	Fl 9
DBYD	Biene	DBRO	Fl 10
DBZO	Blauort	DBVH	Fl 11
DBXW	Bodensee	DBUA	FM 1
DBVW	Borkum	DBUB	FM 2
DBYB	Bremse	DBXY	Frankenland
DBVI	Brommy	DBYW	Freya
DBYA	Brummer	DBYN	Friedrich Voge
DBRP	Bussard	DBTT	Fuchs
DBXC	Capella	DBXO	Fulda
DBNL	Castor	DBRN	Geier
DBOT	Cuxhaven	DBXB	Gemma
DBUU	Dachs	DBVF	Gneisenau
DBNU	Deneb	DBRH	Göttingen
DBRA	Detmold	DBRC	Gorch Fock
DBZB	Dithmarschen	DBUV	Graf Spee
DBWH	Deutschland	DBOJ	Greif
DBUP	Dommel	DBRR	Habicht
DBOP	Düren	DBTQ	Häher
DBWZ	EF 1	DBWK	Hai
DBQZ	Eidechse	DBZK	Hamburg
DBTZ	Eider	DBOY	Hameln
DBWP	Eisbär	DBRK	Hansa
DBTG	Eismöve	DBWL	Hecht
DBWI	Eisvogel	DBZY	Heiligenhafen
DBZD	Elbe	DBNV	Herkules
DBTR	Elster	DBUW	Hermelin
DBRW	Emden	DBYQ	Hermes
DBTX	Ems	DBYY	Hertha
DBXZ	Emsland	DBON	Hipper
DBVU	Eutin	DBZZ	Howacht

Unter-scheidungs-signale	Namen der Schiffe	Unter-scheidungs-signale	Namen der Schiffe
DBSW	Hugin	DBNJ	Merkur
DBYC	Hummel	DBZP	MFm Vsu St 1
DBRM	Iltis	DBXN	Minden
DBRQ	Jaguar	DBNN	Mira
DBXX	Jeverland	DBSU	Munin
DBNR	Jupiter	DBYF	Münsterland
DBYG	Karl Kolls	DBND	Najade
DBSG	Karlsruhe	DBSK	Natter
DBZE	Knechtsand	DBOG	Neckar
DBRY	Knurrhahn	DBNO	Neptun
DBRX	Koblenz	DBUX	Nerz
DBRV	Köln	DBRL	Niobe
DBRT	Kondor	DBZH	Nordstrand
DBOR	Konstanz	DBVR	Nordwind
DBSM	Kormoran	DBNH	Orion
DBSY	Kranich	DBTY	Oste
DBUR	Krebs	DBUL	OT 1
DBRS	Krokodil	DBUT	Otter
DBSA	KW 1	DBVL	Otto Meyke
DBSB	KW 2	DBVE	Paderborn
DBSC	KW 3	DBOL	Panther
DBSN	KW 4	DBVZ	Passat
DBSO	KW 5	DBRI	Passau
DBSP	KW 6	DBTP	Pelikan
DBSQ	KW 7	DBVY	Pellworm
DBSR	KW 8	DBWN	Perseus
DBSS	KW 9	DBWG	Pfälzerland
DBVS	KW 10	DBSL	Pfeil
DBTE	KW 15	DBTW	Pinguin
DBTF	KW 16	DBVV	Plön
DBTJ	KW 17	DBNM	Pollux
DBTK	KW 18	DBNK	Pluto
DBTL	KW 19	DBZW	Putlos
DBTM	KW 20	DBTH	Raubmöve
DBZJ	Langeness	DBVG	Raule
DBXA	LCU 1	DBTU	Reiher
DBSD	Leopard	DBZC	Rhein
DBRZ	Lindau	DBNI	Rigel
DBTS	Löwe	DBZS	Rudolf Diesel
DBSE	Luchs	DBUC	Ruhr
DBSI	Lübeck	DBOF	Saar
DBZV	Lütjenburg	DBWA	Salamander
DBVP	Lütje Hörn	DBNS	Saturn
DBVT	Main	DBRJ	Sauerland
DBOQ	Marburg	DBZF	Scharhörn
DBTV	Marder	DBSV	Scharnhorst
DBUO	Mars	DBUZ	Scheer
DBYO	Mellum	DBWB	Schleswig
DBVX	Memmert	DBZL	Schleswig-Holstein

Unter-scheidungs-signale	Namen der Schiffe	Unter-scheidungs-signale	Namen der Schiffe
DBXU	Schütze	DBYU	U 10
DBZT	Schwarzwald	DBXL	Ulm
DBWE	Seeadler	DBXD	Uranus
DBRG	Siegen	DBUD	UW 1
DBZR	Siegerland	DBUG	UW 4
DBNE	Silbermöve	DBUH	UW 5
DBOE	Sirius	DBUI	UW 6
DBNY	Skorpion	DBUN	UW 9
DBSH	Sperber	DBOZ	UW 10
DBNQ	Spica	DBQX	UW 11
DBOO	Steinbock	DBRE	UW 12
DBNW	Stier	DBOU	Vegesack
DBTO	Storch	DBWD	Viktoria
DBNF	Sturmmöve	DBYX	Vineta
DBYP	Thetis	DBWR	Viper
DBWO	TF 25	DBXP	Voelklingen
DBWQ	TF 26	DBZG	Vogelsand
DBVJ	TF 101	DBVO	Waage
DBVK	TF 102	DBNT	Wega
DBVM	TF 103	DBSX	Weihe
DBWM	TF 104	DBWT	Weilheim
DBXF	TF 105	DBVQ	Weser
DBWF	Tiger	DBYE	Wespe
DBUF	TM 1	DBRU	Wetzlar
DBUE	TM 2	DBVN	Widder
DBZX	Todendorf	DBWY	Wieland
DBSZ	Trave	DBUS	Wiesel
DBZI	Trischen	DBNG	Wildschwan
DBOB	Triton	DBZU	Wilhelm Bauer
DBWJ	Tübingen	DBXV	Wittensee
DBYH	U 1	DBWU	Wolf
DBYI	U 2	DBXK	Wolfsburg
DBYJ	U 3	DBRD	Worms
DBYK	U 4	DBZQ	Zerstörer Z 1
DBYL	U 5	DBOV	Zerstörer Z 2
DBYM	U 6	DBOW	Zerstörer Z 3
DBYR	U 7	DBOX	Zerstörer Z 4
DBYS	U 8	DBOY	Zerstörer Z 5
DBYT	U 9	DBRB	Zerstörer Z 6
		DBUQ	Zobel

c) Die Rettungsboote

der

Deutschen Gesellschaft zur Rettung Schiffbrüchiger

in der Reihenfolge der Unterscheidungssignale

Die Maschinenstärke der Boote bezieht sich auf indizierte Pferdestärken oder Wellenpferde

Die mit Peilfunkgeräten **ausgerüsteten Boote sind hinter dem Namen** mit einem Ⓩ, die mit Grenzwellen-Sprechfunkgerät mit *G*, die mit UKW-Sprechfunkgerät mit *U* und die mit Radar ausgerüsteten mit *R* bezeichnet

Unter-scheidungs-signale	Namen der Boote	Rettungsstation	PS
DBAA	Ruhr-Stahl Ⓩ *G U R*	Cuxhaven	1×1200 2×150
DBAB	Hermann Apelt Ⓩ *G U R*	Helgoland	1×1200 2×300
DBAC	Borkum *G U R*	Wilhelmshaven	150
DBAD	Bremen Ⓩ *G U R*	Wesermündung	2×125
DBAE	H. H. Meier Ⓩ *G U R*	Bremerhaven	1×1200
DBAF	Hamburg Ⓩ *G U R*	Burgstaaken	2×150
DBAG	Theodor Heuss Ⓩ *G U R*	Borkum	1×1200 2×150
DBAH	Rickmer Bock *G*	Hörnum	150
DBAI	H. H. Bunje *U*	Grömitz	55
DBAJ	Horumersiel	Horumersiel	55
DBAK	KR C 305	Laboe	50
DBAL	Hindenburg Ⓩ *G U*	Dithmarschen	2×150
DBAM	Langeoog *G U*	Langeoog	150
DBAN	Lübeck *G*	Maasholm	150
DBAO	Norderney *G*	Norderney	2×150
DBAP	Wilhelmine Wiese *U*	Fedderwardersiel	55
DBAQ	Ulrich Steffens *U*	Neuharlingersiel	55
DBAR	Weser *G U*	Burgstaaken	175

d) Die Boote

des Zollgrenzschutzes

in der Reihenfolge der Unterscheidungssignale

Die mit Grenzwellen-Sprechfunkgerät ausgerüsteten Boote sind hinter dem Namen mit *G* und die mit Radar ausgerüsteten mit *R* bezeichnet.

Unter-scheidungs-signale	Name des Schiffes	Heimathafen
DLVB	Steubenhöft *G R*	Hamburg
DLVC	Helgoland *G R*	Cuxhaven
DLVD	Brunsbüttel *G R*	Glückstadt
DLVE	Priwall *G R*	Lübeck-Travemünde
DLVF	Seeadler *G R*	Bremerhaven
DLVH	Deutschland *G R*	Hamburg
DLVI	Hohwacht *G R*	Kiel
DLVJ	Danzig *G R*	Langballigau
DLVK	Jade *G R*	Oldenburg
DLVL	Holnis *G R*	Flensburg
DLVM	Süllberg *G R*	Lübeck
DLVN	Faldern *G R*	Emden
DLVO	Dithmarschen *G R*	Husum
DLVP	Fehmarn *G R*	Heiligenhafen
DLVQ	Kniepsand *G R*	Wittdün/Amrum
DLVR	Hamburg *G R*	Hamburg
DLVS	Geier *G R*	Bremerhaven
DLVT	Herbert Jancke	Bremerhaven
DLVU	Grassbrook	Hamburg
DLVV	Kondor *G R*	Bremerhaven
DLVW	Elbing *G R*	Norddeich
DLVX	Schleswig-Holstein *G R*	Kiel

e) Bundes- und Länderfahrzeuge

in der Reihenfolge der Unterscheidungssignale

Die Maschinenstärke der Dampf- und Motorfahrzeuge ist in indizierten Pferdestärken oder Wellenpferden angegeben

Die mit Wasserschallempfänger ausgerüsteten Schiffe sind hinter dem Namen mit ➼, die mit Telegraphiefunkgerät ausgerüsteten mit 𝔷, die mit einem Peilfunkgerät ausgerüsteten mit ⓩ, die mit Grenzwellen-Sprechfunkgerät ausgerüsteten mit *G*, die mit UKW-Sprechfunkgerät ausgerüsteten mit *U*, die mit Radar ausgerüsteten mit *R* und die mit Decca Navigatorgerät ausgerüsteten mit *D* bezeichnet.

Unterscheidungssignale	Namen der Schiffe	Art der Schiffe	Heimathafen der Schiffe	PS
DBAW	Victor Hensen *G*➼	Forschungsschiff	Bremerhaven	155
DBAX	Wasserschutzpolizei Bremen 5 *G*	Streifenboot	Bremen	500
DBBC	Atair *G D*	Vermessungs- u. Wracksuchschiff	Hamburg	120
DBBM	Bussard 𝔷 ⓩ *G R D*	Seezeichenschiff	Kiel	540
DBBP	Delphin 𝔷 *G*	Seezeichenschiff	Kiel	300
DBBS	Emden 𝔷 ⓩ *G R*	Lotsendampfer	Emden	1400
DBBW	Greif *G U R*	Lotsenbeförd.-Schiff	Cuxhaven	750
DBBX	Hooge *T D*	Vermessungsschiff	Hamburg	2×200 1×60
DBCA	Langeoog 𝔷 *G U R D*	Seezeichenschiff	Bremerhaven	500
DBCC	Ludwig Plate *U R*	Lotsendampfer	Bremen	700
DBCE	Walter Körte 𝔷 ⓩ *GRD*	Seezeichenschiff	Brunsbüttelkoog	4×530
DBCF	Neuwerk 𝔷 ⓩ *GURD*	Seezeichenschiff	Cuxhaven	920
DBCI	Eisbrecher 2 (Ostpreußen)	Eisbrecher	Hamburg	1200
DBCM	Preußen 𝔷 *G*	Eisbrecher	Kiel	1850
DBCQ	Simon v. Utrecht 𝔷 ⓩ *G U R*	Lotsendampfer	Cuxhaven	2×600
DBCR	Eisbrecher 1 (Stettin) *GU*	Eisbrecher	Hamburg	1900
DBCS	Weser *G U R*	Lotsendampfer	Bremerhaven	500
DBCT	Wilhelms 𝔷 ⓩ *G R D*	Seezeichenschiff	Kiel	500
DBCU	Friesland 𝔷 ⓩ *G R D*	Seezeichenschiff	Emden	500
DBCY	Aurich	Schlepper und Eisbrecher	Emden	400
DBCZ	Balje	Schleppdampfer	Bremerhaven	325
DBDC	Burkana	Schleppdampfer	Emden	500
DBDE	Columbus	Saugbagger	Cuxhaven	600
DBDH	Donar	Eisbrecher	Bremen	900
DBDI	Drossel	Motorschlepper	Emden	430
DBDN	Elbe	Seezeichenschiff	Hamburg	2×230
DBDO	Ems *G R*	Peil- u. Bereisungsschiff	Emden	375
DBDS	Geheimrat Goeker *U R*	Saugbagger	Bremerhaven	1170
DBDU	Woltmann	Schlepper	Cuxhaven	268

DBDX — DBGF

Unterscheidungssignale	Namen der Schiffe	Art der Schiffe	Heimathafen der Schiffe	PS
DBDX	Meyerslegde	Saugbagger	Cuxhaven	700
DBDY	Mittelgrund *G*	Saugbagger	Cuxhaven	2×395
DBDZ	Möwe ⓩ *G U*	Seezeichenschiff	Bremerhaven	68
DBEA	Neufeld *G*	Peildampfer	Hamburg	220
DBEB	Niederelbe *U R*	Aufsichtsmotorschiff	Hamburg	300
DBEF	Norderney *G*	Seezeichen- u. Vermessungsschiff	Norden	150
DBEJ	Ruden *G D*	Vermessungsschiff	Hamburg	2×200
DBEL	Scharhörn *U R*	Aufsichts- und Peildampfer	Cuxhaven	1×60 2×350
DBEM	Scheelenkuhlen	Schleppdampfer	Cuxhaven	220
DBEN	Seehund	Schleppboot	Norden	75/90
DBEO	Seehund	Schleppdampfer	Bremerhaven	140
DBEQ	Simson *R*	Pumpenbagger	Emden	350
DBEX	Tender	Kohlentransportdampfer	Emden	250
DBEZ	Till	Schleppdampfer	Bremen	325
DBFA	Torum *G*	Schlepper	Wilhelmshaven	250
DBFB	Gauss ȥ ⓩ *G R D L*	Vermessungs- u. Forschungsschiff	Hamburg	1000
DBFC	Tümmler	Motorschlepper	Bremerhaven	410
DBFF	Wapel	Schleppdampfer	Bremen	260
DBFG	Wega *G*	Vermessungs- u. Wracksuchschiff	Hamburg	120
DBFH	Welle *G U*	Schlepp- und Aufsichtsdampfer	Bremerhaven	2×300
DBFM	Meerkatze ȥ ⓩ *G R*	Fischereischutzboot	Cuxhaven	1000
DBFN	Uthörn ⓩ *G*	Forschungsboot	List/Sylt	120
DBFO	Anton Dohrn ȥ ⓩ *G R D*	Fischereiforschungsschiff	Bremerhaven	850
DBFP	Frithjof ȥ ⓩ *G R*	Fischereischutzboot	Cuxhaven	550
DBFQ	Poseidon ȥ ⓩ *G R D L*	Fischereischutzboot	Cuxhaven	800
DBFU	Oldenburg *G R*	Schiffsverbindung Harle—Wangerooge	Wangerooge	530
DBFV	Theodor Heuss ȥ ⓩ *G U R D*	Eisenbahn-Hochsee-Fährschiff	Großenbrode	9600
DBFW	Deutschland ȥ ⓩ *G U R D*	Eisenbahn-Hochsee-Fährschiff	Großenbrode	2×2750
DBFX	Schleswig-Holstein *G R*	Eisenbahnfähre	Heiligenhafen	2×200
DBFY	Fehmarn *G R*	Eisenbahnfähre	Heiligenhafen	2×250
DBFZ	Reichsbahn	Seenotboot der Bundesbahn	Fehmarnsund	120
DBGA	Fehmarnsund	Arbeitsschiff	Fehmarnsund	280
DBGE	Hermann Wattenberg ⓩ *G R*	Forschungsschiff	Kiel	150
DBGF	Odin	Schlepper	Husum	2×75

DBGG — DBJG

Unter-scheidungs-signale	Namen der Schiffe	Art der Schiffe	Heimathafen der Schiffe	PS
DBGG	Tertius	Vermessungsschiff	Büsum	105
DBGH	Greif *G*	Fischerei-Aufsichtsfahrzeug	Kiel	2×140
DBGI	Trischen	Schlepper	Husum	75
DBGJ	Hecht	Fischereiaufsichtsboot	Hörnum	36
DBGK	Wasserschutzpolizei Niedersachsen 16 *G*	Streifenboot	Hannover	80
DBGL	Wasserschutzpolizei Niedersachsen 6 *G*	Küstenboot	Norderney	225
DBGM	Wasserschutzpolizei Niedersachsen 13 *G*	Küstenboot	Wilhelmshaven	80
DBGN	Lütje Hörn *T*	Transportschiff	Norddeich	120/140
DBGO	Wasserschutzpolizei Niedersachsen 15 *G*	Streifenboot	Nienburg	125
DBGP	Gesine	Frachtschiff	Norderney	20/24
DBGX	Wasserschutzpolizei Hamburg 36 *U*	Streifenboot	Hamburg	300
DBGY	Wasserschutzpolizei Hamburg 15 *U R*	Streifenboot	Hamburg	1000
DBHD	Wasserschutzpolizei Bremen 2 *G R*	Streifenboot	Bremerhaven	2×750
DBHE	Wasserschutzpolizei Bremen 3 *G R*	Streifenboot	Bremerhaven	2×750
DBHF	Niedersachsen *G*	Fischereiaufsichtsboot	Bremerhaven	80
DBHG	Wasserschutzpolizei Bremen 1 ℨ *G R*	Streifenboot	Bremen	2×1350
DBHH	Wasserschutzpolizei Bremen 4 *G*	Streckenboot	Bremen	250
DBHJ	Barsch	Motorschlepper	Kiel-Holtenau	250
DBHK	Wal *G*	Eisbrecher	Rendsburg	1200
DBHL	Kapitän Meyer ℨ Ⓩ *R D*	Seezeichenschiff	Tönning	2×375
DBHM	Alk *R*	Seezeichenschiff und Schlepper	Lübeck	430
DBHN	Orion *G* Ⓩ	Aufsichtsschiff	Helgoland	130
DBHO	Seeadler *G*	Seezeichenschiff	Kiel	220
DBHP	Friedrich Voß *G*	Aufsichtsfahrzeug	Kiel	500
DBHS	Kanallotse *G R*	Lotsenversetzschiff	Kiel-Koltenau	240
DBHT	Flemhude *G*	Motorschlepper	Kiel	2×350
DBHU	Uwe Jens Lornsen *G*	Seezeichenschiff	Wittdün/Amrum	220
DBHV	Möwe	Schleppdampfer	Tönning	200
DBHW	Wulf Isebrand	Seezeichenschiff	Tönning	80
DBHX	Eider *G*	Motorschlepper	Kiel-Holtenau	420
DBHY	Bussard II	Motorschlepper	Kiel-Holtenau	330
DBIC	Wega *G*	Fischereiaufsichtsboot	Husum	1×150 1×35
DBIM	Neptun Ⓩ *D R G*	Fischereiaufsichts- und forschungsfahrzeug	Cuxhaven	240
DBJG	Vogelsand	Schlepp-u. Verkehrsboot	Cuxhaven	250

DBJH — DBPH

Unter-scheidungs-signale	Namen der Schiffe	Art der Schiffe	Heimathafen der Schiffe	PS
DBJH	Brokdorf	Kranschiff	Hamburg	2×200
DBJI	Baumrönne	Seezeichen- und Aufsichtsschiff	Cuxhaven	150
DBJJ	Kampen *G R*	Lotsenversetzschiff	Emden	250
DBJK	v. Jonquieres	Schlepper und Eisbrecher	Cuxhaven	500
DBJL	Stickersgatt	Peilboot	Cuxhaven	100
DBJM	Luechtergrund	Transportfahrzeug	Cuxhaven	120
DBJN	Süderoog *G R D*	Vermessungsschiff	Hamburg	2×310
DBJO	Grimmershörn *R*	Reedefahrzeug	Cuxhaven	500
DBJP	Eisfuchs Ⓩ *G U R*	Eisbrecher	Cuxhaven	2×550
DBJQ	Ditmar Koel z Ⓩ *G U R D*	Lotsen-Schiff	Cuxhaven	3×535
DBJR	Osteriff	Lotsenversetzschiff	Brunsbüttelkoog	2×232
DBJS	Kapitän Hilgendorf *G U R D*	Lotsenschiff	Cuxhaven	3×535
DBJT	Kapitän Kircheiss *U R*	Lotsenschiff	Brunsbüttelkoog	2×232
DBLF	Heppens	Transportfahrzeug	Bremerhaven	300
DBLG	Ebbe *G*	Seezeichenschiff	Bremerhaven	300
DBLH	Nickel *G*	Kohlen- und Wasserversorgungsschiff	Bremen	350
DBLI	Nixe	Aufsichtsfahrzeug	Bremerhaven	250
DBLJ	Imsum *G*	Versorgungsfahrzeug	Bremerhaven	220
DBLK	Balje	Seeschlepper	Brake	430
DBLL	Nord *G U D*	Vermessungsschiff	Bremerhaven	430
DBLM	Seelotse *U R*	Lotsennachfahrer	Bremerhaven	628
DBLN	Tide *G*	Motorschlepper	Bremerhaven	250
DBLO	Süd	Motorschiff	Bremen	2×100
DBLP	Spring *G*	Motorschlepper	Bremerhaven	250
DBLQ	Priel	Motorschlepper	Bremen	280
DBLR	Gotthilf Hagen Ⓩ *G U R D*	Lotsenschiff	Bremerhaven	3×535
DBLS	Barsemeister Brehme z Ⓩ *G U R D*	Seezeichenschiff	Brake	2×350
DBLT	Johannes Gährs z Ⓩ *G U R D*	Hoppersaugbagger	Bremerhaven	4×1200 2×1460
DBPA	Borkum z Ⓩ *G R*	Lotsendampfer	Emden	1467
DBPC	Oldeoog *G*	Eisbrecher und Vermessungsschiff	Wilhelmshaven	450
DBPD	Norden Ⓩ *G R D*	Seezeichenschiff	Norderney	650
DBPE	Knock	Motorschlepper	Emden	250
DBPF	Emshörn	Schlepper und Eisbrecher	Emden	750
DBPG	Schillig *G*	Seezeichen- u. Vermessungsschiff	Wilhelmshaven	250
DBPH	Paapsand	Kohle- und Versorgungsschiff	Emden	285

DBPK — DBQW

Unterscheidungssignale	Namen der Schiffe	Art der Schiffe	Heimathafen der Schiffe	PS
DBPK	Lütjehörn	Transportschiff	Emden	100
DBPL	Dollart	Schlepper	Emden	280
DBPM	Möwensteert	Motorschlepper	Emden	430
DBPN	Platje	Aufsichts- und Seezeichenschiff	Emden	150
DBPO	Jade *G R D*	Peilschiff	Wilhelmshaven	600
DBPP	Rudolf Schmidt z ③ *G U R D*	Saugbagger	Wilhelmshaven	4000
DBPQ	Kurt Burkowitz z ③ *G R D*	Seezeichenschiff	Wilhelmshaven	2400
DBPR	Randsel *G R D*	Peilschiff	Emden	600
DBPZ	Ostfriesland *G*	Fischereiaufsichtsfahrzeug	Norddeich	120
DBQA	Rüstringen	Peilboot	Wilhelmshaven	150
DBQB	Buise *G*	Peil- und Vermessungsschiff	Norden	100/120
DBQC	Hannover *G*	Fischereiaufsichtsfahrzeug	Bremerhaven	40
DBQD	Wasserschutzpolizei Niedersachsen 12 *G*	Streifenboot	Stade	80
DBQE	Wasserschutzpolizei Niedersachsen 3 *GU*	Streifenboot	Leer	220
DBQF	Fehmarn *G R*	Streifenboot	Kiel	500
DBQH	Neptun *G*	Streifenboot	Kappeln/Schlei	2×150
DBQI	Jupiter *G*	Streifenboot	Heiligenhafen	2×150
DBQJ	Mars *G*	Streifenboot	Travemünde	250
DBQL	Helgoland *G*	Streifenboot	Büsum	600
DBQM	Castor *G*	Streifenboot	Kiel	2×46
DBQN	Präsident Herwig *G*	Motorboot	Büsum	2×135
DBQO	Wacht *G*	Fischereiaufsichtsfahrzeug	Langballigholz	120
DBQQ	Ingo *G*	Fischereiau fsichtsfahrzeug	Heiligenhafen	210
DBQR	Wasserschutzpolizei Niedersachsen 2 *GUR*	Streifenboot	Emden	2×150 1×55
DBQS	Wasserschutzpolizei Niedersachsen 1 *GUR*	Streifenboot	Wilhelmshaven	2×500 1×75
DBQT	Memmert *G*	Aufsichtsschiff	Norddeich	90
DBQU	Bant *G*	Bohr- und Vermessungsschiff	Norderney	68
DBQV	Nynorderoog *G*	Vermessungsschiff	Norderney	2×85
DBQW	Burchana	Arbeits- u. Vermessungsschiff	Norderney	50/60

f) Die Feuerschiffe

der

Bundesrepublik Deutschland

Geographisches Signal der Feuerschiffstation	Funkrufzeichen der Feuerschiff-station	Internationales Unterscheidungs-signal beim Verlassen d. Feuerschiffstation	Namen der Schiffe
			I. Stamm-Feuerschiffe
			a) Ostsee
AFRU	DCL	*DBBT*	Fehmarnbelt
AIKR	DCN	*DBBZ*	Kiel
AFVN	DCM	*DBBU*	Flensburg
			b) Nordsee
AFHC	DCG	*DBBJ*	Elbe 3 (Bürgermeister Abendroth)
AFHB	DCK	*DBBK*	Elbe 2 (Bürgermeister Bartels)
AFHA	DCH	*DBBR*	Elbe 1 (Bürgermeister O'Swald)
ACCP	DCO	*DBCV*	Bremen (Weser I)
ARHW	DCA	*DBCG*	Weser (Norderney I)
	DCB	*DBBB*	P 12 (Amrumbank)
	DCD	*DBHI*	P 8 (Außenjade)
ABZN	DCF	*DBPI*	J/E 3-Borkumriff
			II. Reserve-Feuerschiffe
			a) Ostsee
—	—	*DBBD*	Reserve Holtenau (Außeneider)
			b) Nordsee
—	—	*DBCP*	Senator Brockes

Alphabetische Reihenfolge der Schiffsnamen

TEIL II

Die Kauffahrteischiffe

der

Bundesrepublik Deutschland

in alphabetischer Reihenfolge der Namen

(Das Unterscheidungssignal der mit Funk ausgerüsteten Schiffe ist in Schrägschrift [*Kursiv*] gesetzt)

Unter-scheidungs-signale	Namen der Schiffe	Heimathafen der Schiffe
DABC	Aachen	Bremerhaven
DGAB	Aar	Hamburg
DHNW	Achilles	Hamburg
DFUH	Adda	Grünendeich
DFZV	Adele	Barnkrug
DCBE	Adele	Hamburg
DGAH	Adele	Hamburg
DGRL	Adele	Hamburg
DHGI	Adele	Hamburg
DFUJ	Adele	Wischhafen
DKEY	Adele Hagenah	Hamburg
DDLJ	Adele Ohlrogge	Brake
DCBF	Adelgunde	Haren/Ems
DCBG	Adelheid	Haren/Ems
DGAI	Adelheid	Hamburg
DGAJ	Adelheid	Hamburg
DIQI	Adelheid	Uetersen
DCGH	Adelheid Sibum	Haren/Ems
DABA	Adeline	Leer
DCAH	Adler	Köln
DCDT	Adler	Leer
DDTK	Adler	Bremen
DJND	Adler	Kappeln/Schlei
DKHD	Adler	Heikendorf
DGAL	Adler	Hamburg
DGJB	Adler	Hamburg
DGPA	Adler	Hamburg
DDMS	Adler	Bremen-Vegesack
DERI	Adler	Bremerhaven
DIUI	Adlergrund	Lübeck-Travemünde
DLBA	Admiral Bastian	Bremen
DCBJ	Adolf	Haren/Ems
DHPB	Adolf Leonhardt	Hamburg
DLAM	Adolf Vinnen	Bremen
DHFE	Adolph	Hamburg
DANU	Adolph Flint	Hamburg
DABB	Adonis	Hamburg-Finkenwerder
DEFI	Adria	Bremen

Unter-scheidungs-signale	Namen der Schiffe	Heimathafen der Schiffe
DGQV	Adrian	Hamburg
DKHE	Adriana	Kiel
DEBX	Ägäis	Bremen
DABY	Ägäis	Hamburg
DJAD	Ägir	Hamburg
DHNV	Aegir	Hamburg
DHJU	Änne-Ursula	Hamburg
DDFA	Aenne Jacobs	Brake
DGXW	Aenne Tänzler	Hamburg
DGAP	Agnes	Hamburg
DFUL	Agnes	Krautsand
DAMA	Agnes Engel	Hamburg-Finkenwerder
DIAV	Agnes Essberger	Hamburg
DDOB	AGW VII	Bremen
DGAR	A. H. Both	Hamburg
DGSD	Ahrensburg	Hamburg
DCNJ	A. Jüngerhans	Haren/Ems
DAMF	A. Kappelhoff	Emden
DDDW	Akke Meyer	Varelerhafen
DEQL	Albatros	Bremerhaven
DIYG	Albatros	Beidenfleth
DIZZ	Albatros	Flensburg
DKAW	Albatros	Burgstaaken
DLDV	Albatros	Bremen
DCML	Albatros I	Greetsiel
DGAS	Albatross	Hamburg-Finkenwerder
DIHE	Albatross	Hamburg
DEBD	Albert	Bremen
DGAT	Albert	Hamburg
DHRN	Albert	Hamburg
DJDZ	Albert	Cuxhaven
DGAW	Albert Gido	Hamburg
DAMG	Albert Janus	Hamburg
DAJI	Albert Vögler	Hamburg
DGEE	Albertine	Hamburg
DDNR	Albireo	Bremen
DCHZ	Albrecht Geerds	Emden

A – E

Unterscheidungssignale	Namen der Schiffe	Heimathafen der Schiffe
DIFQ	Alca	Hamburg
DLDP	Alcor	Bremen
DLCW	Alcyone	Bremen
DECG	Aldebaran	Bremen
DENY	Aldebaran	Bremerhaven
DAJV	Aldenburg	Hamburg
DFAW	Alemannia	Cuxhaven
DADS	Aleppo	Hamburg
DCBM	Alex	Haren/Ems
DCJH	Alexander	Haren/Ems
DABE	Alexander v. Humboldt	Bremerhaven
DAOQ	Alexander v. Humboldt	Hamburg
DJAB	Alexandra	Flensburg
DKIF	Alexandra Sartori	Kiel
DEFY	Alexis	Bremen
DHHF	Alfred	Hamburg
DKJP	Alfred	Neustadt/Holst.
DKKZ	Alfred	Burgstaaken
DEDH	Algenib	Bremen
DHMJ	Algier	Hamburg
DEDX	Algol	Bremen
DGAX	Alida	Hamburg
DLCL	Alioth	Bremen
DGAZ	Alita III	Hamburg
DDUO	Alk	Bremen
DFTY	Alk	Dornbusch
DIFW	Alk	Hamburg
DGBB	Allegro	Hamburg
DGBC	Alma	Hamburg
DGBD	Alma	Büsum
DGBE	Alma	Hamburg
DGBF	Alma	Husum
DFUM	Alma	Bützfleth
DHJA	Almut	Hamburg
DDAC	Alnor	Flensburg
DKAQ	Alondra	Lübeck
DDNS	Alphard	Bremen
DIGF	Alsen	Hamburg
DAGC	Alster	Hamburg
DAOV	Alsterblick	Hamburg
DICP	Alsterdamm	Hamburg
DACF	Alsterdorf	Hamburg
DGCD	Alsterfleet	Hamburg
DIMT	Alsterkamp	Hamburg
DIPL	Alsterkamp	Hamburg
DIEM	Alsterpark	Hamburg
DICH	Alstertal	Hamburg
DIBQ	Alstertor	Hamburg
DIHV	Alsterufer	Hamburg
DDTY	Altair	Bremen
DCBQ	Altair	Emden
DGBI	Alteland	Hamburg
DIGK	Alteland	Hamburg
DFLG	Alte Liebe	Heikendorf
DAMD	Alte Liebe	Cuxhaven
DAKZ	Alte Liebe	Hamburg
DKJE	Alte Liebe	Heiligenhafen
DDTM	Altenfels	Bremen
DEBI	Altenwall	Bremen
DADT	Altenwerder	Hamburg
DGVY	Altenwerder	Hamburg
DACV	Altona	Hamburg
DJWC	Altstadt	Kiel
DCWM	Alwine	Norderney
DFSV	Alwine	Barnkrug
DGBL	A. M. 1	Hamburg
DGBM	A. M. 2	Hamburg
DGCP	A. M. 3	Hamburg
DCBR	Amalie	Leer
DFUP	Amalie	Abbenfleth
DIEZ	Amalie Essberger	Hamburg
DFUQ	Amanda	Ritsch/Kehdingen
DGBP	Amandus	Hamburg
DIAS	Amazonas	Hamburg
DGBR	Amazone	Hamburg
DGMS	Amazone II	Hamburg
DJAC	Ambronia	Amrum
DIZF	Ameland	Glückstadt
DIPY	Amélie Thyssen	Hamburg
DAKT	Amico	Hamburg
DJDQ	Amisia	Flensburg
DGBS	Amor	Hamburg-Finkenwerder
DHPV	Amrum	Hamburg
DJCN	Amrum	Steenodde
DDNH	Amsel	Bremen
DEUW	Andenes	Bremerhaven
DCOR	Andi	Rhaudermoor
DGBT	Andome	Hamburg
DJEK	Andrea	Hamburg
DGSQ	Andrea Lühmann	Geversdorf
DENQ	Andreas	Bremerhaven
DHDK	Ane Jess	Rendsburg
DCBT	Angela	Haren/Ems
DCBU	Angela	Haren/Ems
DJYJ	Angela	Burgstaaken
DCBV	Angela Elisa	Haren/Ems
DCWU	Angela Schepers	Haren/Ems
DHPZ	Angelburg	Hamburg
DAII	Angelica Schulte	Hamburg
DGMC	Angelika I	Düsseldorf
DCBW	Angelina	Haren/Ems
DGAY	Angeln	Hamburg
DEBP	Anglia	Bremen
DABH	Anhalt	Bremen-Vegesack
DGBU	Anita	Hamburg
DHQY	Anita	Hamburg
DFLE	Anita	Hamburg-Finkenwerder
DAQV	Anita-Adele	Hamburg
DGRD	Anita Albers	Glückstadt
DHHW	Anita Hauschildt	Hamburg

Unterscheidungssignale	Namen der Schiffe	Heimathafen der Schiffe	Unterscheidungssignale	Namen der Schiffe	Heimathafen der Schiffe
DIYM	Anita Schütt	Itzehoe	DFUY	Anne	Bützfleth
DALU	Anita Thyssen	Hamburg	DGCQ	Anne Helene	Hamburg
DIEN	Ankara	Hamburg	DDKU	Anne Lange	Hamburg
DADL	Anke	Hamburg	*DJMQ*	Anne Ohl	Ulsnis
DIYH	Anke	Niendorf	DDFI	Annegret	Brake
DIZO	Anke	Glückstadt	*DIOW*	Annegret	Hamburg
DJZD	Anke II	Glückstadt	DCVX	Annegret I	Haren/Ems
DIXT	Anke Christa	Glückstadt	DJWE	Anne Gret	Lübeck-
DGMF	Anke Grothmann	Hamburg			Gothmund
DHDA	Anke H	Hamburg	DCCM	Annele	Bensersiel
DDQS	Anke Pahl	Hamburg	*DCMU*	Annelie	Loga
DCBY	Anna	Haren/Ems	*DABJ*	Annelies	Hamburg-
DCBZ	Anna	Strohausen			Finkenwerder
DJCL	Anna	Amrum	*DDPT*	Anneliese	Bremen
DGBX	Anna	Hamburg	*DETU*	Anneliese	Kiel
DGCA	Anna	Hamburg	DJWN	Anneliese	Lübeck-Schlutup
DGCC	Anna	Hamburg-	*DKKV*	Anneliese	Heikendorf
		Finkenwerder	*DJDJ*	Annelis	
DFUT	Anna	Wischhafen		Christophersen	Flensburg
DFST	Anna	Ostendorf	DDAE	Annemarie	Varelerhafen
DCCF	Anna	Leer	DGCS	Annemarie	Hamburg
DFUU	Anna	Krautsand	*DJLD*	Annemarie	Kappeln
DFUV	Anna	Assel	*DKLZ*	Annemarie	Heiligenhafen
DFZT	Anna	Freiburg/Elbe	*DJTV*	Annemarie	Kiel
DIQU	Anna	Bützfleth	*DKJJ*	Annemarie	Lübeck-
DJED	Anna	Pellworm			Travemünde
DJNM	Anna	Kiel	DJAE	Annemarie	Keitum/Sylt
DKDZ	Anna	Heiligenhafen	*DIKS*	Anne Marie	Hamburg
DIQW	Anna	Cuxhaven	DHIE	Annemarie	
DDDN	Anna Bohlen	Varel		Renate	Hamburg
DEUT	Anna Busse	Bremerhaven	DENE	Annette	Duisburg-
DIDL	Anna Catharina	Hamburg			Ruhrort
DFUW	Anna Dieckmann	Emden	DGCT	Anni	Hamburg
DJNN	Anna-Elise	Varelerhafen	DGCU	Anni	Hamburg
DGCG	Anna-Frieda	Hamburg	DFUZ	Anni	Wischhafen
DGCH	Anna-Helene	Hamburg	DJEI	Anni	Pellworm
DDQG	Anna Katrin		DKJG	Anni	Laboe
	Fritzen	Bremen	*DCCE*	Anni Nübel	Emden
DKMI	Anna-Luise	Duisburg-	*DKQL*	Annie Hugo	
		Ruhrort		Stinnes	Kiel
DCCI	Anna-Maria	Haren/Ems	*DDOC*	Ansgaritor	Bremen
DFUX	Anna-Maria	Dornbusch	*DDTX*	Antares	Bremen
DCCJ	Anna-Maria	Ditzum	DGCW	Antares	Hamburg
DGCK	Anna Marie	Hamburg	*DGMZ*	Antares	Hamburg
DINV	Anna-Marie	Hamburg	*DABK*	Antares	Bremerhaven
DGCL	Anna Marta	Hamburg	*DCAC*	Antha	Köln
DJYI	Anna Oldendorff	Lübeck	*DHJV*	Antilope	Hamburg
DGHB	Anna Rehder	Hamburg	DCCN	Antine	Borkum
DFZF	Anna Sietas	Grünendeich	DFNG	Antje	Otterndorf
DGCM	Anna Thekla	Hamburg	DJNP	Antje	Kiel
DCCK	Anna Wilhelmine	Wassingsfehn	DCCO	Antje	Bensersiel
DGCN	Anna Woldmann	Hamburg-	DJMM	Antje	Kappeln/Schlei
		Finkenwerder	DJWF	Antje	Niendorf
DGKA	Annaliese Wehlen	Hamburg	*DABL*	Antje	Hamburg-
DJUF	Annchen Felter	Lübeck			Finkenwerder
DLDK	Ann-Charlott	Bremen	*DGCX*	Antje	Hamburg
DJYQ	Ann Ida	Lübeck	*DHND*	Antje	Heiligenhafen
DFSZ	Anne	Assel	DGAK	Antje Adelheid	Hamburg

Unter-scheidungs-signale	Namen der Schiffe	Heimathafen der Schiffe
DJYC	Antje-Christa	Heikendorf
DJBZ	Antje-Doris	Wyk/Föhr
DJZK	Antje Mahler	Hamburg
DGWG	Antje Ohm	Hamburg
DGCZ	Antje Oltmann	Hamburg
DCCP	Anton	Haren/Ems
DDLN	Anton Otholt	Brake
DEEZ	Aphaia	Bremen
DDNL	Apollo	Bremen
DIPC	Apollo	Hamburg
DCGI	Aquamarin	Emden
DGDA	Aquarius	Emden
DDRT	Aquila	Bremen
DKFR	Archsum	Rendsburg
DEBL	Arcturus	Bremen
DCKX	Arenberg	Emden
DDNV	Arete	Bremen
DDRC	Argenfels	Bremen
DDTQ	Argo	Bremen
DGDB	Argonaut	Hamburg
DGGS	Argonaut	Hamburg
DCCQ	Ariadne	Borkum
DHEI	Ariadne	Hamburg
DEEK	Aries	Bremen
DCCT	Armin	Haren/Ems
DJEN	Arn VIII	Arnis
DKFX	Arn IX	Rendsburg
DCCU	Arnold	Haren/Ems
DGDC	Arnolde	Hamburg
DLCF	Arsterturm	Bremen
DAQD	Artlenburg	Hamburg
DEEU	Aschanti IV	Bremen
DAQX	Asgard	Hamburg
DAPO	Asseburg	Hamburg
DHQV	Assel	Hamburg
DJWS	Assen	Hamburg
DHMW	Astarte	Hamburg
DIRD	Astarte	Wilhelmshaven
DJAF	Astrea	List/Sylt
DGDE	Astrid	Hamburg
DHNX	Astrid	Hamburg
DJZJ	Astrid II	Lübeck-Travemünde
DJZY	Astrid Brockmann	Haffkrug
DICZ	Atalanta	Hamburg
DHPX	Athen	Hamburg
DKAR	Athene	Hamburg
DINX	Athlet	Hamburg
DHOK	Atlanta	Hamburg
DAPQ	Atlantic	Hamburg
DETM	Atlantic	Lübeck-Travemünde
DGDF	Atlantik	Hamburg
DIAB	Atlantik	Hamburg
DCHJ	Atlantis	Cuxhaven
DFTQ	Atlantis	Stade
DAQG	Atlas	Hamburg
DLBG	Atlas Hugo Stinnes	Bremen
DEDZ	Audentia	Bremen
DGDG	Audieck	Hamburg-Finkenwerder
DDMY	Auerhahn	Bremen-Vegesack
DFNO	Augsburg	Cuxhaven
DIBW	Augsburg	Hamburg
DJNQ	August	Kiel
DAHX	August Leonhardt	Hamburg
DGWO	August Peters	Hamburg
DILR	August Thyssen	Hamburg
DILS	Augusta	Hamburg
DGDH	Auguste	Hamburg
DGDI	Auguste	Hamburg
DCVV	Auguste Schulte	Hamburg
DINA	Augustenburg	Hamburg
DDSQ	Aumund	Bremen
DCFO	Aurich	Leer
DLCM	Auriga	Bremen
DGDJ	Aurora	Hamburg
DGDK	Ausdauer	Hamburg
DIDG	Ausdauer	Hamburg
DIMZ	Austria	Hamburg
DKFM	Avena	Breiholz
DGDL	Aventura	Hamburg
DGQO	Axel	Hamburg
DDUI	Baden	Bremen
DFNC	Baden	Cuxhaven
DENW	Bärbel	Lübeck-Travemünde
DEAS	Bärenfels	Bremen
DECZ	Bärenstein	Bremen
DHJH	Bahrenfeld	Hamburg
DABP	Balder	Glückstadt
DIAN	Baldur	Hamburg
DGDM	Baldur	Hamburg
DAIO	Balje	Cuxhaven
DGEW	Balkan	Hamburg
DGIK	Balmung	Hamburg
DKCO	Baltic	Heiligenhafen
DCSD	Baltic	Haren/Ems
DCCX	Baltrum I	Baltrum
DCJT	Baltrum III	Baltrum
DDLP	Barbara	Elsfleth
DGFG	Barbara	Hamburg
DIFC	Barbara	Hamburg
DJMB	Barbara	Büsum
DCDA	Barbara	Ditzum
DHOA	Bari	Hamburg
DHKA	Barmbek	Hamburg
DGDO	Barnkrug	Hamburg
DLCS	Bartenstein	Bremen
DFTU	Basbeck	Osten
DGDQ	Baumwall	Hamburg
DHNJ	Baumwall	Hamburg

Unterscheidungssignale	Namen der Schiffe	Heimathafen der Schiffe	Unterscheidungssignale	Namen der Schiffe	Heimathafen der Schiffe
DKRG	Bavaria III	Kiel	DGEC	Betty	Hamburg
DDRN	Bayern	Bremen-	DFZA	Betty	Gräpel
		Vegesack	DFVD	Betty	Krautsand
DFLF	Bayern	Cuxhaven	*DHES*	Bewa	Hamburg
DEFD	Bayernstein	Bremen	DJCP	Bianka	Heiligenhafen
DIMJ	Beate	Hamburg	*DECN*	Bieberstein	Bremen
DHQH	Beate Bolten	Hamburg	*DFNJ*	Bielefeld	Cuxhaven
DKCH	Beachwood	Lübeck-Trave-	*DLDQ*	Bielefeld	Bremen
		münde	*DLDZ*	Bielefeld	Bremen
DGQN	Belgrano	Hamburg	*DGCE*	Bilbao	Hamburg
DDRO	Bellavia	Bremen	*DKFG*	Bille	Hamburg
DKRJ	Bellevue	Kiel	*DIER*	Billetal	Hamburg
DDUC	Bellona	Bremen	*DCGE*	Bina	Haren/Ems
DABS	Beluga	Hamburg	*DJRN*	Biomaris-	
DACZ	Bergedorf	Hamburg		Atlantic	Bremen
DABF	Bergeland	Hamburg	*DIPK*	Birgit Müller	Hamburg
DGDT	Berger V	Bremerhaven	DJPV	Birgitte	Heikendorf
DGDU	Berger VII	Hamburg	*DEOU*	Birkenau	Bremerhaven
DHEZ	Bergungsschute 4	Hamburg	*DEAW*	Birkenfels	Bremen
DDMV	Berkersheim	Bremen	*DLBQ*	Birkenstein	Bremen
DEDU	Berlin	Bremen	*DJDO*	Birknack	Flensburg
DEQR	Berlin	Bremerhaven	*DINY*	Birte	Hamburg
DIEJ	Berlin	Hamburg	*DGBN*	Birte Hugo	
DGMY	Bernd	Hamburg		Stinnes	Kiel
DIRE	Bernd	Hamburg	*DKBF*	Birte Oldendorff	Lübeck
DGFN	Bernd Becker	Hamburg	*DLBV*	Bischofstein	Bremen
DCIY	Bernd Boll	Haren/Ems	*DLBK*	Bischofstor	Bremen
DIOQ	Bernd-Gunda	Hamburg	*DIYE*	Bishorst	Haseldorf
DGAG	Bernd Leonhardt	Hamburg	*DIIL*	Bismarckstein	Hamburg
DHOV	Bernd Wesch	Hamburg	DAEN	Blankenese	Hamburg
DDQZ	Berne	Bremen	*DLCQ*	Blankenstein	Bremen
DCDC	Bernhard	Haren/Ems	*DKIT*	Bleibtreu	Heiligenhafen
DETQ	Bernhard		DAHR	Bleichen	Hamburg
	Grundmann	Bremerhaven	*DDMW*	Blexen	Bremen
DJDM	Bernhard		*DJTK*	Blidum	Rendsburg
	Howaldt	Flensburg	DCFJ	Blinkfüer	Emden
DCMX	Bernhard		*DHLT*	Blinkfür	Hamburg-
	Schepers	Haren/Ems			Finkenwerder
DCDD	Bernhardus	Haren/Ems	*DKGZ*	Blumenau	Kiel
DCWD	Berni Nübel	Emden	DDFQ	Blumenthal	Brake
DAPT	Berolina	Hamburg	*DDNQ*	Blumenthal	Bremen
DIXM	Berta	Elmshorn	*DGDD*	Blumenthal	Hamburg
DENZ	Berta	Bremerhaven	*DIDH*	Boberg	Hamburg
DHBT	Berta Beck	Hamburg	*DADJ*	Bochum	Hamburg
DGDY	Berta Hermine	Hamburg-	*DABQ*	Bockenheim	Bremen
		Finkenwerder	*DEQZ*	Bockholm	Flensburg
DDJS	Berta Jacobs	Brake	*DLDB*	Bodenstein	Bremen
DKGN	Berta Kienass	Rendsburg	*DEAD*	Bodetal	Bremen
DGEA	Berta Köhlmann	Hamburg	*DJCG*	Bodil Schmidt	Flensburg
DGDV	Berta Louise	Hamburg	*DILQ*	Bökelnburg	Hamburg
DFYS	Bertha	Abbenfleth	*DIMR*	Bonita	Hamburg
DGDW	Bertha	Hamburg	DEUS	Bonn	Bremerhaven
DGDX	Bertha	Hamburg	*DIGG*	Boreas	Hamburg
DHJM	Bertha	Hamburg	*DAGN*	Borgesch	Hamburg
DFVC	Bertha	Hamburg	DHBE	Borkum	Hamburg
DKFC	Bertha Entz	Rendsburg	*DILA*	Borkum	Hamburg
DGDZ	Bertha Johanna	Hamburg	*DACI*	Borkumriff	Hamburg
DCMK	Bertz	Haren/Ems	*DIIA*	Borkumriff	Hamburg

Unter-scheidungs-signale	Namen der Schiffe	Heimathafen der Schiffe	Unter-scheidungs-signale	Namen der Schiffe	Heimathafen der Schiffe
DEDN	Bornheim	Bremen	DAEY	Brinckmann	Hamburg
DIIO	Botilla Russ	Hamburg	*DDJM*	Britta	Büsum
DIEX	BP Kiel	Hamburg	*DGEH*	Brix Hansen	Hamburg-
DIPP	BP Olex 34	Hamburg			Finkenwerder
DADK	BP Olex 35	Hamburg	DDML	Brötje	Oldenburg
DAFN	BP Olex 36	Hamburg	*DHFD*	Brook	Hamburg
DAGK	BP Olex 37	Hamburg	*DCBS*	Brooktor	Emden
DGYO	BP Olex 39	Hamburg	DKDC	Brüsterort	Lübeck-
DGCB	BP Olex 95	Emden			Travemünde
DABD	Brabant	Hamburg	DECF	Brummer	Bremen
DIOD	Brage	Hamburg	*DDNB*	Brunhild	Kiel
DEEJ	Brake	Bremen	*DLBN*	Brunneck	Bremen
DLCU	Brake	Bremen	DIZG	Bruno	Brunsbüttelkoog
DDIO	Brakersand	Brake	*DAED*	Brunsdeich	Hamburg
DCDG	Brandaris	Langeoog	*DAOD*	Brunseck	Hamburg
DEFJ	Brandenburg	Bremen-Vegesack	*DHKQ*	Brunsbüttel	Hamburg
DJWI	Brandenburg	Hamburg	*DIKF*	Brunshausen	Hamburg
DHMF	Brandenburg	Hamburg	*DAQP*	Brunsholm	Hamburg
DECC	Brandenstein	Bremen	*DIMH*	Brunswick	Hamburg
DDMM	Braukmann	Oldenburg	DDJN	BSG 1	Brake
DEAZ	Braunfels	Bremen	DDMQ	BSG 2	Brake
DEON	Braunschweig	Bremerhaven	*DDQQ*	Buchenstein	Bremen
DIFO	Braunschweig	Hamburg	*DJNT*	Bülk	Kiel
DIOJ	Braunsfeld	Hamburg	*DCHA*	Bürgermeister	
DIIH	Bravo	Hamburg		Diekmann	Leer
DJZT	Bredow	Lübeck	DAGS	Bürgermeister	
DGWE	Breiholz	Rendsburg		Diesel	Hamburg
DKDV	Breitenburg	Hamburg	*DETX*	Bürgermeister	
DLBT	Breitenstein	Bremen		Smidt	Bremerhaven
DDQP	Bremen	Bremen	DAHF	Bürgermeister	
DEBQ	Bremen	Bremen		Stolten	Hamburg
DFAN	Bremen	Bremerhaven	*DJVW*	Büsum	Kiel
DDMZ	Bremen	Bremen-Vegesack	DGEN	Bützfleth	Hamburg
DDTI	Bremer Anwalt	Bremen	DICW	Bugsier 1	Hamburg
DDSJ	Bremer Banken	Bremen	DIDK	Bugsier 2	Hamburg
DEGC	Bremer Boerse	Bremen	DIEI	Bugsier 3	Hamburg
DEEI	Bremer Export	Bremen	DGEF	Bugsier 4	Hamburg
DEFU	Bremer Flagge	Bremen	DGQJ	Bugsier 6	Hamburg
DEGP	Bremer Flotte	Bremen	DGWF	Bugsier 7	Hamburg
DEBT	Bremer Glocke	Bremen	DHKN	Bugsier 8	Hamburg
DEGL	Bremer Handel	Bremen	DHFM	Bugsier 9	Hamburg
DDTL	Bremer Norden	Bremen	DHMN	Bugsier 10	Hamburg
DEDI	Bremer Import	Bremen	DHFA	Bugsier 11	Hamburg
DEAQ	Bremerhaven	Bremen	DIHW	Bugsier 12	Hamburg
DERY	Bremerhaven	Bremerhaven	DIOE	Bugsier 14	Hamburg
DFAV	Bremerhaven	Bremerhaven	DIOX	Bugsier 15	Hamburg
DLAZ	Bremerhaven	Bremen	DAJC	Bugsier 16	Hamburg
DDOJ	Bremer Kueper	Bremen	*DAJS*	Bugsier 17	Hamburg
DEGQ	Bremerlotse	Bremen	DAQE	Bugsier 24	Hamburg
DLDY	Bremer Makler	Bremen	DAQF	Bugsier 25	Hamburg
DLDE	Bremer Pionier	Bremen	*DJNU*	Bungsberg	Hamburg
DLDI	Bremer Stauer	Bremen	*DIQD*	Bunte Kuh	Hamburg
DEBZ	Bremer Reeder	Bremen	*DKMS*	Burgas	Lübeck-
DECE	Bremer Roland	Bremen			Travemünde
DEEP	Bremer Wappen	Bremen	*DDQE*	Burgenstein	Bremen
DGEG	Brigitta	Hamburg	*DHQJ*	Burg Sparren-	
DJTG	Brigitte	Eckernförde		berg	Hamburg
DAPG	Brigitte Graebe	Hamburg	*DDPB*	Burgwall	Bremen

Unterscheidungssignale	Namen der Schiffe	Heimathafen der Schiffe
DCDH	Burkana	Emden
DHNM	Burkhard Bröhan	Hamburg
DHJT	Burstah	Hamburg
DCDZ	Bussard	Düsseldorf
DDRA	Bussard	Bremen
DFNM	Bussard	Cuxhaven
DIFT	Bussard	Hamburg-Finkenwerder
DGEM	Bussard	Hamburg
DIYW	Bussard	Schulau
DJVB	Bussard I	Hamburg
DJNE	Bussard II	Büsum
DGPM	Bussard III	Büsum
DFLI	Butendiek	Haffkrug
DDTL	Buntenstein	Bremen
DGSC	Butjadingen	Brake
DIGB	Butt	Hamburg
DGEO	B. & V. Kranich	Hamburg
DACP	Buxtehude	Hamburg
DDRL	Byblos	Bremen
DLCE	Cadiz	Hamburg
DGRN	Cairo	Hamburg
DDRJ	California	Bremen
DKES	Calla	Rendsburg
DGVI	Calliope	Hamburg
DAMC	Canopus	Hamburg
DCBC	Capella	Hamburg
DCDJ	Capella	Bensersiel
DCDK	Capella	Greetsiel
DKHT	Capella	Heikendorf
DIII	Cap Blanco	Hamburg
DAQL	Cap Bonavista	Hamburg
DAFO	Cap Castillo	Hamburg
DAIE	Cap Colorado	Kiel
DAJJ	Cap Corrientes	Hamburg
DAQN	Cap Delgado	Hamburg
DADH	Cap Domingo	Hamburg
DILH	Cap Finisterre	Hamburg
DIIU	Cap Frio	Hamburg
DIKE	Cap Norte	Hamburg
DHKO	Cap Ortegal	Hamburg
DIPR	Cap Palmas	Hamburg
DGOF	Cap Roca	Hamburg
DHPC	Cap Salinas	Hamburg
DGHI	Cap San Augustin	Hamburg
DGHT	Cap San Lorenzo	Hamburg
DAEW	Cap San Marco	Hamburg
DAEI	Cap San Nicolas	Hamburg
DAQM	Cap Valiente	Hamburg
DHBL	Cap Verde	Hamburg
DIKV	Cap Vilano	Hamburg
DAHZ	Caperata	Hamburg
DAIZ	Caprella	Hamburg
DENA	Capriccio	Düsseldorf
DALZ	Caprinus	Hamburg
DAKS	Capsa	Hamburg
DALJ	Capulus	Hamburg
DAIJ	Carina	Hamburg
DFAA	Carl	Bremerhaven
DCVU	Carl Fisser	Emden
DCIK	Carl Fritzen	Emden
DJES	Carl Jensen	Kiel
DHDF	Carl Julius	Hamburg
DESS	Carl Kämpf	Bremerhaven
DKMK	Carl Lehnkering	Duisburg
DLCB	Carl Meentzen	Bremen
DCDM	Carl Thiele	Emden
DADI	Carl Trautwein	Hamburg
DEPA	Carl Wiederkehr	Bremerhaven
DHGH	Carla	Warsingsfehn
DDQB	Carllene	Bremen
DHGV	Carlo Porr	Hamburg
DKER	Carola	Rendsburg
DINH	Carlota Bolten	Hamburg
DGNN	Carola Reith	Hamburg
DCEX	Carola Schulte	Emden
DGES	Carlshütte	Hamburg
DHFU	Carlshütte IV	Rendsburg
DGVA	Carlsson II	Hamburg
DCLB	Caroline	Langeoog
DAGH	Caroline Horn	Hamburg
DIOV	Caroline Oetker	Hamburg
DDNP	Carpathia	Bremen
DKCA	Carrara	Rendsburg
DAMJ	Carsten Janssen	Bremerhaven
DIPB	Carsten Rehder	Hamburg
DAQU	Carsten Russ	Hamburg
DLAE	Casablanca	Bremen
DEOD	Castor	Lübeck-Travemünde
DDOA	Castor	Bremen
DEBH	Castor	Bremen
DKDN	Castorp	Lübeck
DJWA	Catharina Oldendorff	Lübeck
DKIA	Catherine Sartori	Kiel
DEGM	Catrin	Bremen
DJEU	Catrina	Friedrichstadt
DGEX	C. A. Woldmann	Hamburg-Finkenwerder
DDQI	Centaur	Bremen
DEDM	Ceres	Bremen
DLBO	Ceuta	Bremen
DDKN	Charlotte	Osten
DGEY	Charlotte	Hamburg
DGEZ	Charlotte	Hamburg
DKDX	Charlotte	Niendorf
DLCO	Charlotte Bastian	Bremen
DJCV	Charlotte Bohl	Flensburg
DAPS	Charlottenburg	Hamburg
DAHG	Chérie	Hamburg
DGFC	C. H. Kreft	Hamburg-Finkenwerder
DCDO	C. H. Metger	Emden
DIBY	Christa	Hamburg

Unterscheidungssignale	Namen der Schiffe	Heimathafen der Schiffe
DJRQ	Christa	Großenbrode
DKEA	Christa	Lübeck-Travemünde
DKLV	Christa	Heiligenhafen
DKQO	Christa	Laboe
DAEH	Christa Jürgens	Hamburg
DGFE	Christa Juls	Hamburg
DHHE	Christa Köncke	Hamburg
DDMK	Christa Thielemann	Brake
DJAI	Christel	Kiel
DAOI	Christel	Büsum
DCVC	Christel	Haren/Ems
DJVJ	Christian	Kiel
DARH	Christian Beckedorf	Hamburg
DGZW	Christian Goedeken	Hamburg
DFAX	Christian Homann	Bremerhaven
DGER	Christian Russ	Hamburg
DJPI	Christian Sartori	Kiel
DAOR	Christiane Schulte	Hamburg
DGJD	Christianna Pikuritz	Hamburg
DCDQ	Christina	Haren/Ems
DIKH	Christina Bischoff	Hamburg
DDJC	Christine	Brake
DJAJ	Christine	Wyk/Föhr
DJZG	Christine	Heiligenhafen
DJXD	Christoffer Oldendorff	Lübeck
DAPX	Christoph	Hamburg
DDIB	Christoph Kleemeyer	Bremen
DKFQ	Christopher Meeder	Rendsburg
DEOE	Chronik	Bremerhaven
DKET	Cimbria	Rendsburg
DKMN	Cimbria	Lübeck
DGUQ	Claere Jung	Hamburg
DJVZ	Cläre Grammerstorf	Kiel
DIMM	Cläre Hugo Stinnes	Hamburg
DAON	Clarita Schröder	Hamburg
DIBN	Claudia	Hamburg
DAEU	Claus	Hamburg
DDRP	Claus	Lübeck
DFZR	Claus	Bützfleth
DHRO	Claus Bischoff	Hamburg
DGFM	Claus Erich	Hamburg
DJEG	Claus Hermann	Büsum
DJCK	Claus Horn	Glücksburg
DKFO	Claus Jürgen	Rendsburg
DHIG	Claus Möller	Hamburg
DJZE	Claus Peter	Heiligenhafen
DGPW	Claus Schriewer	Hamburg
DJQE	Clemens Sartori	Kiel
DIAM	Cleopatra	Hamburg
DAKQ	Clio	Hamburg
DIOT	Clio	Hamburg
DLAL	Clivia	Bremen
DHLE	Coburg	Hamburg
DCKO	Columbus	Borkum
DJYR	Columbus	Lübeck-Travemünde
DKEQ	Columbus	Burgstaaken
DFVF	Comet	Krautsand
DGRZ	Comet	Krautsand
DDFN	Concordia	Brake
DGVK	Concordia	Bremen
DJMF	Concordia	Kappeln/Schlei
DCDS	Concordia	Norddeich
DJYF	Concordia I	Lübeck-Travemünde
DETZ	Condor	Wremen
DFMK	Condor	Kiel
DGFO	Condor	Hamburg
DGFP	Condor	Hamburg
DIRP	Condor	Schulau
DKAV	Condor	Burgstaaken
DKLW	Condor	Lübeck
DIIV	Congo	Hamburg
DCWK	Conrad	Haren/Ems
DIEU	Constantia	Hamburg
DDUF	Consul Arlt	Bremen
DCEB	Consul Brouër	Leer
DGJL	Consul Horn	Hamburg
DDNC	Contentia	Bremen
DJYK	Cora	Lübeck
DARB	Cordoba	Hamburg
DIOU	Cormoran	Hamburg
DHGG	Cormoran II	Hamburg
DCDV	Cornelia	Warsingsfehn
DCDW	Cornelia	Leer
DMCP	Cornelis	Bensersiel
DIOL	Corona	Hamburg
DEGO	Corona	Bremen
DACJ	Courier	Hamburg
DDAL	Courier	Wilhelmshaven
DGFT	Courier	Hamburg
DHFR	Cranz	Hamburg
DFZZ	Cremona 2	Hamburg
DIDY	Cressida	Hamburg
DCDY	Cum Deo	Haren/Ems
DAHK	Cuxhaven	Hamburg
DERJ	Cuxhaven	Bremerhaven
DFNV	Cuxhaven	Cuxhaven
DDQC	Cyrene	Bremen
DFVI	Daheim	Krautsand
DGVV	Dalbek	Hamburg
DAJU	Dalsland	Hamburg

Unter-scheidungs-signale	Namen der Schiffe	Heimathafen	Unter-scheidungs-signale	Namen der Schiffe	Heimathafen
DKHX	Damaskus	Kiel	DGGF	Dora	Hamburg
DGQR	Dammtor	Hamburg	DGGH	Dora	Hamburg
DCAE	Daniel Denker	Köln	DJWT	Dora	Burgstaaken
DDNE	Dankwart	Elsfleth	DFVK	Dora	Dornbusch
DACQ	Danzig	Hamburg	*DCCC*	Dora Fritzen	Emden
DFLW	Darmstadt	Cuxhaven	*DAJQ*	Dora Horn	Hamburg
DGHO	Darmstadt	Hamburg	*DKKY*	Dora Oldendorff	Lübeck
DDAJ	Dauens	Cuxhaven	DJNZ	Dorathea	Kiel
DCNP	Define	Borkum	*DERG*	Doris	Bremerhaven
DCFW	Dele	Haren/Ems	DJAK	Doris	Flensburg
DDUK	Delia	Bremen	DJSI	Doris	Kiel
DCEC	Delphin	Norddeich	DKEC	Doris	Burgstaaken
DKIN	Delphin	Cuxhaven	*DAQJ*	Dornbusch	Hamburg
DKGY	Delphin	Burgstaaken	DGGJ	Dorotea	Hamburg
DGFW	Delphin III	Hamburg	DCUD	Dorothea	Duisburg-
DGFX	Delphin IV	Hamburg			Ruhrort
DGQF	Deneb	Hamburg	DGGK	Dorothea	Hamburg
DGFZ	Derfflinger	Hamburg	DGGL	Dorothea	Hamburg
DIAA	Desdemona	Hamburg	*DCEK*	Dorothea Sieme-	
DKFJ	Detlef Schmidt	Rendsburg		ring	Hamburg
DAMN	Detmold	Cuxhaven	*DHFF*	Dorothea Weber	Hamburg
DLDL	Detmold	Bremen	*DKMR*	Dorthe	
DGGA	Deutschland	Rendsburg		Oldendorff	Lübeck
DCED	Dia Aubel	Emden	DCEL	Dortmund	Emden
DEBR	Diamant	Bremen	*DFAE*	Dortmund	Bremerhaven
DGGB	Diamant	Neustadt/Holst.	*DHEK*	Dortmund	Hamburg
DIRS	Diamant	Friedrichskoog	DEFZ	Dorum	Bremen
DAIV	Diana	Hamburg	*DECU*	Drachenfels	Bremen
DHPR	Diana	Hamburg	*DAMP*	Dradenau	Hamburg-
DGGC	Diana	Wyk/Föhr			Finkenwerder
DJDR	Diana	Flensburg	DCEM	Dr. Eichelbaum	Neuharlingersiel
DGGD	Dide	Hamburg	*DAOF*	Dr. Eichelbaum	Emden
DGAM	Dieksand	Hamburg-	*DIBG*	Dresden	Hamburg
		Finkenwerder	*DDOM*	Drossel	Bremen
DIPU	Dieksand	Hamburg	*DDBY*	Driburg	Flensburg
DEAM	Diersch IV	Bremen	*DJSL*	Duburg	Kiel
DDRY	Diersch VII	Bremen	*DAFZ*	Düneck	Hamburg
DEOK	Dieter	Kiel	*DERV*	Düsseldorf	Bremerhaven
DKHL	Dietmar	Kiel	*DGHJ*	Düsseldorf	Hamburg
DKKW	Dietrich Olden-		DKQI	Düsternbrook	Kiel
	dorff	Lübeck	*DFMP*	Duisburg	Cuxhaven
DJTQ	Dievenow	Kiel	*DCAW*	Duisburg	Duisburg-
DKBR	Dievenow	Lübeck-			Ruhrort
		Travemünde	*DHNY*	Duisburg	Hamburg
DCIT	Dini Lütter	Rhaudermoor	*DGGP*	Eben Ezer	Hamburg-
DJZC	Dinklage	Hamburg			Finkenwerder
DDNG	Dirk	Bremen	*DAKG*	Eberhart	
DFLC	Dithmarschen	Cuxhaven		Essberger	Hamburg
DIMA	Dithmarschen	Hamburg	*DDIX*	Eberstein	Brake
DIZM	Dithmarschen	Friedrichskoog	*DAMR*	Eckernförde	Kiel
DIJT	Ditmar Koel	Hamburg	DJOC	Eckholt	Eckernförde
DCUY	Ditzum-Petkum	Ditzum	DGAO	Eckstein	Duisburg
DGIA	Dixy Porr	Hamburg	*DDAM*	Eckwarden	Wilhelmshaven
DEQS	Dohrnbank	Bremerhaven	*DEDF*	Edda Cords	Bremen
DCRR	Dollart	Leer	*DHHP*	Edelgard	Hamburg
DLDU	Domsheide	Bremen	DDJB	Edelweiss	Fedderwardersiel
DKGM	Donar	Lübeck	DCTE	Edelweiss	Neuharlingersiel
DERO	Dora	Bremerhaven	DFVL	Edelweiß	Krautsand

Unterscheidungssignale	Namen der Schiffe	Heimathafen der Schiffe
DIXY	Edelweiß	Seester
DJQC	Edith	Heikendorf
DGGQ	Edith	Hamburg
DCUA	Edith	Papenburg
DCGB	Edith I	Spetzerfehn
DJBK	Edith N. Christophersen	Flensburg
DERH	Edith Wiese	Lübeck
DJPZ	Editha	Eckernförde
DCAF	Edmund Halm	Köln
DIDM	Edmund Hugo Stinnes	Hamburg
DKCG	Eduard	Lübeck
DAGE	Eduard Essberger	Hamburg
DICT	Eduard Schupp	Hamburg
DAJM	Edwin Reith	Hamburg
DCCV	Eegen-Huilp	Emden
DGGR	Egerland	Hamburg
DIKP	Eggebek	Hamburg
DAPH	Egmont	Hamburg
DIGA	Egon Wesch	Hamburg
DHQI	Ehrenfeld	Hamburg
DECL	Ehrenfels	Bremen
DKLA	Eibe Oldendorff	Lübeck
DHON	Eider	Hamburg
DJFJ	Eider	Süderstapel
DJVF	Eider	Kiel
DEBV	Eifel	Bremen
DIOA	Eilbek	Hamburg
DILI	Eilenburg	Hamburg
DJSA	Einigkeit	Neufeld
DKIE	Einigkeit	Cuxhaven
DJUP	Einigkeit	Möltenort
DAFJ	Elbe	Hamburg
DIXZ	Elbe	Hamburg
DGGV	Elbe	Hamburg
DGGX	Elbe	Hamburg
DGGY	Elbe	Hamburg
DIDB	Elbe	Hamburg
DAOG	Elbe	Emden
DILY	Elbe	Hamburg
DIZH	Elbmarschen	Glückstadt
DHMY	Elbstrom	Hamburg
DJPC	Elch	Hamburg
DGHA	Elenore	Hamburg
DIRL	Eleonore	Dornbusch
DDDM	Elfe	Wilhelmshaven
DHCM	Elfi Breuer	Hamburg
DFZL	Elfriede	Assel
DJTS	Elfriede	Kiel
DFVE	Elfriede H.	Gauensiek
DIDN	Elfriede Rohden	Leer/Ostfriesland
DCEU	Elisabeth	Haren/Ems
DCEV	Elisabeth	Potshausen
DCEW	Elisabeth	Greetsiel
DDKJ	Elisabeth	Brake
DDKK	Elisabeth	Barssel
DEFT	Elisabeth	Bremen
DFVM	Elisabeth	Wischhafen
DJTJ	Elisabeth	Eckernförde
DEFB	Elisabeth Berger	Bremen
DHNZ	Elisabeth Bornhofen	Hamburg
DIQB	Elisabeth Bröker	Hamburg
DFRQ	Elisabeth Entz.	Rendsburg
DCWO	Elisabeth Hendrik Fisser	Emden
DGFL	Elisabeth Henriette Schulte	Hamburg
DCFU	Elisabeth Schulte	Emden
DGHG	Elise	Hamburg
DCJX	Elise Schulte	Emden
DGWC	Elke	Hamburg
DETR	Elke-Brigitte	Burgstaaken
DALF	Elke Frese	Hamburg
DFWE	Elke-Marie	Krautsand
DFVO	Ella	Bützfleth
DHHJ	Ella Feldtmann	Hamburg
DADD	Ellen	Hamburg-Finkenwerder
DHMC	Ellen Hugo Stinnes	Hamburg
DIIW	Ellen M	Hamburg
DGWL	Ellerbek	Hamburg
DJQY	Ellerbek	Kiel
DGNX	Elli	Hamburg
DDKO	Elli Ahrens	Brake
DGPY	Elli-Margot	Hamburg
DCFB	Elli Schaa	Leer
DINW	Elmo	Hamburg
DJLA	Elsa	Maasholm
DGHK	Elsa	Hamburg
DIDI	Elsa Essberger	Hamburg
DJXX	Elsbeth	Lübeck-Schlutup
DDUY	Elsbeth Wiards	Bremen
DDKV	Else	Brake
DCFC	Else	Rhaudermoor
DCFD	Else	Emden
DHDL	Else III	Hamburg
DHLV	Else Hugo Stinnes	Hamburg
DFVP	Else Marie	Heiligenhafen
DHRE	Else Müller	Hamburg
DGXN	Else Parchmann	Bremen
DGGI	Elselotte Rehder	Hamburg
DDTA	Else Retzlaff	Bremen
DDQX	Elsfleth	Bremen
DDOZ	Elster	Bremen
DCFE	Elternsegen	Haren/Ems
DCKC	Eltje Looden	Greetsiel
DHET	Elvdiek	Hamburg
DGHM	Emanuel	Hamburg
DGHN	Emanuel	Hamburg
DEFX	Emanuel II	Bremen
DGHP	Emil	Hamburg
DKMU	Emil	Lübeck-Schlutup

Unterscheidungssignale	Namen der Schiffe	Heimathafen	Unterscheidungssignale	Namen der Schiffe	Heimathafen
DKEE	Emil Berger ...	Lübeck	DDNK	Ernst	Hamburg
DCHW	Emil Fox	Emden	DGIP	Ernst..........	Hamburg
DIHX	Emilia.........	Hamburg	DGIS	Ernst August...	Hamburg
DAMT	Emma.........	Hamburg-Finkenwerder	*DAFD*	Ernst de Buhr ..	Hamburg
			DJQA	Ernst Friesecke .	Kiel
DGHQ	Emma.........	Hamburg	*DGCF*	Ernst G. Russ ..	Hamburg
DGHS	Emma.........	Hamburg	DISH	Ernst Heinrich .	Moorege
DGHW	Emma.........	Hamburg-Altenwerder	*DING*	Ernst Schröder .	Hamburg
			DADM	Ernst Schweckendieck	Emden
DGHX	Emma.........	Hamburg			
DKBQ	Emma.........	Burgstaaken	DIYL	Ernst Sturm ...	Glückstadt
DFSR	Emma Fitschen	Assel	DGXJ	Ernst Uwe	Hamburg
DGHZ	Emma Irene....	Hamburg	DISI	Ernte..........	Oberndorf
DARJ	Emma Johanna.	Hamburg	*DGCV*	Eros...........	Hamburg
DJNO	Emmalies	Hamburg	*DDUL*	Erpel..........	Bremen
DGIB	Emma Lucie ...	Hamburg	*DHFV*	E. Russ........	Hamburg
DGIC	Emma Oltmann.	Hamburg	DGIT	Erwin	Hamburg
DDQJ	Emma Retzlaff .	Bremen	*DGJF*	Erwin Schröder .	Hamburg
DJSN	Emmi	Laboe	*DEAF*	Eschersheim ...	Bremen
DCFH	Ems	Varelerhafen	DCTO	E. S. J. 1.......	Neuharlingersiel
DCMO	Emsadler	Emden	DCTP	E. S. J. 2.......	Neuharlingersiel
DCMN	Emsfalke	Emden	DCTA	E. S. J. 3.......	Neuharlingersiel
DCMP	Emspirol	Emden	DDOX	Esdörp	Hamburg
DEAG	Emsstein.......	Bremen	*DHAE*	Esperanza......	Hamburg
DCFL	Emsstrom......	Haren/Ems	DGIV	Esriel..........	Hamburg
DGID	Energie	Hamburg	*DADN*	Essen..........	Emden
DIDW	Energie	Hamburg	*DGNV*	Essen..........	Hamburg
DCFM	Engelbert	Haren/Ems	DERQ	Essen..........	Bremerhaven
DADG	Ente	Hamburg	*DGEV*	Essenberg	Hamburg
DDNM	Ente	Bremen-Vegesack	DGIW	Esso 60........	Hamburg
			DIAD	Esso 62	Hamburg
DCFN	Eos	Haren/Ems	DHPQ	Esso 65	Hamburg
DANJ	Eppendorf	Hamburg	*DAJR*	Esso Berlin	Hamburg
DGGW	Eric Reckmann.	Hamburg	DAPY	Esso Bremen ...	Hamburg
DGIF	Erich..........	Hamburg	*DAJH*	Esso Bremerhaven	Hamburg
DEGW	Erich Haslinger	Bremen			
DGKU	Erich Schröder..	Hamburg	*DIHU*	Esso Düsseldorf.	Hamburg
DHAK	Erik Blumenfeldt	Hamburg	*DAOJ*	Esso Emden ...	Hamburg
DAHV	Erik Seyd II....	Hamburg	*DARU*	Esso Essen	Hamburg
DCJD	Erika	Norddeich	*DIKL*	Esso Frankfurt .	Hamburg
DGII	Erika..........	Hamburg	*DIKA*	Esso Hamburg .	Hamburg
DKJI	Erika	Kiel	*DAQR*	Esso Hannover .	Hamburg
DLDW	Erika	Bremen	DHOY	Esso Jade	Hamburg
DGIL	Erika Bischoff ..	Hamburg	*DAML*	Esso Köln	Hamburg
DETN	Erika Mönch ...	Wedel	*DHGX*	Esso München ..	Hamburg
DGNM	Erika Reinhold .	Hamburg	DAGO	Esso Niehl	Hamburg
DHEN	Erika Schulte ..	Hamburg	DAQZ	Esso Nordenham	Hamburg
DCBI	Erin Nübel	Emden	*DARO*	Esso Nürnberg .	Hamburg
DGRM	Erlangen	Hamburg	DABZ	Esso Schulau ...	Hamburg
DGIJ	Erna	Heiligenhafen	*DALS*	Esso Stuttgart..	Hamburg
DGTR	Erna	Hamburg	DIPV	Esso Vegesack ..	Hamburg
DIWW	Erna	Elmshorn	*DHGM*	Este	Hamburg
DDFV	Erna	Brake	*DADP*	Este	Hamburg
DEST	Erna	Cuxhaven	*DFUD*	Este	Stade
DHEO	Erna Liebisch ..	Hamburg	*DABI*	Estebrügge.....	Hamburg
DGIM	Erna Marie.....	Hamburg	*DGZQ*	Esteburg	Hamburg
DGIN	Erna Meyer	Hamburg	DGIX	Estetal	Hamburg
DIPZ	Erna Witt......	Hamburg	*DHNK*	Esther Schulte..	Hamburg

Unterscheidungssignale	Namen der Schiffe	Heimathafen der Schiffe
DHAO	Esther Charlotte Schulte	Hamburg
DEOL	Etha Rickmers	Bremerhaven
DCII	Etta	Norddeich
DGDR	E.u.M.Schwimmkran III	Hamburg
DHEJ	E.u.M.Schwimmkran IV	Hamburg
DARQ	Euromuschel 1	Hamburg
DKEO	Europa II	Kappeln/Schlei
DGPN	Euros	Hamburg
DJQQ	Eva	Heikendorf
DDOU	Eva Witte	Bremen
DEBE	Eversand	Brake
DKBA	Eversen	Niendorf
DGJA	Ewald Ehlert	Rendsburg
DCFR	Exelsior	Holte
DHPA	Fairplay I	Hamburg
DAPZ	Fairplay II	Hamburg
DJIU	Fairplay III	Hamburg
DIHP	Fairplay IV	Hamburg
DHBB	Fairplay VI	Hamburg
DADQ	Fairplay VII	Hamburg
DGJG	Fairplay VIII	Hamburg
DGJH	Fairplay IX	Hamburg
DGJI	Fairplay X	Hamburg
DGJJ	Fairplay XI	Hamburg
DIKW	Fairplay XIV	Hamburg
DIFN	Fairway	Hamburg
DILN	Fairwind	Hamburg
DARN	Fairwood	Hamburg
DGJO	Falke	Hamburg
DGJP	Falke	Hamburg
DIJD	Falke	Hamburg
DKBS	Falke	Kappeln/Schlei
DDTR	Falke	Bremen
DEPJ	Falke	Bremen
DISL	Falke	Schulau
DJCM	Falke	Wyk/Föhr
DGRV	Falke	Lübeck
DECX	Falkenfels	Bremen
DAEZ	Falkenstein	Hamburg
DIFB	Falkenstein	Hamburg
DJOT	Falkenstein	Kiel
DKQY	Falkenstein	Kiel
DEOX	Falkland	Bremerhaven
DGJR	Jehann	Hamburg
DEEE	Farge	Bremen
DDNN	Fasan	Bremen-Vegesack
DDNO	Fasolt	Bremen-Vegesack
DDRD	Fauna	Bremen
DIKG	Faust	Hamburg
DJOI	Fehmarn	Hamburg
DGBA	Fehmarn III	Hamburg
DCAN	Felicitas	Köln
DJSO	Felsen	Eckernförde

Unterscheidungssignale	Namen der Schiffe	Heimathafen der Schiffe
DCVW	Fenna Rohden	Leer
DGIH	Ferdinandstor	Hamburg
DAFY	Ferdinand Vieth	Hamburg
DJFW	Feuerland	Büsum
DLBI	Fidentia	Bremen
DGJS	Fiducia	Hamburg
DGUD	Finkenau	Hamburg
DARE	Finkenwärder III	Hamburg
DAFS	Finkenwerder	Hamburg
DIMP	Finkenwerder	Hamburg
DKLL	Finkwarder	Lübeck-Travemünde
DGJT	Finkwarder	Hamburg
DFLR	Fischereidirektor Meinken	Cuxhaven
DHDC	Fischbek	Hamburg
DGJU	Fischland	Hamburg
DKAC	Fjorden	Lübeck-Travemünde
DEOB	Flachsee	Bremerhaven
DFLQ	Fladengrund	Heiligenhafen
DESR	Fladengrund	Bremerhaven
DJWL	Flamingo	Flensburg
DDPD	Flavia	Bremen
DKRI	Fleethörn	Kiel
DJCT	Flensau	Flensburg
DHPW	Flensburg	Flensburg
DJAZ	Flensburg	Flensburg
DJQU	Flensburg	Kiel
DINS	Fleth	Hamburg
DEBG	Flora	Bremen
DCFV	Flott	Norderney
DHQC	Flottbek	Hamburg
DICA	Flottbek	Hamburg
DDUA	Flut	Bremen
DJYL	Fona	Lübeck
DJAT	Forelle	Flensburg
DKCT	Forelle	Burgstaaken
DKIU	Forelle	Heikendorf
DEOO	Forelle	Hamburg-Altenwerder
DISM	Fortuna	Glückstadt
DGJY	Fortuna	Hamburg
DGJZ	Fortuna	Hamburg
DGKB	Fortuna	Hamburg
DGKC	Fortuna	Hamburg
DGKD	Fortuna	Hamburg
DCFY	Fortuna	Norddeich
DCFZ	Fortuna	Rhaudermoor
DCGA	Fortuna	Hamburg
DCGC	Fortuna I	Spiekeroog
DKIV	Francisca Sartori	Kiel
DFLA	Franken	Cuxhaven
DICR	Frankfurt	Hamburg
DEOZ	Frankfurt a. M.	Bremerhaven
DERR	Frankfurt/Main	Bremerhaven
DIIF	Frank Leonhardt	Hamburg

Unterscheidungssignale	Namen der Schiffe	Heimathafen der Schiffe
DCBB	Franz	Duisburg
DCUU	Franz	Haren/Ems
DCWC	Franz	Emden
DLAO	Franz Doerenkamp	Bremen
DGKE	Franz Holm	Hamburg
DADU	Franz Schau	Bremerhaven
DAOU	Franz Thiele	Emden
DCGD	Franziska	Haren/Ems
DGKF	Franziska	Hamburg
DADW	Franziska	Hamburg
DCWI	Franziska Hendrik Fisser	Emden
DLAC	Frauenfels	Bremen
DADY	Frauke	Leer
DCGF	Frauke	Warsingsfehn
DINC	Frauke	Hamburg
DIGM	Frauke Danz	Hamburg
DCWZ	Frauke Hermanna	Greetsiel
DEQI	Freddy	Hamburg
DKJR	Fredenhagen	Lübeck
DGKI	Freia	Kiel
DGKJ	Freia	Hamburg-Finkenwerder
DIPO	Freiburg	Hamburg
DFLO	Freiburg i. Br.	Cuxhaven
DEDP	Freienfels	Bremen
DDMO	Freiheit	Brake
DDTZ	Freiheit	Bremen
DGKK	Freiherr vom Stein	Hamburg
DARD	Fresenburg	Hamburg
DIFJ	Freundschaft	Hamburg
DJUT	Freya	Kiel
DGKL	Frida	Hamburg
DJGB	Frida	Büsum
DKCN	Frida	Heiligenhafen
DGKM	Fridmariwalt	Hamburg
DJTE	Frie 2	Büsum
DFSL	Frieda	Assel
DFVS	Frieda	Dornbusch
DFYQ	Frieda	Bützfleth
DFZB	Frieda	Barnkrug
DGKO	Frieda	Hamburg
DGKP	Frieda	Hamburg
DGKQ	Frieda	Hamburg
DGKR	Frieda	Hamburg
DGKS	Frieda	Hamburg
DISQ	Frieda	Schulau
DIWX	Frieda	Elmshorn
DJIW	Frieda	Pellworm
DJFE	Frieda	Pellworm
DIMV	Frieda Buss	Hamburg
DFVT	Frieda Elisabeth	Wischhafen
DDGA	Frieda Luise	Dedesdorf
DGKV	Frieda Mariechen	Hamburg

Unterscheidungssignale	Namen der Schiffe	Heimathafen der Schiffe
DDSV	Frieda Morgenroth	Bremen
DHPF	Frieda Peters	Hamburg
DGTB	Frieda Wilckens	Hamburg
DABO	Friedel	Hamburg
DEOR	Friedel	Bremerhaven
DJSU	Frieden	Brake
DFAY	Friedenau	Bremerhaven
DDGC	Friedrich-August	Oldenburg
DEUB	Friedrich Busse	Bremerhaven
DGKW	Friedrich Campsen	Hamburg
DAGJ	Friedrich Jung	Hamburg
DJWK	Friedrich Pahlke	Burg/Fehmarn
DGJX	Friedrich Matthias Harmstorf	Hamburg
DGKY	Friedr. Wilhelm	Hamburg
DFMH	Friedrichshafen	Cuxhaven
DJOK	Friedrichsort	Kiel
DDHN	Friesia	Brake
DDGD	Friesenland	Brake
DDAD	Friesland	Leer
DDAS	Friesland	Wilhelmshaven
DAPI	Frigga	Hamburg
DISU	Frija	Glückstadt
DJSQ	Frisch Auf	Heikendorf
DKFI	Frisches Haff	Rendsburg
DFAO	Frisia	Cuxhaven
DJAU	Frisia	Wyk/Föhr
DCGK	Frisia I	Norderney
DCCR	Frisia II	Norderney
DCMM	Frisia III	Emden
DCWQ	Frisia IV	Norderney
DCGN	Frisia V	Norderney
DCGO	Frisia VI	Norderney
DCGP	Frisia VII	Norderney
DCGR	Frisia X	Norderney
DCGT	Frisia XIV	Norderney
DCGU	Frisia XV	Norderney
DKKG	Fritz	Kiel
DIHM	Fritz Hugo Stinnes	Hamburg
DJDL	Fritz Raabe	Bremen
DGLA	Fritz Schindler	Hamburg
DACT	Fritz Thyssen	Hamburg
DGLB	Fritz Vollmers	Hamburg
DCEG	Fritzen I	Emden
DHQZ	Fuhlsbüttel	Hamburg
DIRI	F. Werner	Uetersen
DCGV	Fünf Gebrüder	Ditzum
DJGF	Fürchtenicht	Tönning
DJQR	Gaarden	Kiel
DESA	Gabriele	Hamburg
DIAI	Galata	Hamburg
DEBJ	Galtgarben	Bremen
DLCC	Ganter	Bremen
DIOO	Gasoel V	Hamburg

F—J

Unter-scheidungs-signale	Namen der Schiffe	Heimathafen der Schiffe
DCFG	Gauensiek	Hamburg
DJXK	Gebe Oldendorff	Lübeck
DHIS	Gebina	Haren/Ems
DDKH	Gebrüder	Nordenham
DGLC	Gebrüder	Hamburg
DGLD	Gebrüder	Büsum
DJLK	Gebrüder	Büsum
DFGI	Gebrüder	Otterndorf
DDGF	Gebrüder	Nordenham
DCGW	Gebrüder	Neuharlingersiel
DCGY	Geen Tied	Greetsiel
DCGZ	Geeske	Bensersiel
DDAV	Geeske	Varelerhafen
DABU	Geestemünde	Bremerhaven
DERB	Geestemünde	Bremerhaven
DIJH	Geert Howaldt	Hamburg
DJOB	Geheimrat Sartori	Kiel
DDNW	Geier	Bremen-Vegesack
DEFG	Geier	Bremen
DIGT	Gelsenkirchen	Hamburg
DGLF	Gemeinschaft	Hamburg
DJXO	Gemma	Lübeck
DHGA	Genius	Hamburg
DJOL	Georg	Kiel
DAQT	Georg Friedrich Händel	Hamburg
DICM	Georg Russ	Hamburg
DGBQ	Georgswerder	Hamburg
DINJ	Gerd Frese	Hamburg
DCMB	Gerd Sibum	Haren/Ems
DCBN	Gerd Specht	Borkum
DGKE	Gerd Ute	Hamburg
DKDG	Gerda	Großenbrode
DKLT	Gerda	Lübeck-Travemünde
DCHB	Gerda	Westrhauderfehn
DGLG	Gerda	Hamburg
DDNX	Gerda	Kiel
DEOV	Gerda	Bremerhaven
DFZM	Gerda Adele	Elm/Stade
DFWO	Gerda Becker	Ritsch/Kehdingen
DGLJ	Gerda Waller	Hamburg
DFUN	Gerda Suhr	Assel
DGLK	Gerfried	Hamburg
DCHC	Gerhard	Haren/Ems
DFGK	Gerhard	Geversdorf
DKEJ	Gerhard	Neustadt/Holst.
DCIW	Gerhard Ekkenga	Emden
DCEE	Gerhard Elfring	Elsfleth
DEUI	Gerhard van Heukelum	Bremerhaven
DCHD	Gerhardine	Borkum
DGKT	Gerlinde	Rendsburg
DCLF	Germa	Haren/Ems
DFTI	Germane	Stade
DARS	Germania	Hamburg
DCHE	Germania	Warsingsfehn
DDLG	Germania	Schulau
DETC	Germania	Heiligenhafen
DEQC	Germania	Cuxhaven
DAKP	Gert Seyd	Hamburg
DGLM	Gertha	Hamburg
DKQA	Gertraud	Heikendorf
DAMX	Gertrud	Leer
DCHF	Gertrud	Haren/Ems
DCKQ	Gertrud	Norderney
DGLQ	Gertrud	Cranz/Elbe
DGLN	Gertrud	Hamburg
DGLP	Gertrud	Hamburg
DGLR	Gertrud	Duisburg
DJXQ	Gertrud	Kiel
DGLS	Gertrud II	Hamburg
DKKE	Gertrud II	Niendorf
DAKU	Gertrud C. Ertel	Hamburg
DCFA	Gertrud Fritzen	Emden
DKCW	Gertrud-Marta	Kiel
DAHE	Gertrud Russ	Hamburg
DHOL	Gertrude Wiener	Hamburg
DGUO	Gesa	Hamburg
DHNG	Gesa Meinken	Hamburg
DGLU	Gesche	Hamburg
DCFI	Gesche Rohden	Leer
DCHG	Geschwisterliebe	Haren/Ems
DCHH	Gesina	Haren/Ems
DCHL	Gesine	Leer
DGLV	Gesine	Hamburg
DDTN	Geversdorf	Bremen
DCHN	G. F. Zimmermann	Emden
DEOW	Gier	Hamburg
DIJX	Gilda	Hamburg
DLAT	Ginnheim	Bremen
DIXF	Gisela	Kollmar/Holst.
DKRB	Gisela	Laboe
DKHN	Gisela	Möltenort
DIJZ	Gisela Essberger	Hamburg
DIAG	Gisela Flint	Hamburg
DGQM	Gisela Russ	Hamburg
DKGT	Glaube	Büsum
DGLX	Gloria	Hamburg
DCHO	Glückauf	Haren/Ems
DGLY	Glückauf	Hamburg
DIMS	Glückauf	Hamburg
DKJO	Glückauf	Lübeck
DDNZ	Glück-Auf	Brake
DKMC	Glückauf II	Düsseldorf
DJCS	Glücksburg	Flensburg
DJSX	Glücksburg	Kiel
DJOH	Glücksburg	Kiel
DIZL	Glückstadt	Glückstadt
DCDI	G. M. Daneker	Emden
DESK	Gneisenau	Lübeck-Travemünde

Unterscheidungssignale	Namen der Schiffe	Heimathafen
DAHI	Godeffroy	Hamburg
DKKS	Godenwind	Heiligenhafen
DACA	Götaland	Hamburg
DEBM	Göteborg	Hamburg
DAOY	Göttingen	Cuxhaven
DHCW	Göttingen	Hamburg
DAEG	Goliath	Hamburg
DEEL	Goldenfels	Bremen
DAMY	Gonzenheim	Bremen
DJWY	Goodenwind	Lübeck
DJXS	Gorch Fock	Niendorf
DAGP	Gorch Fock	Hamburg
DGMD	Gorch Fock	Hamburg
DGME	Gorch Fock	Hamburg-Finkenwerder
DDLE	Goslar	Hamburg
DEUA	Gotland	Kiel
DCHS	Gott mit uns	Haren/Ems
DAPD	Graeko	Hamburg
DGMG	Grauerort	Hamburg
DJZZ	Greetsiel	Hamburg
DJXV	Greif	Lübeck
DIKR	Greif	Hamburg
DJNG	Greif	Kappeln/Schlei
DDTF	Greiffenfels	Bremen
DGMJ	Greta	Hamburg
DGML	Gretchen	Hamburg
DGMM	Gretchen	Hamburg
DFZU	Gretchen	Ritsch/Kehd.
DHPN	Gretchen Müller	Hamburg
DIWZ	Gretchen Vollmers	Uetersen
DHHO	Gretchen von Allwörden	Osten
DIXU	Grete	Itzehoe
DGMP	Grete	Hamburg
DJAX	Grete	Flensburg
DDGJ	Grete	Brake
DFGR	Grete	Cuxhaven
DDTH	Grete Büscher	Bremen
DGGE	Grete Hagenah	Hamburg
DGYN	Grete Hauschildt	Hamburg
DJST	Grete-Herta	Heikendorf
DGLH	Gretel Marina	Hamburg
DGFB	Gretke Oldendorff	Lübeck
DFUE	Greundiek	Grünendeich
DGMT	Griep	Hamburg
DJXW	Griep to	Lübeck-Travemünde
DINP	Griesenwerder	Hamburg
DDSI	Griesheim	Bremen
DAMQ	Grimmershörn	Cuxhaven
DESM	Grönland	Bremerhaven
DAEK	Grönorth	Strande
DIHG	Grönnebek	Hamburg
DDRU	Gröpelingen	Bremen
DEGS	Grohn	Bremen
DCEH	Großer Bär	Emden
DAEJ	Großer Kurfürst	Emden
DADA	Großer Michel	Hamburg
DFTZ	Groverort	Stade
DKGX	Grüß Gott	Langballigau
DEUE	Gudrun	Laboe
DGMV	Gudrun	Hamburg
DAOW	Güldensand	Hamburg
DFVX	Günter	Wischhafen
DJGM	Günther	Niendorf
DFLV	Günther	Cuxhaven
DIIJ	Günther	Hamburg
DANZ	Günther Russ	Hamburg
DHKJ	Günther Schulte	Hamburg
DAKC	Gunda	Hamburg
DENG	Gunda	Düsseldorf
DFTL	Gunda	Stade
DGMI	Gundula	Hamburg
DGUS	Gustav	Hamburg
DJGN	Gustav	Pellworm
DGNA	Gustav Adolf	Hamburg
DAEL	Gustav Borgner	Bremerhaven
DFBA	Gustav Dahrendorf	Bremerhaven
DGNT	Gustav Pistor	Hamburg
DEEV	Gutenfels	Bremen
DDOD	Habicht	Bremen-Vegesack
DEEB	Habicht	Bremen
DHRV	Habicht	Lübeck
DJXY	Habicht	Neustadt/Holst.
DGUL	Hadersleben	Hamburg
DFNP	Hagen	Cuxhaven
DJYB	Hai	Heiligenhafen
DDAF	Haiko Meyer	Varelerhafen
DHNT	Hainig	Hamburg
DEUJ	Haltenbank	Bremerhaven
DGNC	Hamburg	Hamburg
DAFM	Hamburg	Hamburg
DHGZ	Hamburg	Hamburg
DHHT	Hamburg	Hamburg
DIPD	Hammaburg	Hamburg
DDPO	Hamme	Bremen
DDMH	Hammelwarden	Brake
DIDC	Hammonia	Hamburg
DFUF	Hanfried	Stade
DENF	Haniel Bunkerboot II	Duisburg-Ruhrort
DENJ	Haniel-Bunkerboot III	Duisburg-Ruhrort
DAEO	Hanna	Leer
DCHK	Hanna	Husum
DGNF	Hanna	Hamburg
DIMC	Hanna Dreier	Hamburg
DJXZ	Hanna Frida	Kiel
DGLW	Hannchen	Lübeck-Schlutup

Unterscheidungssignale	Namen der Schiffe	Heimathafen der Schiffe
DGNG	Hannchen Allers	Hamburg
DIYT	Hannchen Staeglich	Schulau
DKFD	Hannchen Vollmers	Rendsburg
DCHV	Hanne	Spetzerfehn
DDDG	Hanne	Wilhelmshaven
DETK	Hanne	Lübeck-Travemünde
DANM	Hanne Henninga	Großefehn
DEUC	Hannelore	Lübeck-Travemünde
DKHA	Hannelore	Heikendorf
DKGJ	Hannes	Kiel
DAJP	Hannes Lünstedt	Hamburg
DFTT	Hanngrid	Stade
DFZS	Hanni-Lene	Bremen
DAEQ	Hannover	Bremen-Vegesack
DFMQ	Hannover	Cuxhaven
DGNI	Hannover	Hamburg
DHNC	Hannover	Leer
DIIT	Hannover	Hamburg
DDKT	Hans	Brake
DGNJ	Hans	Ritsch
DGNL	Hans	Hamburg
DCHX	Hans	Haren/Ems
DFVZ	Hans	Krautsand
DDTG	Hans	Bremen
DIHB	Hans August	Hamburg
DGNO	Hans Albert	Hamburg
DAMW	Hans Bernstein	Hamburg
DERE	Hans Böckler	Bremerhaven
DIYD	Hans Bülow	Kollmar
DGVW	Hannes Fesefeldt	Hamburg
DFGX	Hans Friedrich	Oberndorf
DDGP	Hans-Georg	Flensburg
DIEB	Hans Gosch	Hamburg
DCHY	Hansgrete	Hamburg
DGNQ	Hans Günther	Hamburg
DIMY	H.-Günther Bülow	Hamburg
DEPI	Hans Heinz	Heikendorf
DJOM	Hans-Helmut	Schilksee-Strande
DHGQ	Hans Hermann	Hamburg
DHOD	Hans Hinnick	Hamburg
DGNS	Hans Hinrich	Hamburg
DFAR	Hans Homann	Bremerhaven
DJHO	Hans Jürgen	Hamburg
DKJY	Hans Lehmann	Lübeck
DJWJ	Hans Matthias	Burgstaaken
DJXF	Hans Oldendorff	Lübeck
DGTJ	Hans Oltmann	Hamburg
DADO	Hans-Peter	Itzehoe
DJXH	Hans Peter	Lübeck-Travemünde

Unterscheidungssignale	Namen der Schiffe	Heimathafen der Schiffe
DGWJ	Hans Pickenpack	Hamburg
DGNW	Hans und Grete	Helgoland
DESX	Hans vom Hoff	Bremerhaven
DGNY	Hans Werner	Hamburg
DIHR	Hansa	Hamburg
DJAR	Hansa	Flensburg
DKMO	Hanse	Lübeck
DGSP	Hanse I	Hamburg
DAOL	Hanseat	Hamburg
DGNZ	Hanseat	Hamburg
DHIH	Hanseat	Hamburg
DEQB	Hanseat	Bremerhaven
DJZI	Hanseat I	Niendorf
DABR	Hanseatic	Hamburg
DICX	Hansestadt Hamburg	Hamburg
DAEU	Haparanda	Hamburg
DJET	Harald	Hallig Hooge
DJOF	Harald	Hamburg
DKRA	Harald	Kiel
DARK	Harald Horn	Hamburg
DFMS	Harald Ottens	Cuxhaven
DADV	Harburg	Hamburg
DDHJ	Harle-Siel	Carolinensiel
DJAA	Harnis	Flensburg
DDIM	Harriersand	Brake
DGHH	Hartmut von Ahn	Hamburg
DGOC	Hartwig	Hamburg
DGQL	Haseldorf	Hamburg
DAFH	Hasse	Hamburg
DIDF	Hasselburg	Hamburg
DIJB	Hasselwerder	Hamburg
DCEZ	Hastedt	Bremen
DACE	Havelland	Hamburg
DEEM	Havelstein	Bremen
DCIB	Hayo	Leer
DAEV	H. C. Nibbe	Hamburg-Finkenwerder
DGOE	Hebe	Hamburg
DDAX	Hebelina	Leer
DHMT	Hecht	Hamburg
DDRH	Heddernheim	Bremen
DJGS	Hedi Engels	Büsum
DJXE	Hedwig	Lübeck-Travemünde
DJRX	Hedwig-Elisabeth	Heikendorf
DIJV	Hedwig Henning	Hamburg
DIIB	Hedwig Lünstedt	Hamburg
DJBB	Hedwig Pannbacker	Flensburg
DFMJ	Heidelberg	Cuxhaven
DIEL	Heidelberg	Hamburg
DIJY	Heidenau	Hamburg
DEOI	Heidi	Lübeck-Travemünde

Unter-scheidungs-signale	Namen der Schiffe	Heimathafen der Schiffe	Unter-scheidungs-signale	Namen der Schiffe	Heimathafen der Schiffe
DJXR	Heidi	Friedrichskoog	*DCIE*	Heinrich Brons	Emden
DDGS	Heidina	Barsselermoor	*DESZ*	Heinrich Bueren	Bremerhaven
DCJM	Heige	Haren/Ems	*DINF*	Heinrich Chri-	
DGLE	Heijo	Haren/Ems		stian Oetker	Hamburg
DINB	Heike	Hamburg	*DHJR*	Heinr. Colsmann	Hamburg
DJFO	Heike	Maaßholm	DCIF	Heinrich Elfring	Elsfleth
DDPK	Heike Möller	Glückstadt	*DHQT*	Heinrich	
DKFU	Heike Schlüter	Rendsburg		Grammerstorf	Kiel
DJNW	Heikendorf	Kiel	*DAPJ*	Heinrich	
DJSY	Heikendorf	Kiel		Hauschildt	Hamburg
DIBB	Heilbronn	Hamburg	*DHMK*	Heinrich Ihde	Hamburg
DCDE	Heimat	Neuharlingersiel	*DEQY*	Heinrich Kern	Bremerhaven
DCIC	Heimat	Haren/Ems	*DIOF*	HeinrichKnüppel	Hamburg
DCTL	Heimat	Norderney	*DCHQ*	Heinrich-Lutter	Emden
DDMF	Heimat	Fedderwardensiel	*DERW*	Heinrich Meins	Bremerhaven
DGOI	Heimat	Hamburg	*DEGU*	Heinrich	
DGOJ	Heimat	Hamburg		Parchmann	Bremen
DIFR	Heimat	Hamburg-	*DAFE*	Heinrich Schulte	Emden
		Finkenwerder	*DCUW*	Heinrich Schulte	Emden
DJJR	Heimat	Kappeln	*DIPH*	Heinrich Udo	
DJUK	Heimat	Laboe		Schulte	Hamburg
DJVC	Heimat	Rendsburg	DGTA	Heinrich	
DJYD	Heimat	Lübeck-Schlutup		Wegener	Hamburg
DJYE	Heimat	Niendorf	DDEA	Heinrich Wessels	Emden
DKIY	Heimat	Kiel	DCIH	Heinz	Haren/Ems
DHMS	Heimatland	Hamburg	DGOT	Heinz	Hamburg
DJUM	Heimatland	Möltenort	DFZK	Heinz	Lühe
DJRZ	Heimatland	Eckernförde	DFTG	Heinz Bernhard	Stade
DFMU	Heimatland	Cuxhaven	DFXX	Heinz-Georg	Barssel
DIHK	Heimdal	Hamburg	DGOU	Heinz-Heino	Hamburg
DCAS	Heimkehr	Duisburg	*DIMK*	Heinz-Helmut	Hamburg
DCID	Heimkehr	Emden	*DAKN*	Heinz Horn	Hamburg
DCTI	Heimkehr	Cuxhaven	*DGOW*	Heinz	
DGOL	Heimkehr	Hamburg		Schriewer	Hamburg
DGOM	Heimkehr	Hamburg	*DCKM*	Heinz-Wilhelm	Haren/Ems
DJOV	Heimkehr	Eckernförde	DJYA	Heita	Lübeck-
DFYR	Heimkehr II	Cuxhaven			Travemünde
DHPM	HeimoReckmann	Hamburg	DCSL	Heizöl I	Bensersiel
DKBW	Heimwärts	Neustadt/Holst.	*DCFQ*	Helena	Haren/Ems
DGON	Heimwärts	Hamburg	DCLS	Helena Husmann	Haren/Ems
DHEF	Heiner	Hamburg	DCBP	Helena Schepers	Haren/Ems
DLBZ	Hein von Bargen	Hamburg	DGOX	Helene	Hamburg
DEUQ	Hein Davidsen	Bremerhaven	DGOY	Helene	Hamburg
DJKR	Hein Funk	Hamburg	DGOZ	Helene	Hamburg-
DARW	Hein Godenwind	Hamburg			Altenwerder
DIBX	Hein Hoyer	Hamburg	DIAZ	Helene	Hamburg
DCVD	Hein Oltmann	Hamburg	DCIJ	Helene II	Haren/Ems
DACU	Hein Suhr	Hamburg	DDBA	Helene-Auguste	Kiel
DFWB	Heini	Hamburg-	DGPC	Helga	Hamburg
		Neuenfelde	DGPD	Helga	Hamburg-
DEOY	Heini	Emden			Finkenwerder
DGMU	Heino	Hamburg	*DIGL*	Helga	Hamburg
DDGT	Heinrich	Brake	DCAY	Helga	Düsseldorf
DEBF	Heinrich	Bremen	DKID	Helga	Kiel
DGOR	Heinrich	Cranz	DKAU	Helga II	Heiligenhafen
DJDU	Heinrich	Pellworm	*DKKQ*	Helga-Anni	Burgstaaken
DJOR	Heinrich	Kiel	*DHRY*	Helga Haus-	
DDLQ	Heinrich Brand	Elsfleth		schildt	Hamburg

Unter-scheidungs-signale	Namen der Schiffe	Heimathafen der Schiffe
DFTR	Helga Dehde	Stade
DHFO	Helga Howaldt	Hamburg
DADE	Helga Matthiesen	Hamburg
DJZX	Helga Oldendorff	Lübeck
DGVJ	Helga Russ	Hamburg
DDPI	Helga Schröder	Bremen
DAGZ	Helga Wehr	Hamburg
DAGF	Helga Witt	Hamburg
DIMI	Helge	Hamburg
DCTC	Helgoland	Düsseldorf
DCIL	Helgoland	Emden
DHFK	Helgoland	Husum
DAIW	Helgoland	Hamburg
DKJA	Helgoland	Hamburg
DFAQ	Helgoland	Bremerhaven
DFLT	Helgoland	Lübeck-Travemünde
DDUJ	Helios	Bremen
DFWD	Helios	Stade
DHAG	Hella	Hamburg
DJXB	Hella	Haffkrug
DENI	Hellmuth	Duisburg-Ruhrort
DKFT	Helma Entz	Rendsburg
DDMC	Helms	Oldenburg
DCNE	Helmsdale	Leer
DKIG	Helmut	Möltenort
DGPK	Helmut	Hamburg
DILO	Helmuth Hardekopf	Hamburg
DDSD	Helmut Parchmann	Bremen
DHOI	Heluan	Hamburg
DDRI	Hemelingen	Bremen
DCNF	Hendrik Fisser	Emden
DDSB	Hengst	Bremen
DJOS	Henni	Rendsburg
DKBM	Henning Oldendorff	Lübeck
DERA	Henny	Cuxhaven
DFTD	Henny	Keitum/Sylt
DDGX	Henny	Brake
DCIM	Henny	Warsingsfehn
DJAL	Henriette	Munkmarsch
DCEN	Henriette Wilhelmine Schulte	Emden
DEPL	Henry Everling	Bremerhaven
DJCB	Henry Horn	Glücksburg
DJVV	Herbert	Rendsburg
DAPW	Herbert Horn	Hamburg
DIPS	Herford	Hamburg
DKBP	Herkules	Heiligenhafen
DCIO	Herm.	Haren/Ems
DCOW	Herm. L.	Haren/Ems
DCHR	Herm Kiepe	Haren/Ems
DCHT	Herman Akkermann	Borkum
DCIP	Hermangela	Haren/Ems
DFME	Hermann	Hamburg
DCTR	Hermann	Emden
DGPS	Hermann	Hamburg
DCUO	Hermann	Haren/Ems
DDGY	Hermann	Barssel
DKBJ	Hermann	Neustadt/Holst.
DEOG	Hermann Ahlers	Bremerhaven
DJDN	Hermann Althoff	Flensburg
DGIY	Hermann Blume	Hamburg
DFTM	Hermann Elsen	Stade
DFLZ	Hermann Fischer	Cuxhaven
DHGB	Hermann-Hans	Hamburg
DCET	Hermann Kiepe	Haren/Ems
DEOF	Hermann Krause	Bremerhaven
DIFX	Hermann Krone	Hamburg
DIND	Hermann Langreder	Hamburg
DCVP	Hermann Litmeyer	Haren/Ems
DIEV	Hermann Schulte	Hamburg
DITG	Hermann Suhr	Hamburg
DHDP	Hermann Tiedemann	Hamburg
DJSB	Hermann Tiessen	Kiel
DCKP	Hermar	Haren/Ems
DEPU	Hermes	Bremerhaven
DHOO	Hermes	Hamburg
DGPU	Hermine	Hamburg
DCIQ	Hermine	Haren/Ems
DCIR	Hermine	Leer
DJBC	Hermine	Wyk/Föhr
DIZC	Hermod	Glückstadt
DGLI	Heros	Hamburg
DCEP	Herrentor	Emden
DKJN	Herrenwyk	Lübeck
DFNN	Herta	Cuxhaven
DJHB	Herta	Arnis/Schlei
DCWE	Herta Engeline Fritzen	Emden
DHGS	Herta Giese	Hamburg
DHOP	Herta Johanne III	Hamburg
DFWV	Herta-Marlies	Hamburg
DGFV	Herta Raap	Hamburg
DGQA	Hertha	Hamburg
DJOU	Hertha	Kiel
DEPD	Hertha	Bremerhaven
DCDF	Hertha I	Norderney
DENU	Herta II	Bremerhaven
DHBF	Hertha Gerdau	Hamburg
DGPH	Hertha Henning	Hamburg
DAJA	Hessen	Emden
DDSK	Hessen	Bremen-Vegesack
DFNU	Hessen	Cuxhaven

Unterscheidungssignale	Namen der Schiffe	Heimathafen
DLAQ	Hessenstein	Bremen
DDUT	Hestia	Bremen
DGQB	Hiev	Hamburg
DJOW	Hilda	Kiel
DGQC	Hilda	Hamburg-Finkenwerder
DGQD	Hilda	Husum
DEEW	Hilda Ahrens ...	Bremen
DHKE	Hilda-Rebecka..	Hamburg
DGCJ	Hilda-S	Hamburg
DILZ	Hilda Wesch ...	Hamburg
DCIV	Hilde..........	Leer
DANL	Hilde Felter	Hamburg
DKJQ	Hilde-Gertrud ..	Borkum
DAME	Hilde Horn.....	Hamburg
DGQE	Hilde Loop.....	Hamburg-Finkenwerder
DDLO	Hilde Osterkamp	Brake
DJCD	Hildegard	Amrum
DAFG	Hildegard	Hamburg
DCMF	Hildegard	Norddeich
DJCO	Hildegard	Dagebüll
DIHO	Hildegard Doerenkamp .	Hamburg
DJHD	Hildegard-Marie	Husum
DHQF	Hildegard Peters	Hamburg
DHQO	Hildegard Z. Nimtz	Hamburg
DFMA	Hildesheim.....	Cuxhaven
DANC	Hille	Hamburg
DLCI	Hille Oldendorff	Lübeck
DJAS	Hilligenlei	Wyk/Föhr
DJDG	Hilligenlei	Langeness
DJOG	Hilke Marita .	Büsum
DCIZ	Hinderk Looden	Greetsiel
DCCH	Hinnerk	Haren/Ems
DIET	Hinrich	Hamburg
DDOF	Hinrich Ahrens .	Bremen
DIBL	Hinrich Hey....	Hamburg
DFUA	Hinrich Kolster .	Osten
DIYR	Hinrich Koppelmann .	Schulau
JWR	Hinrich Oldendorff ...	Lübeck
DILB	Hinrich Peters .	Hamburg
DCWY	Hinricus	Norddeich
DEPG	H. Klopp	Bremerhaven
DGWD	Hochkamp	Hamburg
DCAG	Hochmeister....	Kiel
DFKX	Hochsee I	Cuxhaven
DHME	Hoechst	Hamburg
DCCG	Hödur	Emden
DIYY	Hödur	Glückstadt
DAFU	Hörnum	Rendsburg
DFNB	Hof	Cuxhaven
DCJB	Hoffnung	Rhaudermoor
DFWF	Hoffnung	Krautsand
DDHB	Hoffnung	Haren/Ems

Unterscheidungssignale	Namen der Schiffe	Heimathafen
DEPH	Hoffnung	Neustadt/Holst.
DGQ	Hoffnung	Hamburg
DKCF	Hoffnung	Neustadt/Holst.
DJYS	Hoffnung	Lübeck-Travemünde
DKHW	Hoffnung	Heikendorf
DCQU	Hoffnung E	Wars ngsfehn
DIPJ	Hohenbuchen...	Hamburg
DEDW	Hohenfels	Bremen
DECA	Hohenhörn.....	Kiel
DGFJ	Hohenlinden ...	Hamburg
DDNF	Hoheweg.......	Hamburg
DEAK	Hoheweg.......	Bremen
DEQX	Hoheweg.......	Bremerhaven
DIBE	Hohewisch	Hamburg
DJPA	Hohwacht......	Kiel
DGRW	Holenweg......	Hamburg
DHIU	Holger	Hamburg
DJYN	Holl fast.......	Brake
DJAN	Holnis	Flensburg
DDSX	Holstein	Bremen-Vegesack
DDCI	Holstein	Lübeck-Travemünde
DDCZ	Holstein	Schulau
DJDS	Holstein	Glücksburg
DKRC	Holstein	Kiel
DJPD	Holtenau	Kiel
DKIO	Holtenau	Kiel
DCBA	Homberg	Duisburg-Ruhrort
DFWW	Horn	Bützfleth
DEFC	Hornbaltic	Bremen
DGEL	Hornbay.......	Hamburg
DAKI	Hornbelt	Hamburg
DGKX	Hornberg	Hamburg
DIJU	Horncap	Hamburg
DAQS	Horndeich	Hamburg
DHPG	Hornfels	Hamburg
DIHD	Hornkliff	Hamburg
DAQC	Hornkoog	Hamburg
DGJM	Hornland	Hamburg
DAND	Hornsee	Hamburg
DFLB	Hornsriff.......	Hamburg-Finkenwerder
DIZQ	Hornsriff.......	Friedrichskoog
DIMG	Hornstern	Hamburg
DHPT	Hornsund	Hamburg
DHCN	Hove	Hamburg
DJCE	Hubert	Langballigholz
DIGI	Hüxter	Hamburg
DAHC	Hugo Heimke Schütt	Itzehoe
DEPV	Hugo Homann .	Bremerhaven
DKDT	Hugo Oldendorff	Lübeck
DDPA	Hugo Retzlaff ..	Bremerhaven
DLDT	Hugo Stinnes ..	Bremen
DAFW	Hummel II	Hamburg

Unterscheidungssignale	Namen der Schiffe	Heimathafen der Schiffe
DCFF	Humor	Flensburg
DIGX	Humor	Hamburg
DLBL	Hundseck	Bremen
DJVE	Husum	Kiel
DGQQ	Ida	Hamburg
DFWH	Ida	Krautsand
DDHE	Ida	Barssel
DITI	Ida Joerk	Hamburg
DGVZ	Ida Kuhlencort	Hamburg
DANH	I. G. Nichelson	Hamburg
DDSG	Illstein	Bremen
DHPY	Ilsabe Oldendorff	Lübeck
DDTT	Ilse	Hamburg
DJPF	Ilse	Kiel
DIPN	Ilse Feldmann	Hamburg
DCDL	Ilse Fritzen	Emden
DEQQ	Ilse-Marlen	Hamburg-Finkenwerder
DGTE	Ilse Matthiesen	Hamburg
DGYR	Ilse Russ	Hamburg
DCJK	Ilse Schulte	Emden
DAQY	Ilse Wulff	Hamburg
DJQB	Iltis	Kiel
DGQS	Immanuel	Hamburg
DCJJ	Immanuel	Holterfehn
DKKD	Imme Oldendorff	Lübeck
DIOI	Imperator	Hamburg
DKMB	Imperial	Uerdingen
DEFW	Imsum	Bremen
DGEP	Ina Lehmann	Lübeck
DGSO	Ina von Ahn	Hamburg
DLCJ	Inanda	Bremen
DARC	Indal	Hamburg
DFVW	Iduna	Hamburg
DAKE	Indus	Hamburg
DDPG	Inga Bastian	Bremen
DDSS	Inge	Bremen
DETF	Inge	Heiligenhafen
DJVY	Inge	Laboe
DDHH	Ingeborg	Oldenburg
DGQU	Ingeborg	Stade
DGQW	Ingeborg	Hamburg
DHBZ	Ingeborg	Hamburg
DIOY	Ingeborg	Hamburg
DHES	Ingeborg II	Hamburg
DGQX	Ingeborg III	Hamburg
DHEP	Inge Fiedler	Hamburg
DIQA	Inge Leonhardt	Hamburg
DJAP	Inge R.-Christophersen	Flensburg
DIGU	Inge-Ursula	Hamburg
DITN	Ingerta	Hamburg
DDRK	Ingorata	Bremen
DJPG	Ingrid	Kiel
DJYO	Ingrid	Lübeck-Travemünde
DKHU	Ingrid	Cuxhaven

Unterscheidungssignale	Namen der Schiffe	Heimathafen der Schiffe
DGYW	Ingrid Becker	Rendsburg
DAGA	Ingrid Horn	Hamburg
DIFV	Ingrid Leonhardt	Hamburg
DGRA	Ingrid Metzendorff	Hamburg
DKAM	Ingrid Troles	Lübeck
DIZY	Ingrid Weide	Flensburg
DARX	Inka	Hamburg
DIAW	Inka	Hamburg
DGBK	Inka Ritscher	Hamburg
DEAE	Innstein	Bremen
DFHK	Insulaner	Wyk a. Föhr
DCMC	Insulaner	Norderney
DGQY	Irene	Hamburg
DGQZ	Irene	Kiel
DJOS	Irene	Pellworm
DKLF	Irene	Lübeck-Travemünde
DEDD	Iris	Bremen
DJYP	Irjo	Niendorf
DFWI	Irma	Gauensiek
DHMB	Irma-Renate	Kiel-Friedrichsort
DGRE	Irmgard	Hamburg
DGRF	Irmgard	Hamburg
DFHL	Irmgard	Cuxhaven
DJBE	Irmgard	Burg/Fehmarn
DITO	Irmgard	Wischhafen
DAPP	Irmgard Horn	Hamburg
DGRG	Isar	Hamburg
DEEX	Isarstein	Bremen
DAKF	Iserlohn	Hamburg
DENV	Island	Bremerhaven
DHRM	Jacob Rüsch	Hamburg
DCLO	Jacoba	Norddeich
DGRH	Jacobus	Hamburg
DCUP	Jacobus Fritzen	Emden
DANV	Jade	Hamburg
DHNI	Jacob Becker	Hamburg
DCVL	Jakob Ekkenga	Emden
DCIN	Jakob Ekkenga	Emden
DCIU	Jakob Emeius Rass	Norderney
DCWT	Jan	Haren/Ems
DHQN	Jan	Hamburg
DCEQ	Jan Gerdes	Haren/Ems
DGVU	Jan Hamm	Hamburg
DIHN	Jan Jonas	Hamburg
DJCY	Jan Meeder	Flensburg
DDCY	Jan Meyer	Varelerhafen
DAFC	Jan Molsen	Hamburg
DHIM	Jan Peter	Hamburg
DFVR	Jan Reinhold	Nordstrand
DFTN	Jan Suhr	Stade
DEPO	Jan van Gent	Hamburg-Finkenwerder
DGAF	Jan Wilfried	Hamburg
DDLI	Jane	Elsfleth

Unterscheidungssignale	Namen der Schiffe	Heimathafen der Schiffe
DCEI	Jann Looden	Greetsiel
DCDR	Jann Saathoff	Emden
DCJN	Jantje	Borkum
DLDA	Jasenitz	Bremen
DLAG	Jason	Bremen
DGXF	J. C. Ertel	Hamburg
DGRK	J. C. Wriede	Hamburg-Finkenwerder
DIPM	J. H. Jonas	Hamburg
DEOM	J. Hinr. Wilhelms	Bremerhaven
DGGU	Jens	Hamburg
DKJD	Jens Bracke	Lübeck
DGAE	Jens Jensen	Hamburg
DHNE	Jersbek	Hamburg
DDLA	Joan	Brake
DJXT	Jobst Oldendorff	Lübeck
DIIP	Jochen	Wilhelmshaven
DIJL	Joern Witt	Hamburg
DCKW	Jogela	Burgstaaken
DCJE	Johan Carel Oetker	Hamburg
DDHK	Johann	Oldenburg
DDHL	Johann	Barssel
DGRJ	Johann	Hamburg
DHQA	Johann Ahlers	Hamburg
DJRS	Johann Böhnke	Strande
DHRG	Johann Haltermann	Hamburg
DCJP	Johann Hermann	Haren/Ems
DKFP	Johann Kolb	Rendsburg
DCDP	Johann Schulte	Emden
DCUG	Johann Schulte	Emden
DCJQ	Johann Wessels	Emden
DCJR	Johann Wessels	Emden
DCJS	Johanna	Warsingsfehn
DCLI	Johanna	Ostrhauderfehn
DDHM	Johanna	Brake
DGRR	Johanna	Hamburg-Finkenwerder
DFTE	Johanna	Hamburg
DFWJ	Johanna	Gauensiek
DFYL	Johanna	Wischhafen
DAPV	Johanna	Hamburg
DIDQ	Johanna	Hamburg
DKGL	Johanna	Heikendorf
DKIL	Johanna	Heikendorf
DGRS	Johanna Höge	Hamburg
DKHD	Johanna Oldendorff	Lübeck
DCJV	Johanne	Haren/Ems
DFSY	Johanne	Assel
DFWL	Johanne	Bützfleth
DFWM	Johanne	Mühlenhafen
DFYV	Johanne	Grünendeich
DGRT	Johanne	Hamburg
DGRU	Johanne	Hamburg
DHLR	Johanne	Hamburg

Unterscheidungssignale	Namen der Schiffe	Heimathafen der Schiffe
DFZQ	Johanne-Marie	Bützfleth
DCJZ	Johannes	Haren/Ems
DCKA	Johannes	Norddeich
DGRX	Johannes	Hamburg
DJYT	Johannes	Lübeck
DFWN	Johannes-Emil	Amrum
DHFS	Johannes Friedrich	Hamburg
DEQW	Johannes Krüss	Bremerhaven
DGSA	Johannes Matthies	Hamburg
DHMD	Johannes L.	Hamburg
DIHS	Johannes Russ	Hamburg
DIDJ	Johannes Schupp	Hamburg
DAPU	John Augustus Essberger	Hamburg
DGUX	John Beckedorf	Hamburg
DFMB	John Olbers I	Cuxhaven
DIJS	John Schröder	Hamburg
DFLM	John Thies	Hamburg
DCNO	Joma	Haren/Ems
DGSF	Jonni Wilhelmine	Hamburg
DIOZ	Jonny Jonas	Hamburg
DCMV	Jop	Haren/Ems
DANF	Josef Bodden	Kiel
DALX	Josef Joham	Hamburg
DFZD	Jürgen	Stade
DFLD	Jürgen Dieter	Cuxhaven
DGXG	Jürgen Stahmer	Hamburg
DGXU	Jürgen Wehr	Hamburg
DJPB	Jürgensby	Flensburg
DGMR	Juelsand	Hamburg
DAOE	Jugum	Hamburg
DGTW	Juist	Hamburg
DCER	Juist	Emden
DJBR	Jul	Wyk/Föhr
DHQB	Julia	Hamburg
DHFG	Juliane Schröder	Hamburg
DIXX	Julianka	Itzehoe
DICN	Julin	Hamburg
DCWN	Julius	Norden
DAQB	Julius Fock	Hamburg
DGTP	Julius Hauschildt	Hamburg
DIKT	Julius Schindler	Hamburg
DACY	Jungfernstieg	Hamburg
DCKF	Jupiter	Warsingsfehn
DCKG	Jupiter	Petkum
DDHO	Jupiter	Fedderwardersiel
DDSA	Jupiter	Bremen
DEPZ	Jupiter	Bremerhaven
DGDP	Jupiter	Hamburg
DIIS	Jupiter	Hamburg
DJCW	Jupiter	Flensburg
DKIC	Jupiter	Kiel
DCNA	Justine Wessels	Emden
DGSK	Justizia	Hamburg

Unter-scheidungs-signale	Namen der Schiffe	Heimathafen
DCVJ	Jusitzrat Klasen	Leer
DJXG	Jutta	Lübeck-Travemünde
DGEB	Jutta II	Brake
DAGU	Kaapland	Hamburg
DFWQ	Käte	Hamburg
DGSN	Käte	Hamburg
DIFU	Käte	Hamburg-Finkenwerder
DITS	Käte	Seesteraudeich
DIYV	Käte	Schulau
DGQG	Käte Boll	Duisburg-Ruhrort
DJNR	Käte Grammerstorf	Kiel
DGHD	Käte Hamm	Hamburg
DGOK	Käte Hinz	Hamburg
DJQZ	Käte Oltmann	Hamburg
DGSS	Käthe	Hamburg
DCTH	Käthe	Haren/Ems
DJBY	Käthe	Wyk/Föhr
DAEX	Käthe Ahrens	Hamburg
DIPI	Käthe Bartels	Hamburg
DGSV	Käthe Block	Hamburg
DHBW	Käthe Brunckhorst	Hamburg
DJWQ	Käthe Heisler	Heiligenhafen
DHNO	Käthe Jonas	Hamburg
DJBF	Käthe Marie	Amrum
DIBA	Käthe-Marie	Hamburg
DGSX	Käthe Ritscher	Hamburg
DCCZ	Käthe Wessels	Emden
DIXU	Kahlberg	Lübeck
DKIK	Kahlberg-Liep	Kiel
DEEN	Kahlenberg	Bremen
DIZK	Kai	Glückstadt
DGHV	Kajen	Hamburg
DAMS	Kalahari	Hamburg
DHPO	Kaltehofe	Hamburg
DGSY	Kamerad	Hamburg
DHQD	Kamerun	Hamburg
DEER	Kandelfels	Bremen
DJBW	Kapitäne Christiansen	Wyk/Föhr
DGSZ	Kaptaube	Hamburg
DIGR	Karen Bolten	Hamburg
DACS	Karin	Hamburg
DIIC	Karin	Hamburg-Finkenwerder
DJVQ	Karin	Heikendorf
DKQK	Karin	Kiel
DAHD	Karin Bornhofen	Hamburg
DKIS	Karin-Christa	Kiel
DEDY	Karin Cords	Bremen
DCRS	Karina	Hamburg
DGSG	Karin W	Hamburg
DIGY	Karl	Hamburg

Unter-scheidungs-signale	Namen der Schiffe	Heimathafen
DDHP	Karl	Oldenburg
DCUR	Karl	Haren/Ems
DKEK	Karl-Christian	Lübeck
DANG	Karl Fock	Hamburg-Finkenwerder
DJAG	Karl-Friedrich	Dagebüll
DDHQ	Karl Georg	Brake
DJVR	Karl Grammerstorf	Kiel
DJRL	Karl-Heinz	Heiligenhafen
DDPH	Karl Heinz Parchmann	Bremen
DIDR	Karl Leonhardt	Hamburg
DJCH	Karl Gunther Lohse	Flensburg
DCJO	Karl Zink	Greetsiel
DGTD	Karla	Burgstaaken
DEOJ	Karlsburg	Bremerhaven
DFLN	Karlsruhe	Cuxhaven
DEPS	Karoline	Heikendorf
DAFB	Karpfanger	Hamburg
DAIU	Karroo	Hamburg
DIDP	Kassel	Hamburg
DGTF	Katerine	Hamburg-Finkenwerder
DEPX	Katfisch	Bremerhaven
DGTG	Katharina	Hamburg
DIGQ	Katharina	Hamburg
DFWT	Katharina	Mühlenhafen
DFSX	Katharina Becker	Hamburg
DCKL	Katharina Elisabeth	Juist
DGLT	Katharina Kolkmann	Hamburg
DARG	Katrin	Hamburg
DGTH	Kattegat	Hamburg-Finkenwerder
DEBU	Kattenturm	Bremen
DFYH	Keen Tied	Itzehoe
DGTI	Kehdingen	Hamburg
DCKN	Kehrewieder	Ihlowerfehn
DKGP	Kehrheim	Büsum
DAEE	Kehrwieder	Wilhelmshaven
DAGL	Kehrwieder	Büsum
DJHP	Kehrwieder	Cuxhaven
DJTL	Kehrwieder	Kiel
DJXN	Kehrwieder	Heikendorf
DITX	Kehrwieder	Burg/Dithm.
DFWU	Kehrwieder	Wischhafen
DITY	Kehrwieder	Seester
DKLG	Kehrwieder	Lübeck-Travemünde
DGTK	Kehrwieder II	Hamburg
DHJN	Keitum	Rendsburg
DLBE	Kelkheim	Bremen
DAJX	Kersten Miles	Hamburg
DALQ	Kerstin	Hamburg

Unter-scheidungs-signale	Namen der Schiffe	Heimathafen der Schiffe
DICK	Kerstin Matthiesen	Hamburg
DGNR	Kettwig	Hamburg
DIXO	Kiel	Kiel
DKRF	Kiel	Kiel
DJUM	Kim	Hamburg
DIMO	Kirchwerder	Hamburg
DECB	Kitty Porr	Hamburg
DJTM	Kitzeberg	Kiel
DCKT	Klara Katharina	Greetsiel
DHID	Klaus	Hamburg
DKQD	Klaus	Kiel
DIKJ	Klaus Block	Hamburg
DIMD	Klaus Buck	Hamburg
DKHO	Klaus Dieter	Kiel
DJHR	Klaus Groth	Westeraccu-mersiel
DKQG	Klaus-Günther	Heikendorf
DFUB	Klaus Jagemann	Stade
DIJC	Klaus Leonhardt	Hamburg
DAIR	Klaus Oldendorff	Lübeck
DHNS	Klaus Schoke	Hamburg
DJVS	Klaus Siegfried	Kiel
DHFH	Klaus Wilhelm	Hamburg
DADR	Klintberg	Hamburg
DLAN	Klosterfrau	Bremen
DDAB	Klostertor	Emden
DCLT	Knock	Emden
DJPM	Knud Viking	Hamburg
DJSZ	Knurrhahn	Kiel
DFKV	Koblenz	Cuxhaven
DIAL	Koblenz	Hamburg
DHLW	Köhlfleet	Hamburg
DICO	Köln	Cuxhaven
DIEW	Köln	Hamburg
DGTM	Königsberg	Hamburg
DEFQ	Koholyt	Bremen
DDOL	Kolibri	Bremen-Vegesack
DDPP	Kollund	Flensburg
DJAO	Kollund	Flensburg
DKQN	Komtur	Kiel
DECD	Kondor	Bremen
DCWJ	Kondor	Haren/Ems
DCDU	Kondor	Norddeich
DAHY	Kondor I	Hamburg
DGLL	Konrad	Kiel
DIGO	Konstanz	Hamburg
DJVG	Konsul Sartori	Kiel
DCMZ	Konsul Schulte	Emden
DESE	Koopmann Bohn	Bremerhaven
DDQT	Koralle	Bremen
DHKB	Korbach	Hamburg
DEOQ	Kormoran	Bremerhaven
DEQH	Kormoran	Bremerhaven
DJCU	Krabbe	Amrum
DHLK	Krautsand	Hamburg
DIDZ	Krautsand	Hamburg
DILJ	Krefeld	Hamburg

Unter-scheidungs-signale	Namen der Schiffe	Heimathafen der Schiffe
DGGG	Krischan Stark	Hamburg
DJRB	Kronsberg	Hamburg
DJRP	Kronsort	Eckernförde
DAPK	Krückau	Hamburg
DJDE	Krusau	Flensburg
DAMM	Kugelbake	Cuxhaven
DILK	Kuhwerder	Hamburg
DEPB	Kulle Christoph	Kiel
DAOC	Kulmerland	Hamburg
DJWH	Kurfürst	Burgstaaken
DFMN	Kurmark	Cuxhaven
DEDV	Kurt Arlt	Bremen
DEEQ	Kurt Bastian	Bremen
DEFA	Kybfels	Bremen
DKIQ	Laboe	Kiel
DKHR	Labor et Fides	Kiel
DKGR	Lahn	Duisburg-Ruhrort
DDUU	Lahnstein	Bremen
DCKY	Lamara	Haren/Ems
DFNE	Land Hadeln	Otterndorf
DGTQ	Landkirchen	Glückstadt
DGTS	Landrath Küster	Cuxhaven
DCGS	Langeoog I	Langeoog
DGED	Langeoog III	Langeoog
DCLA	Langeoog IV	Langeoog
DABW	Lasbek	Hamburg
DHLM	Las Palmas	Hamburg
DDKE	La Paloma	Brake
DAGR	Latona	Bremen
DGBJ	Laumühlen	Hamburg
DCLC	Laurenz	Haren/Ems
DCLD	Lauria	Haren/Ems
DILC	Leabeth	Hamburg
DIFM	Leada	Hamburg
DIMU	Lealott	Hamburg
DIBC	Leamitra	Hamburg
DGZO	Leanna	Hamburg
DAHM	Leapaul	Hamburg
DAJY	Learina	Hamburg
DDQK	Lechstein	Bremen
DGTU	Leda	Büsum
DCNQ	Leda	Leer
DCMD	Leda	Leer
DCMR	Leerort	Emden
DANN	Lehe	Bremerhaven
DGYU	Leipzig	Hamburg
DCLH	Lena	Haren/Ems
DCLJ	Lena Kathrina	Haren/Ems
DCLK	Lene	Leer
DGTV	Lene Reinhold	Hamburg
DAGQ	Leo Fürbringer	Emden
DHGT	Leopard	Hamburg
DDOO	Lerche	Bremen-Vegesack
DEGK	Lesum	Bremen
DEGT	Lesum	Bremen
DEAH	Levante	Bremen
DHII	Levensau	Hamburg

Unterscheidungssignale	Namen der Schiffe	Heimathafen
DGMN	Leverkusen	Hamburg
DJEH	Liane	Husum
DIBV	Libanon	Hamburg
DJBI	Libelle	Flensburg
DKQQ	Libelle	Heikendorf
DCLL	Liberté	Greetsiel
DEET	Lichtenfels	Bremen
DEAT	Lichtenstein	Bremen
DACK	Lichtwark	Hamburg
DKAF	Liebe	Heiligenhafen
DLAW	Liebenfels	Bremen
DEAX	Liebenstein	Bremen
DEND	Lies	Düsseldorf
DAKJ	Liesbeth	Burgstaaken
DCLM	Liesbeth	Haren/Ems
DCLN	Liesbeth-Grete	Haren/Ems
DKLI	Lieschen	Haffkrug
DCRQ	Liese-Lore	Haren/Ems
DDHT	Lilly	Brake
DGTZ	Lilly	Hamburg
DCRU	Lilo	Haren/Ems
DCLP	Lina	Hamburg
DKHC	Lina	Laboe
DLBD	Lindenfels	Bremen
DGUB	Line Hinsch	Hamburg
DDQU	Linzertor	Bremen
DCLQ	Liny	Greetsiel
DDLW	Lion	Oldenburg
DCVG	Lippe	Emden
DKMG	Lippe	Duisburg-Ruhrort
DGUC	Lisa	Hamburg
DGUF	Lisa	Hamburg-Finkenwerder
DGUE	Lisa	Wischhafen
DGUG	Lisa Oltmann	Hamburg
DHML	Lisboa	Hamburg
DGUH	Liselotte	Hamburg
DJBX	Liselotte	Flensburg
DHOB	Liselotte Essberger	Hamburg
DILT	Lissabon	Hamburg
DIEG	Lissy Schulte	Hamburg
DJTW	Löwe	Kiel
DKGO	Loop to	Kiel
DJYX	Lore	Neustadt/Holst.
DKLH	Loreley	Hamburg
DGTO	Lori Dreyer	Hamburg
DGUI	Lothar	Hamburg
DGYY	Lothareins	Hamburg
DKJL	Lotte	Neustadt/Holst.
DKKB	Lotte	Niendorf
DGOV	Lotte Nagel	Krautsand
DLDN	Louise	Bremen
DGZH	Louise	Hamburg
DHDX	Louise Bock	Hamburg
DGLZ	Louise Schupp	Hamburg
DKEN	Luchs	Neustadt/Holst.
DKHF	Lucianna	Kiel
DHBR	Lucie Schulte	Hamburg
DIEC	Lucie Vollmers	Hamburg
DKJU	Ludolf Oldendorff	Lübeck
DEQF	Ludwig Schweisfurth	Bremerhaven
DHJP	Ludwigsburg	Hamburg
DHFX	Ludwigshafen	Hamburg
DAGX	Lübbe Hartmann	Leer
DCLR	Lübbert	Haren/Ems
DJWG	Lübeck	Lübeck
DKCK	Lübeck	Lübeck
DKRE	Lübeck	Kiel
DAHJ	Lühe	Hamburg
DFTW	Lühe	Stade
DGIG	Lüneburg	Hamburg
DGOQ	Lugano	Hamburg
DGUM	Luise	Hamburg
DGUN	Luise	Warsingsfehn
DHMH	Luise	Hamburg
DIYK	Luise	Friedrichskoog
DGZI	Luise I	Hamburg
DAEF	Luise II	Hamburg
DDHU	Luise Bergmann	Brake
DIMW	Luise Bornhofen	Hamburg
DICU	Luise Horn	Hamburg
DGNU	Luise Leonhardt	Hamburg
DDUG	Lumme	Bremen
DCIG	Lux	Emden
DIZJ	Lux	Glückstadt
DHKV	Lystum	Rendsburg
DAMO	Maas	Hamburg
DGJM	Mabel Violet	Hamburg
DGUV	Margaretha	Großensiel
DGUP	Magdalena	Pellworm
DKAO	Magdalena Oldendorff	Lübeck
DAQK	Magdalena Reith	Hamburg
DEPY	Magda-Lene	Neustadt/Holst.
DDNU	Magdalene Vinnen	Bremen
DFZJ	Magda Elfers	Assel
DIOB	Magda Wegener	Hamburg
DHRC	Magdeburg	Hamburg
DEPW	Magnet	Hamburg
DGUR	Magret-Inge	Hamburg
DIEK	Mailand	Hamburg
DHMA	Mai Rickmers	Hamburg
DKMF	Main	Duisburg-Ruhrort
DIGS	Mainz	Hamburg
DJZH	Maja	Lübeck
DEAI	Maja	Bremen
DDDL	Makrele	Lübeck-Travemünde
DIFF	Malaga	Hamburg

Unterscheidungssignale	Namen der Schiffe	Heimathafen der Schiffe
DEOC	Malangen	Bremerhaven
DJRH	Mamsell	Kiel
DHKI	Mandan	Hamburg
DGWY	Mandus	Hamburg
DANK	Mannheim	Bremerhaven
DAHU	Marburg	Hamburg
DALV	Marcus Bischoff	Hamburg
DGUT	Marga	Hamburg
DJMR	Marga	Maasholm
DHCP	Marga Henning	Hamburg
DEAJ	Marga Kiepe	Bremen
DIEA	Margaret C. Ertel	Hamburg
DFSW	Margareta	Assel
DJUU	Margarete	Kiel
DGZF	Margarete Peters	Hamburg
DCLU	Margaretha	Haren/Ems
DFWX	Margaretha	Stade
DFWY	Margaretha	Gauensiek
DFWZ	Margaretha	Krautsand
DGUU	Margaretha	Hamburg
DGUW	Margaretha	Hamburg
DIOG	Margaretha Bischoff	Hamburg
DDHZ	Margarethe	Brake
DJXL	Margarethe	Lübeck-Schlutup
DKCQ	Margarethe III	Lübeck-Travemünde
DHKK	Margarethe Reckmann	Hamburg
DGVE	Margit	Hamburg-Finkenwerder
DDLZ	Margitta J	Elsfleth
DESF	Margot Jacobs	Brake
DCNV	Magret Byl	Borkum
DFID	Margretha	Ostrhauderfehn
DFMV	Margrit	Cuxhaven
DAQQ	Mari	Hamburg
DCLW	Maria	Haren/Ems
DCLX	Maria	Haren/Ems
DFXB	Maria	Abbenfleth
DDIA	Maria	Barssel
DGVF	Maria	Brake
DJQD	Maria	Heikendorf
DJUD	Maria	Kiel
DCIX	Maria Anna Schulte	Emden
DABM	Maria Althoff	Flensburg
DCLY	Maria Christina	Haren/Ems
DFXC	Maria Dorothea	Assel
DCLZ	Maria Elfring	Haren/Ems
DCMA	Maria Elise	Haren/Ems
DJBA	Maria Elise	Flensburg
DJQO	Maria Fr. Joerk	Hamburg
DENC	Maria Karola	Duisburg
DCDB	Maria-Lena	Haren/Ems
DAJZ	Maria Nibbe	Hamburg
DAKD	Maria Russ	Hamburg
DCWA	Maria Schulte	Hamburg

Unterscheidungssignale	Namen der Schiffe	Heimathafen der Schiffe
DENT	Maria von Jever	Bremerhaven
DECP	Mariaeck	Bremen
DJLO	Mariana	Büsum
DEGN	Mariann	Bremen
DADC	Marianne	Hamburg
DGVO	Marianne	Hamburg
DHMZ	Marianne	Hamburg
DGVN	Marianne	Brake
DJAV	Marianne C	Flensburg
DGVR	Marido	Hamburg
DCGJ	Marie	Haren/Ems
DCME	Marie	Leer
DFXE	Marie	Ritsch/Kehd.
DGVS	Marie	Hamburg
DGVT	Marie	Hamburg
DICE	Marie	Hamburg
DJIG	Marie	Husum
DJZA	Marie	Elsfleth
DGVQ	Marieanne	Hamburg
DIZD	Marie Both	Glückstadt
DIGP	Marie Boettger	Hamburg
DIUJ	Marie-Eleonore	Helgoland
DGRB	Marie-Elise	Flensburg
DGVH	Marie-Gisela	Hamburg
DCMG	Marie-Hermine-Elise	Ditzum
DAKO	Marie Horn	Hamburg
DAFV	Marie Leonhardt	Hamburg
DGFR	Marie-Louise Haltermann	Hamburg
DIPX	Marie Lehmann	Lübeck
DAPC	Marie-Luise	Emden
DJTZ	Marie-Luise	Strande
DICI	Marie Rüsch	Hamburg
DDLM	Marie Schwinge	Brake
DINE	Marie Steffens	Hamburg
DJBL	Marie Ursula	Flensburg
DJEY	Mariechen	Kappeln
DJZB	Mariechen	Heiligenhafen
DGRC	Mariechen II	Hamburg
DCMH	Mar. B. R. Schlichting	Norddeich
DLBH	Marienfels	Bremen
DFIG	Marion	Cuxhaven
DGZV	Marion-Petera	Cuxhaven
DDON	Marivia	Bremen
DFMO	Mark Brandenburg	Cuxhaven
DGHY	Marina	Hamburg
DHDJ	Marita	Haren/Ems
DGMQ	Marita-R.	Hamburg
DDLX	Marken	Brake
DDLL	Marlies	Brake
DESP	Marlies	Bremerhaven
DECS	Marmara	Bremen
DCFT	Mars	Warsingsfehn
DJEA	Mars	Büsum
DIJW	Marschenland	Hamburg

Unterscheidungssignale	Namen der Schiffe	Heimathafen der Schiffe
DIXP	Marta	Elmshorn
DGWH	Martha	Hamburg
DGWI	Martha	Hamburg
DIBD	Martha	Hamburg-Finkenwerder
DJIO	Martha	Hamburg
DCMI	Martha	Leer
DCUZ	Martha	Emden
DGWM	Martha Ahrens	Hamburg
DGWN	Martha Christine	Hamburg
DJTC	Martha Elfriede	Kiel
DGNB	Martha Friesecke	Hamburg
DFXN	Martha Jacobs	Brake
DHFC	Martha Russ	Hamburg
DCKH	Martina	Haren/Ems
DJUA	Martin	Heikendorf
DGFF	Martin Friedrichs	Hamburg
DHLG	Martin Lütje	Hamburg
DIHF	Marwa	Hamburg
DFXG	Mary	Königreich
DGWQ	Mary	Hamburg
DCKS	Mary Nübel	Emden
DGWR	Matador	Hamburg
DHIN	Matador	Hamburg
DGWS	Matador	Rendsburg
DGWT	Matador II	Hamburg
DDIC	Mathilde	Brake
DIBR	Mathilde	Hamburg
DFXH	Mathilde	Wischhafen
DAJE	Mathilde Bolten	Hamburg
DHJE	Matthias Föcher	Hamburg
DFAK	Max	Bremerhaven
DGWX	Max	Wyk/Föhr
DEFV	Max Arlt	Bremen
DAHL	Max Brauer	Hamburg
DFAG	Max Gundelach	Bremerhaven
DETT	Max Sieghold	Bremerhaven
DGNP	Maya	Hamburg
DEQA	Mechthild	Bremerhaven
DEFP	Mecklenburg	Bremen-Vegesack
DGKN	Medem	Hamburg
DGJQ	Mehe	Hamburg
DGUM	Mehetal	Hamburg
DARA	Meiendorf	Hamburg
DDBX	Meike	Möltenort
DDOT	Meise	Bremen-Vegesack
DGOH	Melanie	Hamburg
DKJT	Melilla	Hamburg
DCBO	Melior	Haren/Ems
DKMT	Melitta	Burgstaaken a. Fehmarn
DCSS	Mellum	Emden
DDAI	Mellum	Varel
DERN	Mellum	Bremerhaven
DLDM	Mellum	Bremen
DLDX	Mellum	Bremen

Unterscheidungssignale	Namen der Schiffe	Heimathafen der Schiffe
DKKO	Memel	Niendorf
DGXA	Memelland	Hamburg
DKMA	Mercator	Walsum
DIBK	Mercur	Flensburg
DGXB	Meridian	Brake
DJDD	Merkur	Flensburg
DGXC	Merkur	Hamburg
DFXI	Merkur	Freiburg/Elbe
DLAY	Merkurius	Bremen
DHMG	Messina	Hamburg
DGXD	Meta	Hamburg
DGXE	Meta	Hamburg
DHFN	Meta	Elsfleth
DFXJ	Meta Adele	Gauensiek
DGXH	Meta-Grete	Hamburg
DGXI	Meta Holst	Hamburg-Finkenwerder
DGXK	Meta Schröder	Hamburg-Finkenwerder
DGVP	Meta Ohle	Hamburg
DCKJ	Meteor	Norderney
DCMQ	Meteor	Bensersiel
DEQM	Meteor	Schulau
DGXL	Meteor	Hamburg
DJLG	Meteor	Husum
DJDH	Meteor II	Hamburg
DABT	Methan	Hamburg
DIFY	Michael M.	Hamburg
DIIZ	Michel	Hamburg
DDRF	Midlum	Bremen
DDSE	Mieke Legenhausen	Bremen
DGAN	Mikado	Hamburg
DIJA	Mikado II	Hamburg
DIKK	Millerntor	Hamburg
DDUV	Milos	Bremen
DDOV	Mime	Bremen-Vegesack
DDFP	Mimi	Brake
DGXO	Mimi	Hamburg
DJCI	Mimi Horn	Glückstadt
DCMS	Minchen	Haren/Ems
DEGG	Minden	Bremen
DFNR	Minden	Cuxhaven
DCMT	MinDir. Streil	Emden
DAHO	Minerva	Bremen
DGXP	Minna	Hamburg
DGXR	Minna Catharina	Hamburg
DGXS	Minna Marie	Hamburg
DABX	Minna Schupp	Hamburg
DAHA	Minou	Hamburg
DIGD	Miranda	Hamburg
DJEB	Miranda	Büsum
DIYU	Mittelriff	Schulau
DGAC	Moana	Orth/Fehmarn
DKCR	Mobil	Lübeck
DHKR	Mobil Oil 6	Hamburg
DDOH	Modag Lübeck	Lübeck-Travemünde

Unterscheidungssignale	Namen der Schiffe	Heimathafen der Schiffe
DEUM	Mönchen-gladbach	Bremerhaven
DJUC	Möltenort	Kiel
DHEH	Mönkeberg	Hamburg
DJPK	Mönkeberg	Kiel
DIFZ	Mönkedamm	Hamburg
DJFI	Möve	Maasholm
DDUB	Möwe	Bremen
DDIH	Möwe	Brake
DDII	Möwe	Duisburg
DAHQ	Möwe	Hamburg
DGXV	Möwe	Hamburg
DJZF	Möwe	Hamburg
DCMY	Möwe	Haren/Ems
DJRG	Möwe	Laboe
DJWP	Möwe II	Lübeck-Travemünde
DGLO	Mojenhörn	Hamburg
DAMK	Mok Wi	Hamburg
DJBV	Mona Rosa	Flensburg
DEUN	Mond	Bremerhaven
DDMJ	Moni	Brake
DGXX	Monica	Warsingsfehn
DKEX	Monica Parchmann	Bremen
DIUN	Monika	Heikendorf
DGPP	Monsun	Hamburg
DINK	Montan	Hamburg
DGVX	Montania	Hamburg
DGPO	Morian	Uetersen
DHJZ	Morsum	Rendsburg
DCBD	Mosel	Duisburg-Ruhrort
DFAZ	Mosel	Bremerhaven
DEDR	Moselstein	Bremen
DIHA	Mossel Bay	Hamburg
DIZN	Mühlenau	Pinneberg
DAPR	Mülheim-Ruhr	Hamburg
DAGY	München	Hamburg
DFNX	München	Cuxhaven
DCNB	Münster	Emden
DJDK	Münster	Flensburg
DAOK	Münsterland	Hamburg
DDKR	Münsterland	Barssel
DJDA	Mürwik	Flensburg
DGXZ	Mulli	Hamburg
DGOG	Muschelgrund	Hamburg-Finkenwerder
DGYA	Muschi	Hamburg-Finkenwerder
DCND	Muttersegen	Haren/Ems
DEBN	Nabob	Bremen
DDTJ	Nabstein	Bremen
DEAA	Naguilan	Bremen
DDRB	Najade	Bremen
DGPF	Nanna	Hamburg
DGFA	Nanni Russ	Hamburg
DGOO	Natal	Hamburg

Unterscheidungssignale	Namen der Schiffe	Heimathafen der Schiffe
DEQD	Nation	Bremerhaven
DGEK	Naumburg	Hamburg
DDTS	Nautilus	Bremen
DJUG	Navajo VI	Kiel
DKJB	Navico I	Hamburg
DIHH	Navico III	Hamburg
DIHT	Navico IV	Hamburg
DJWW	Navico V	Lübeck
DKME	Neckar	Duisburg-Ruhrort
DEDG	Neckarstein	Bremen
DLBP	Neidenfels	Bremen
DIMN	Nelly Haltermann	Hamburg
DENK	Nenadou	Düsseldorf
DCUV	Neptun	Borkum
DETA	Neptun	Bremerhaven
DEBS	Neptun	Bremen
DJBU	Neptun	Flensburg
DKJW	Neptun	Burgstaaken
DETI	Neptun III	Niendorf
DGYD	Neptunes	Hamburg
DGQH	Nereus	Hamburg
DGTX	Nerissa	Hamburg
DGBV	Ness	Hamburg
DINL	Nessand	Hamburg
DGYE	Nessdiek	Hamburg-Finkenwerder
DHFI	Nesserland	Hamburg
DJUI	Nesshörn	Kiel
DANO	Nesshuk	Hamburg-Finkenwerder
DEDQ	Nestor	Bremen
DKKH	Nettelbeck	Laboe
DJPU	Neuende	Hamburg
DGYF	Neuenfelde	Hamburg
DLCA	Neuenfels	Bremen
DERL	Neuharlingersiel	Bremerhaven
DKKT	Neukuhren	Niendorf
DJTN	Neumünster	Kiel
DEUF	Neuwerk	Niendorf
DHOF	Neuwerk	Hamburg
DGAQ	Neuwied	Hamburg
DIFS	Nicola	Bremerhaven
DGYG	Niederelbe	Hamburg
DEPQ	Niederelbe	Hamburg-Finkenwerder
DHRR	Niedermehnen	Hamburg
DKMD	Niederrhein	Duisburg-Ruhrort
DAHW	Niedersachsen	Bremerhaven
DEAB	Niedersachsen	Bremen
DGYH	Niedersachsen	Hamburg
DHMQ	Niedersachsen	Hamburg
DANP	Niedersachsen	Cuxhaven
DEGI	Nienburg	Bremen
DAMV	Niendorf	Hamburg
DFIO	Nige Oge	Neufeld

Unterscheidungssignale	Namen der Schiffe	Heimathafen der Schiffe
DHRD	Nigeria	Hamburg
DAJT	Nikolaus	Hamburg
DGYI	Niobe	Hamburg
DGYJ	Niobe	Hamburg
DEQU	Nixe	Hamburg-Finkenwerder
DGYK	Nixe	Hamburg
DHOM	Njörd	Lübeck
DGYL	Nobiskrug	Hamburg
DHKW	Nobistor	Hamburg
DJMH	Nöck	Kappeln/Schlei
DLBY	Nora Hugo Stinnes	Bremen
DIJO	Nord	Hamburg
DKLJ	Nordcap	Lübeck-Travemünde
DCNG	Norden	Varelerhafen
DGYM	Norden	Hamburg
DIPW	Nordenfeld	Hamburg
DAIG	Nordenham	Cuxhaven
DHKX	Nordenham	Hamburg
DEQV	Nordenham	Bremerhaven
DESL	Nordenham	Bremerhaven
DLBS	Nordenham	Bremen
DHAU	Norderhever	Pellworm
DEUV	Norderau	Bremerhaven
DFXK	Norderelbe	Hamburg
DGGO	Norderelbe II	Hamburg
DJNL	Norderholm	Kiel
DAIC	Norderney	Hamburg
DCFK	Norderney	Emden
DDOY	Norder Till	Bremen
DJBM	Nordfriesland	Wyk/Föhr
DJFL	Nordfriesland	Nordstrand
DIJK	Nordkap	Hamburg
DKFV	Nordkyn	Rendsburg
DDUZ	Nordland	Bremen
DECQ	Nordland	Bremen
DEQG	Nordland	Hamburg
DHAJ	Nordland	Hamburg
DJWB	Nordland	Lübeck
DKBU	Nordland	Niendorf
DGCI	Nordland I	Wyk/Föhr
DFIQ	Nordlicht	Cuxhaven
DGZZ	Nordlicht	Hamburg
DHRX	Nordlicht	Hamburg
DJLB	Nordlicht	Büsum
DKEL	Nordlicht	Burgstaaken
DCLV	Nordlicht	Greetsiel
DCBX	Nordmark	Norddeich
DJPX	Nordmark	Eckernförde
DGYP	Nordmark	Hamburg
DIGH	Nordmeer	Hamburg
DJSE	Nordmeer	Neustadt/Holst.
DJHX	Nordmeer	Büsum
DJNB	Nordmeer	Burgstaaken
DCKR	Nordsee	Norddeich
DEAU	Nordsee	Bremerhaven
DERF	Nordsee	Bremerhaven
DFAB	Nordsee	Bremerhaven
DIXH	Nordsee	Schulau
DAIH	Nordstern	Bremerhaven
DCNN	Nordstern	Bensersiel
DGYQ	Nordstern	Hamburg-Finkenwerder
DEPR	Nordstern	Bremerhaven
DGZL	Nordstern	Hamburg
DIML	Nordstern	Hamburg
DJPY	Nordstern	Eckernförde
DJZL	Nordstern	Lübeck-Travemünde
DHNH	Nordstrand	Hamburg
DCNH	Nordstrom	Norddeich
DIPQ	Nordwald	Hamburg
DJKV	Nordwest	Maasholm
DACC	Nordwind	Hamburg
DGYT	Nordwind	Hamburg
DKEZ	Nordwind	Rendsburg
DCAZ	Norfa	Düsseldorf
DHMX	Norrland	Hamburg
DITT	Nova	Stade
DDPS	Novia	Bremen
DDRS	Nr. 2	Hamburg
DDRX	Nr. 12	Bremen
DDRW	Nr. 13	Bremen
DDPE	Nr. 129	Bremen
DDRM	Nr. 134	Bremen
DDPL	Nr. 153	Bremen
DDPM	Nr. 156	Bremen
DDPN	Nr. 157	Bremen
DDPR	Nr. 163	Bremen
DDPU	Nr. 168	Bremen
DDPV	Nr. 169	Bremen
DDPW	Nr. 170	Bremen
DDPX	Nr. 171	Bremen
DFAM	Nürnberg	Bremerhaven
DETW	Nymphe	Hamburg-Finkenwerder
DGYS	Nymphe	Wilhelmshaven
DIAH	Oberg	Hamburg
DCAT	Oberhausen	Duisburg-Ruhrort
DKFH	Obereider	Rendsburg
DDMT	Ochtum	Bremen
DLCD	Ockenfels	Bremen
DLBU	Octavia	Bremen
DHOE	Odenwald	Hamburg
DKLS	Oderbank	Burgstaaken
DGGT	Odin	Kiel
DCNT	Odin	Haren/Ems
DCVZ	Odin	Emden
DIVB	Odin	Glückstadt
DJYY	Odin IV	Lübeck-Travemünde
DART	Oel-Früh II	Hamburg
DIJI	Oelsauger II	Hamburg

Unter-scheidungs-signale	Namen der Schiffe	Heimathafen	Unter-scheidungs-signale	Namen der Schiffe	Heimathafen
DIBT	Oetje	Oldenburg	*DHIO*	Otto Schubert	Hamburg
DDTB	Okertal	Bremen	*DAKX*	Otto Springorum	Hamburg
DDTO	Oktant	Bremen	*DGWW*	Ozean	Hamburg
DIZI	Olaf	Hamburg	*DDOQ*	Paderborn	Bremen
DJFM	Ol Büsum	Büsum	*DLCY*	Pagenturm	Bremen
DDPY	Oldenburg	Bremen-Vegesack	*DHMV*	Palermo	Hamburg
DGIZ	Oldenburg	Hamburg	*DJCZ*	Pallas	Flensburg
DHLA	Oldenburg	Hamburg	*DLAS*	Pallas	Bremen
DENH	Olga Scheu	Duisburg-Ruhr-	DGZD	Pallos	Hamburg
		ort	DGFI	Palmyra	Hamburg
DJQG	Olhörn	Kiel	*DIQF*	Palmyra	Hamburg
DHQS	Onabe	Hamburg	*DJKH*	Paloma	Büsum
DDPJ	Onkel Fidi	Bremen	*DILP*	Parthenon	Hamburg
DIFP	Ophelia	Hamburg	*DGRQ*	Partner	Hamburg
DAKM	Optimist	Hamburg	*DILV*	Pasajes	Hamburg
DJAY	Orange Star	Wyk/Föhr	DAJB	Passat	Hamburg
DANS	Orange Sun	Hamburg	*DKEG*	Passat	Lübeck
DCNU	Orion	Westrhauderfehn	*DIDU*	Passau	Bremerhaven
DDMP	Orion	Fedder-	DIMF	Patricia	Hamburg
		wardersiel	*DHER*	Paul	Hamburg
DGYX	Orion	Hamburg	*DFXL*	Paul Gährs	Estebrügge
DIVC	Orion	Burg/Dithm.	*DHHR*	Paul Lübcke	Hamburg
DJFQ	Orion	Büsum	*DIIQ*	Paul Rickmers	Hamburg
DJZN	Orion	Hamburg	*DCEA*	Paul Rosenberg	Emden
DHAM	Orion II	Hamburg	*DHOT*	Paula	Hamburg
DILX	Ortrud Müller	Hamburg	*DETS*	Paula	Heiligenhafen
DIOP	Oscar Mathies	Hamburg	DKDY	Paula Helling	Niendorf
DGOS	Osiris	Hamburg	*DIFA*	Paula Rahmann	Hamburg
DAIN	Oskar Schulze	Bremerhaven	DJKG	Paulina	Büsum
DESQ	Osnabrück	Bremerhaven	*DDQA*	Pax	Bremen
DAIP	Ossian	Hamburg	*DIBH*	Pazifik	Hamburg
DKLR	Ostbries	Haffkrug	*DIZE*	P. C. Asmussen	Elmshorn
DFTA	Oste	Stade	*DHBK*	Pegasus I	Hamburg
DJBN	Oste	Wyk/Föhr	DCDX	Pelikan	Greetsiel
DGHL	Oste	Hamburg	*DIES*	Pellworm	Hamburg
DHQW	Oste	Hamburg	DJJL	Pellworm	Pellworm
DCHM	Osterems	Greetsiel	DJJM	Pellworm	Pellworm
DIRX	Ostetal I	Hamburg	*DAID*	Pentelikon	Hamburg
DECV	Ostertor	Bremen	*DHGP*	Pergamon	Hamburg
DCNM	Ostfrisland	Borkum	*DIGN*	Perikles	Hamburg
DCNW	Ostfriesland	Juist	*DDMX*	Perikles	Bremen
DCVQ	Ostfriesland	Leer	DCOC	Perle	Carolinensiel
DHOJ	Ostpreußen	Hamburg	*DDNJ*	Perseus	Bremen
DJWZ	Ostpreußen	Heiligenhafen	*DESC*	Perseus	Bremerhaven
DGZC	Ostsee	Hamburg	*DHOU*	Perseus	Hamburg
DJZP	Ostwacht	Burg/Fehmarn	*DJZQ*	Perseus	Burgstaaken
DGBO	Othmarschen	Hamburg	DFXM	Persia	Dornbusch
DGUY	Otma	Hamburg-Cranz	DDAG	Peter	Varel
DGHU	Ottensen	Hamburg	DFXO	Peter	Ritsch/Kehd.
DCNZ	Ottina	Haren/Ems	DHIQ	Peter	Hamburg
DCUS	Otto	Haren/Ems	DJTF	Peter	Lübeck
DGXY	Otto	Hamburg	DANQ	Peter August	Hamburg
DCES	Otto Bolte	Emden	*DIAE*	Peter Frese	Hamburg
DACH	Otto Harms	Hamburg	*DIYQ*	Peter Meyer	Uetersen
DIBP	Otto Kamm II	Hamburg	*DHAC*	Peter S	Hamburg
DCWS	Otto Nübel	Emden	*DAIT*	Peter Schlack	Hamburg
DHKT	Otto Porr	Hamburg	*DEUD*	Peter von Danzig	Lübeck-
DCUC	Otto Schepers	Haren/Ems			Travemünde

Unterscheidungssignale	Namen der Schiffe	Heimathafen der Schiffe
DCCW	Peter Wessels	Emden
DHNU	Petra	Hamburg
DKQX	Petra	Kiel
DGZJ	Petrolina	Hamburg
DCSJ	Petschili	Bremen
DKBK	Pfadfinder	Niendorf
DLDC	Phönix	Bremen
DLDH	Phönizien	Bremen
DGBH	Pickhuben	Hamburg
DJMO	Pidder Lüng	Hallig Hooge
DETE	P. J. Marwitz	Hamburg
DJTO	Pillau	Heikendorf
DHPI	Pinguin	Hamburg
DGZK	Pinnau	Hamburg
DHCQ	Pionier	Bensersiel
DCTW	Pionier II	Emden
DIIR	Piräus	Hamburg
DEFS	Pirol	Bremen
DCEJ	Pirola	Warsingsfehn
DKMM	Pirola	Lübeck-Travemünde
DGPJ	Plan	Hamburg
DIOH	Planet	Hamburg
DIKB	Plato	Hamburg
DLDO	Pluto	Bremen
DDRG	Poel	Hamburg
DAQO	Pöseldorf	Hamburg
DFTH	Pohlmann II	Assel
DFUC	Pohlmann 3	Assel
DGZR	Polaris	Hamburg
DGZS	Polarstern	Hamburg
DINQ	Polaris	Hamburg
DJZS	Polchow	Lübeck
DEDO	Pollux	Bremen
DHEL	Pollux	Oldersum
DETL	Pollux	Lübeck-Travemünde
DHLJ	Pollux	Hamburg
DJBG	Pollux	Flensburg
DHAD	Pollux III	Hamburg
DADX	Pommern	Bremerhaven
DEFR	Pommern	Bremen-Vegesack
DJCA	Pommern	Flensburg
DGZT	Portia	Hamburg
DHRJ	Porto	Hamburg
DIJJ	Portunus	Hamburg
DHRI	Poseidon	Hamburg
DFIZ	Präsident Freiherr von Maltzahn	Cuxhaven
DLDR	Praunheim	Bremen
DGZU	Preciosa	Amrum
DJZU	Pregel	Hamburg
DEUP	Preußen	Bremerhaven
DJZV	Preußen	Lübeck-Travemünde
DALN	Priamus	Hamburg

Unterscheidungssignale	Namen der Schiffe	Heimathafen der Schiffe
DLBC	Priamus	Bremen
DCDH	Prinz Homburg	Emden
DDQV	Prospekta	Bremen
DDOE	Proteus	Bremen
DHOC	Proteus	Hamburg
DHKS	Puck	Bremen
DJMG	Puck	Kappeln/Schlei
DDTC	Pylades	Bremen
DICV	Quadrivium	Hamburg
DIIY	Quartett	Hamburg
DIBZ	Quartole	Hamburg
DIZA	Quellental	Pinneberg
DGVD	Queen II	Hamburg
DCOJ	Quo Vadis	Haren/Ems
DIKI	Quo vadis	Hamburg
DHLQ	Rabat	Hamburg
DLCR	Rabenfels	Bremen
DEEO	Raffelberg	Bremen
DETP	Rainer Falko	Lübeck
DEBO	Rainer Parchmann	Bremen
DFNZ	Ramona	Cuxhaven
DKFA	Rantum	Rendsburg
DICD	Ratzeburg	Hamburg
DIKN	Ravensberg	Hamburg
DLAA	Ravenstein	Bremen
DFTV	Rebena	Stade
DGRP	R. C. Rickmers	Hamburg
DAEA	Reeperbahn	Hamburg
DENR	Regensburg	Bremerhaven
DEED	Regenstein	Bremen
DCOL	Regina	Haren/Ems
DDIP	Regina	Brake
DKLD	Regina	Lübeck
DKAT	Regina I	Heiligenhafen
DDLC	Regine	Brake
DAPM	Regulus	Bremerhaven
DFAF	Regulus	Bremerhaven
DHOG	Rehhorst	Hamburg
DLCT	Reichenfels	Bremen
DLAU	Reifenstein	Bremen
DCOO	Reimar	Haren/Ems
DCVS	Reimar Edzard Fritzen	Emden
DGZY	Reina	Hamburg
DCOP	Reinhard	Haren/Ems
DEPN	Reinhard	Cuxhaven
DGMO	Reinhard I	Hamburg
DGXT	Reinhard Danz	Hamburg
DHPK	Reinhart Lorenz Russ	Hamburg
DCOQ	Reinhold	Haren/Ems
DKFF	Reinhold Krusemark	Rendsburg
DGIE	Reint	Hamburg
DAGG	Remag II	Hamburg
DERY	Remscheid	Hamburg
DLAH	Renata Schröder	Bremen

Unterscheidungssignale	Namen der Schiffe	Heimathafen der Schiffe
DFZY	Renate	Stade
DKGQ	Renate	Kiel
DKLN	Renate	Niendorf
DFTP	Renate Becker	Stade
DDMR	Renate Retzlaff	Bremen
DJUH	Rendsburg	Kiel
DJZW	Reni	Eckernförde
DCOS	Res Nova	Haren/Ems
DDPF	Rhauderfehn	Bremen
DCAR	Rhein	Duisburg-Ruhrort
DLCN	Rheinfels	Bremen
DIVK	Rheingold	Hamburg
DAQH	Rheinland	Hamburg
DCOT	Rheinland	Emden
DAJG	Rheinland	Bremen-Vegesack
DHHM	Rheinland	Hamburg
DCKU	Rheinstahl	Emden
DDUN	Rheinstein	Bremen
DAJN	Rhenania	Hamburg
DHLI	Ria F.	Hamburg
DJVU	Rita	Arnis/Schlei
DETV	Richard Kaselowsky	Bremerhaven
DHBO	Richard Kaselowsky	Hamburg
DGYB	Richard Strauss	Hamburg
DEEG	Riederstein	Bremen
DCKB	Riff	Hamburg
DDDJ	Rita	Kiel
DFGK	Rita	Munkmarsch/Sylt
DHJB	Rita	Hamburg
DIKY	Rita Bartels	Hamburg
DFTO	Rita Holst	Stade
DFWG	Ro. 14	Hamburg
DCTJ	Robbe	Norden
DDNA	Robbe	Bremen
DHGU	Robert Bornhofen	Hamburg
DEES	Robert Meyhoefer	Bremen
DIFD	Rodenbek	Hamburg
DDKY	Rodenkirchen	Strohausen
DEUX	Rogge I	Bremerhaven
DEUY	Rogge XVII	Bremerhaven
DEUZ	Rogge XVIII	Bremerhaven
DEUH	Roland	Bremerhaven
DHAB	Roland	Hamburg
DJUE	Roland	Kiel
DIEQ	Roland II	Hamburg
DHLL	Roland Essberger	Hamburg
DIAU	Roland Russ	Hamburg
DFHS	Roland von Wedel	Schulau
DETH	Rolano	Schulau
DHRT	Rolf	Hamburg
DCVA	Rolf	Haren/Ems
DFZW	Rolf Behrmann	Krautsand
DJBO	Rolf Verhey	Dagebüll
DACO	Rolf Viking	Hamburg
DFLS	Ronald	Hamburg
DLBM	Roseneck	Bremen
DANT	Rosengarten	Hamburg-Finkenwerder
DIYP	Rosita Maria	Lübeck
DKAA	Roswitha	Neustadt/Holst.
DLCX	Rotenfels	Bremen
DEQE	Rotersand	Bremerhaven
DKBC	Rotersand	Lübeck
DDMA	Rotesand	Brake
DDOP	Rotesand	Bremen
DLAK	Rothenstein	Bremen
DDLY	Rowold	Oldenburg
DIAY	Rudgert Vinnen	Bremen
DKHK	Rudi Klaus	Großenbrode
DJKS	Rudolf Engels	Büsum
DKKR	Rudolf-Hermann	Heiligenhafen
DILW	Rudolf Karstens	Hamburg
DHFQ	Rudolf Oetker	Hamburg
DCUM	Rudolf Schepers	Haren/Ems
DCDN	Rudolph Wendt	Leer
DHAF	Rügen	Flensburg
DHIB	Rügen	Hamburg
DHRU	Rügen	Hamburg
DFJC	Rügen	Cuxhaven
DKBD	Rügen	Neustadt/Holst.
DJCC	Rüm Hart	Wyk/Föhr
DKEB	Rüm Hart	Seester
DKFY	Rugard	Büsum
DCNC	Rula	Haren/Ems
DFXR	Ruhr	Bützfleth
DCAU	Ruhr	Duisburg-Ruhrort
DADB	Ruhr	Hamburg
DCAV	Ruhrort	Duisburg-Ruhrort
DEAL	Ruhrstein	Bremen
DJBP	Rungholt	Wyk/Föhr
DJII	Rungholt	Husum
DIPT	Rungholt	Cuxhaven
DGQI	Ruth	Hamburg
DJTI	Ruth	Bremerhaven
DFZE	Ruth-Dieter	Stade
DFNW	Saar	Cuxhaven
DKML	Saar	Duisburg-Ruhrort
DERT	Saarbrücken	Bremerhaven
DAJL	Saarland	Bremen-Vegesack
DHBC	Saarland	Hamburg

Unterscheidungssignale	Namen der Schiffe	Heimathafen der Schiffe
DDUX	Saarstein	Bremen
DFRP	Sabine	Uetersen
DJSP	Sabine	Kiel
DAET	Sabine Howaldt	Hamburg
DDOW	Sabratha	Bremen
DEFK	Sachsen	Bremen-Vegesack
DFKU	Sachsen	Cuxhaven
DEPC	Sägefisch	Bremerhaven
DENP	Sagitta	Bremerhaven
DION	Sagitta	Hamburg
DGYZ	Sahlenburg	Cuxhaven
DCOY	Salva Nos	Haren/Ems
DEUG	Salzburg	Bremerhaven
DKLX	Samland	Niendorf
DEQJ	Sancta Maria	Schulau
DCFX	Santa Maria	Haren/Ems
DCUL	St. Antonius	Haren/Ems
DHNA	Sankt Johann	Hamburg
DCPX	St. Joseph	Haren/Ems
DGJW	St. Magnus	Bremen
DGAU	Sankt Marien	Hamburg
DIAJ	St. Michael	Hamburg
DESB	St. Monika	Haren/Ems
DCPY	St. Nikolaus	Haren/Ems
DIDD	St. Patrick	Lübeck
DACW	St. Pauli	Hamburg
DHNL	Santa Elena	Hamburg
DHQR	Santa Isabel	Hamburg
DIGE	Santa Rita	Hamburg
DIGW	Santa Rosa	Hamburg
DHMP	Santa Ursula	Hamburg
DHRK	Sarrius	Hamburg
DFJD	Sathurn	Helgoland
DDCM	Saturn	Kiel
DEUL	Saturn	Bremerhaven
DIKM	Saturn	Hamburg
DIWU	Saxnot	Glückstadt
DCAP	Scharhörn	Düsseldorf
DGFY	Schauenburg	Hamburg
DGAD	Scheersberg	Hamburg
DEOT	Schellfisch	Bremerhaven
DKQJ	Schilksee	Kiel
DHAN	Schlei	Hamburg
DKRH	Schlei	Kiel
DEFM	Schlesien	Bremen-Vegesack
DFKS	Schlesien	Cuxhaven
DDST	Schleswig	Bremen-Vegesack
DJAM	Schleswig	Flensburg
DKRD	Schleswig	Kiel
DJBJ	Schleswig-Holstein	Wyk/Föhr
DJDF	Schleswig-Holstein	Flensburg
DJOA	Schleswig-Holstein	Kiel
DLDG	Schönfels	Bremen
DGOA	Schürbek	Hamburg
DESW	Schütting	Bremerhaven
DLAB	Schütting	Bremen
DAEM	Schulau	Hamburg
DAIM	Schulau	Hamburg
DDJT	Schulschiff Deutschland	Oldenburg
DFLL	Schwaben	Cuxhaven
DEDS	Schwabenstein	Bremen
DHAP	Schwalbe	Hamburg
DHAR	Schwalbe	Hamburg-Finkenwerder
DHAQ	Schwalbe	Hamburg
DJDX	Schwalbe	Büsum
DJTB	Schwalbe	Eckernförde
DCOZ	Schwalbe	Wyk/Föhr
DJUV	Schwalbe	Kiel
DIYF	Schwalbe	Lägerdorf
DLBB	Schwalbe	Bremen
DHAS	Schwalbe II	Hamburg
DKHM	Schwalbenberg	Heikendorf
DJQI	Schwan	Lübeck-Travemünde
DJUW	Schwan	Neumühlen/Kiel
DJVD	Schwan II	Kiel
DDMU	Schwaneck	Bremen
DEDK	Schwanheim	Bremen
DAGT	Schwarzenbek	Hamburg
DDPZ	Schwarzenfels	Bremen
DJCX	Schwennau	Flensburg
DJUX	Schwentine	Neumühlen
DJVN	Schwentine	Kiel
DCFS	Schwimmkran II	Leer
DFZX	Schwinge	Stade
DIAF	Schwinge	Hamburg
DANY	Seeadler	Hamburg-Finkenwerder
DCNI	Seeadler	Norderney
DCPF	Seeadler	Emden
DDIU	Seeadler	Brake
DFXS	Seeadler	Wischhafen
DHKC	Seeadler	Hamburg
DJOO	Seeadler	Kiel
DJQK	Seeadler	Hamburg
DKAH	Seeadler	Maasholm
DKEH	Seeadler	Lübeck-Travemünde
DKEI	Seeadler	Niendorf
DKJZ	Seeadler	Niendorf
DKLE	Seeadler	Heikendorf
DDOG	Seebär	Bremen
DEEY	Seeclipper	Bremen
DJEZ	Seeburg	Tönning
DJFT	Seedüwel	Maasholm
DDSR	Seefalke	Bremerhaven
DEGY	Seefalke	Bremen
DGST	Seefalke	Hamburg

Unterscheidungssignale	Namen der Schiffe	Heimathafen der Schiffe
DHAW	Seefalke	Hamburg
DHPD	Seefalke	Hamburg
DJFG	Seefalke I	Büsum
DGBW	Seefalke III	Hamburg-
DCCA	Seehund	Norddeich
DJMK	Seehund	Maasholm
DKKI	Seelöwe	Timmendorfer Strand
DFNH	Seelotse	Cuxhaven
DETJ	Seelust	Heikendorf
DCPM	Seelust	Spiekeroog
DKJS	Seemöve	Burgstaaken
DHAY	Seemöve	Hamburg
DHAZ	Seemöve	Hamburg
DKDS	Seemöve	Lübeck-Travemünde
DFJL	Seemöwe	Cuxhaven
DIYS	Seerose	Schulau
DKAE	Seerose	Heiligenhafen
DIVS	Seerose II	Neufeld
DFNS	Seeschwalbe	Cuxhaven
DKAK	Seeschwalbe	Lübeck
DFJO	Seestern	Cuxhaven
DHBA	Seestern	Kiel
DIVU	Seestern	Burg/Dithm.
DJRI	Seestern	Heikendorf
DKKJ	Seestern	Niendorf
DJAQ	Seestern II	Kiel
DFKZ	Seeteufel	Bremen
DDLB	Seetramper	Bremen
DKMV	Seewolf	Lübeck-Travemünde
DIID	Seilmoker	Hamburg-Finkenwerder
DDHF	Selma Borries	Brake
DILD	Selma Nimtz	Hamburg
DAJW	Senator	Hamburg
DAIB	Senator Gruenewaldt	Hamburg
DJXP	Senator Hagelstein	Lübeck
DACL	Senator Petersen	Hamburg
DKJH	Senator Possehl	Lübeck
DHKU	Setubal	Hamburg
DFNY	Seute Dern	Cuxhaven
DLCP	Seven Seas	Bremen
DIQG	Sevilla	Hamburg
DHLD	Shell 42	Hamburg
DHLX	Shell 43	Hamburg
DAFX	Shell 44	Hamburg
DCJC	Siebenbürgen	Leer
DEDJ	Siegerland	Hamburg
DJBT	Siegfried	Neustadt/Holst.
DJTP	Siegfried	Heikendorf
DKQF	Siegfried II	Eckernförde
DHBG	Siegfried Brey	Hamburg

Unterscheidungssignale	Namen der Schiffe	Heimathafen der Schiffe
DKAI	Siegfried Lehmann	Lübeck
DLDS	Siegstein	Bremen
DEGA	Sielwall	Bremen
DCAB	Sigrid	Köln
DKIB	Sigrid	Kiel
DKIH	Sigrid	Kiel
DKGE	Silbermöve	Kiel
DKHQ	Silbermöve	Kiel
DDSF	Silesia	Hamburg
DKFS	Silke	Rendsburg
DIMX	Silvana	Hamburg
DEDT	Silvia	Bremen
DDKL	Simone	Brake
DIGJ	Simon von Utrecht	Hamburg
DHIC	Simson	Hamburg
DACD	Sindbad X	Hamburg
DHFJ	Sinstorf	Hamburg
DAOP	Sintra	Hamburg
DHBI	Sirene	Stade
DFYW	Sirene	Estebrügge
DESV	Sirius	Bremerhaven
DIVV	Sirius	Seester
DESG	Sirius	Arnis/Schlei
DDCS	Sirius	Duisburg
DJYV	Sirius II	Neustadt/Holst.
DECR	Skagenhörn	Kiel
DAKA	Skagerrak	Hamburg-Finkenwerder
DCKI	SKI	Leer
DAKB	Skolpenbank	Bremerhaven
DHBJ	Sleipner	Hamburg
DACR	Sleipner I	Hamburg
DILM	Sleipner II	Hamburg
DIKX	Solingen	Hamburg
DAGD	Sonderburg	Hamburg
DHGY	Sonderburg	Hamburg
DIAQ	Sondith	Hamburg
DLAI	Soneck	Bremen
DGFH	Sonja	Hamburg
DJQL	Sonja	Kiel
DESU	Sonne	Bremerhaven
DAFI	Sonnin	Hamburg
DAOA	Sophie	Leer
DFXU	Sophie	Laboe
DCLG	Sophie Wessels	Emden
DGEU	Sottorf	Hamburg
DAOH	Sparenburg	Emden
DDSC	Specht	Bremen
DDPQ	Sperber	Bremen
DDQH	Sperber	Bremen-Vegesack
DFND	Sperber	Cuxhaven
DKIM	Sperber	Kiel
DFAJ	Speyer	Bremerhaven
DCPW	Spiekeroog	Spiekeroog
DCJL	Spiekeroog	Emden

Unterscheidungssignale	Namen der Schiffe	Heimathafen der Schiffe
DCCY	Spiekeroog II	Neuharlingersiel
DHBN	Spika	Hamburg
DKEP	Spika	Lübeck
DENS	Spitzbergen	Bremerhaven
DDQF	Spitzfels	Bremen
DENM	Spree	Duisburg-Ruhrort
DLDJ	Spreestein	Bremen
DHOX	Spreewald	Hamburg
DALI	Spüler V	Hamburg
DJUS	Spüler Friedrich	Rendsburg
DGPX	Staberhuk	Burgstaken
DAOB	Stade	Cuxhaven
DHPH	Stadeland	Bremen
DAER	Stadersand	Hamburg
DFSM	Stadersand	Stade
DDKZ	Stadland	Brake
DKFL	Stadt Rendsburg	Rendsburg
DEGE	Stadthagen	Bremen
DFAU	Stadt Herten	Bremerhaven
DJLM	Stadt Husum	Husum
DJUY	Stadt Kiel	Kiel
DCVR	Stadt Leer	Leer
DAIY	Stadt Schleswig	Hamburg
DJRC	Stadtrat Suhr	Eckernförde
DLBX	Star	Bremen
DIDT	Steckelhörn	Hamburg
DIZS	Steenborg	Kollmar
DHDY	Steendiek	Hamburg
DIIK	Steendiek	Hamburg-Finkenwerder
DJUZ	Steffen	Kiel
DCPZ	Steffi	Haren/Ems
DJVA	Stein	Kiel
DCWW	Steinbock	Rhaudermoor
DIZB	Steinburg	Itzehoe
DKAP	Steinbutt	Heiligenhafen
DALL	Steindamm	Hamburg
DAOO	Steinhöft	Hamburg
DAFA	Steinkirchen	Hamburg
DAOZ	Steintor	Hamburg
DAEC	Steinwerder	Hamburg
DAPF	Stella	Emden
DDMG	Stella	Brake
DKAZ	Stella	Lübeck
DCKD	Stella Maris	Haren/Ems
DLBW	Stepenitz	Bremen
DCQA	Stephan	Haren/Ems
DLBF	Stephanitor	Bremen
DDND	Sternenfels	Bremen
DAKK	Stettin	Emden
DKCC	Stettiner Haff	Lübeck-Travemünde
DDNY	Stina B	Bremen
DHEU	Stintfang	Hamburg
DCQH	Stölkenhörn	Hamburg

Unterscheidungssignale	Namen der Schiffe	Heimathafen der Schiffe
DHBU	Stör	Hamburg
DHOR	Stör	Hamburg
DHQU	Stör	Hamburg
DIZP	Stördiek	Itzehoe
DCQB	Störtebecker	Borkum
DDAH	Störtebeker	Baltrum
DKIJ	Störtebecker	Laboe
DKKL	Störtebecker	Niendorf
DKMQ	Störtebeker	Lübeck
DKLP	Stolper Bank	Lübeck-Travemünde
DEGF	Stolzenau	Bremen
DDNT	Stolzenfels	Bremen
DHBV	Stormarn	Hamburg
DJTA	Strande	Kiel
DERX	Straßburg	Bremerhaven
DDQL	Strauss	Bremen-Vegesack
DJVM	St. S. 35	Kiel
DJVP	St. S. 36	Kiel
DKII	St. S. 48	Kiel
DKQR	St. S. 61	Kiel
DKQS	St. S. 62	Kiel
DKQT	St. S. 63	Kiel
DKQU	St. S. 64	Kiel
DKQV	St. S. 65	Kiel
DKQW	St. S. 66	Kiel
DJVH	St. S. 80	Kiel
DJVI	St. S. 81	Kiel
DKHH	St. S. 82	Kiel
DKHI	St. S. 83	Kiel
DGQP	Stubbenhuk	Hamburg
DINM	Stubbenhuk	Hamburg
DDOR	Sturmfels	Bremen
DIBO	Sturmvogel	Hamburg
DJNC	Sturmvogel	Kappeln/Schlei
DJKB	Sturmvogel	Büsum
DKCJ	Sturmvogel	Büsum
DJXM	Sturmvogel	Heiligenhafen
DKKM	Sturmvogel	Timmendorfer Strand
DGFS	Stuttgart	Hamburg
DGGM	Stuttgart	Hamburg
DJQS	Sucher	Rendsburg
DAHH	Süd	Hamburg
DEUU	Süderau	Bremerhaven
DFXV	Süderelbe	Dornbusch
DGWZ	Süderelv	Hamburg
DKQB	Süderholm	Kiel
DHBX	Süderilw	Hamburg-Finkenwerder
DKCI	Südheide	Niendorf
DHBY	Sülfmeister	Hamburg
DANB	Sülldorf	Hamburg
DDMN	Suhr	Oldenburg
DGEJ	Sundpilen	Hamburg
DETB	Susann	Lübeck-Travemünde

Unterscheidungssignale	Namen der Schiffe	Heimathafen der Schiffe
DCQD	Susanna-Maria	Haren/Ems
DDQO	Susanne Fritzen	Bremen
DAIA	Susanne Reith	Hamburg
DHMI	Svealand	Hamburg
DKAS	Swea	Lübeck-Travemünde
DKFZ	Syllum	Rendsburg
DHLF	Sylvia	Hamburg
DAPB	Sylt	Hamburg
DARV	Sympatika	Hamburg
DLCV	Syrte	Bremen
DICY	Takarako II	Hamburg
DJLZ	Tamora	Büsum
DHLZ	Tanger	Hamburg
DGGZ	Tankleichter Elbe	Hamburg
DAKR	Tannenberg	Emden
DDRQ	Tannenfels	Bremen
DLAR	Tannstein	Bremen
DHQG	Tarpenbek	Hamburg
DIAR	Tarragona	Hamburg
DHCA	Taube	Elsfleth
DDQM	Taube	Bremen-Vegesack
DHCC	Taucher Flint I	Hamburg
DARP	Taucher Flint II	Hamburg
DHCE	Taucher Flint III	Hamburg
DAIQ	Taucher Ottar Harmstorf I	Hamburg
DHRZ	Taucher Ottar Harmstorf IV	Hamburg
DHCG	Taucher Harmstorf 5	Hamburg
DHCH	Taucher Harmstorf 6	Hamburg
DHCI	Taucher Ottar Harmstorf IX	Hamburg
DAIS	Taucher O. Wulf III	Cuxhaven
DFNF	Taucher O. Wulf 4	Cuxhaven
DFNL	Taucher O. Wulf 6	Cuxhaven
DCQE	Taucher Picksack	Oldersum
DFKE	Taucher Sievers	Cuxhaven
DALB	Taucher Sievers IV	Cuxhaven
DESH	Taurus	Bremerhaven
DCAX	Tazacorte	Duisburg-Ruhrort
DIZR	Tegelhörn	Itzehoe
DLDD	Tellus	Bremen
DCQF	Tempo	Haren/Ems
DHLU	Tenerife	Hamburg
DKAL	Tete Oldendorff	Lübeck
DFAI	Teutonia	Cuxhaven
DHIK	Tetuan	Hamburg
DEFE	Thalia	Bremen
DCHU	Thea	Warsingsfehn
DGWU	Thea	Hamburg
DHCK	Thea	Hamburg
DIWE	Thea	Kollmar/Holst.
DEGJ	Thebe	Bremen
DKLC	Thedje	Lübeck-Travemünde
DAKV	Thees Bott	Hamburg-Finkenwerder
DCJW	Thekla	Haren/Ems
DCKE	Thekla	Haren/Ems
DDJF	Thekla	Barssel
DCQJ	Thekla-Helena	Haren/Ems
DEFF	Themis	Bremen
DCQK	Theo-Grete	Haren/Ems
DJQM	Theoja I	Cuxhaven
DFHQ	Theoja II	Cuxhaven
DIIX	Therese	Hamburg
DIQC	Therese Horn	Hamburg
DIJE	Theresia Russ	Hamburg
DCEF	Th. Klingenberg	Emden
DAGI	Th. Lexau	Hamburg
DEFO	Theseus	Bremen
DEFN	Thetis	Bremen
DHGR	Thetis	Hamburg
DHCL	Thomas	Hamburg
DJUO	Thomas	Heikendorf
DGHE	Thomas Schulte	Hamburg
DAIG	Thor	Hamburg
DAKW	Thor	Hamburg
DDAA	Thor	Norddeich
DHHN	Thor	Hamburg
DGGN	Thorwald	Hamburg
DETD	Thüringen	Bremerhaven
DHHX	Thüringen	Hamburg
DAKY	Thüringen	Bremen-Vegesack
DEAY	Thule	Bremen
DEOA	Thunfisch	Bremerhaven
DIXN	Thyra	Elmshorn
DAIF	Thyra Behrens	Hamburg
DDSO	Tide	Bremen
DDJR	Tiefbau	Brake
DKRK	Tiger	Kiel
DFXD	Tilde	Munkmarsch/Sylt
DDOK	Tilo von Wilmowsky	Bremen
DDQN	Tilly	Strohausen
DHGC	Tilly Russ	Hamburg
DCQL	Tim.	Haren/Ems
DCBL	Tim. S.	Haren/Ems
DHMU	Timandra	Hamburg
DCCB	Timberto	Haren/Ems
DCMW	Tina	Langeoog
DHCO	Tine Schröder	Hamburg
DCQM	Tini	Emden

Unterscheidungssignale	Namen der Schiffe	Heimathafen der Schiffe
DKFN	Tinnum	Rendsburg
DGMW	Tinsdal	Hamburg
DHNN	Titania	Hamburg
DCQN	Tjeda	Emden
DINN	Togo	Hamburg
DAOT	Tom Kyle	Kiel
DARI	Tonndorf	Hamburg
DLAX	Torstein	Bremen
DARF	Transamerica	Hamburg
DIEY	Transatlantic	Hamburg
DGPR	Transcanada	Hamburg
DAJF	Transeuropa	Hamburg
DHFZ	Transmichigan	Hamburg
DHRQ	Transontario	Hamburg
DIGC	Transpacific	Hamburg
DDKQ	Transquebec	Hamburg
DLCZ	Transsylvania	Bremen
DHPP	Transvaal	Hamburg
DKMH	Traude	Düsseldorf
DFKG	Traute	Neuhaus/Oste
DIWH	Traute	Glückstadt
DEQT	Traute	Lübeck-Travemünde
DGEI	Traute	Hamburg
DERC	Traute Schumacher	Bremerhaven
DDSH	Trautenfels	Bremen
DFTS	Trave	Estebrügge
DIFI	Trave	Hamburg
DJUR	Trave	Kiel
DKKA	Travemünde	Lübeck
DKAJ	Travemünde I	Niendorf
DLAJ	Travestein	Bremen
DHCR	Treue	Hamburg
DDTW	Treuenfels	Bremen
DCQP	Trientje	Iheringsfehn
DGPG	Triglav	Hamburg
DHCS	Triton	Carolinensiel
DHHK	Triton	Hamburg
DKAB	Trotz	Büsum
DIJN	Trotzenburg	Hamburg
DHAL	Troyburg	Hamburg
DHBS	Trude	Rendsburg
DETO	Tübingen	Bremerhaven
DHAX	Tübingen	Hamburg
DJCF	Tümmler	List/Sylt
DECW	Turmfalke	Bremen
DKJM	Twee Breeder	Burgstaaken
DHCB	Ubena	Hamburg
DDSM	Uhenfels	Bremen
DGTL	Uhlenhorst	Hamburg
DIKD	Ulanga	Hamburg
DHCT	Undine	Hamburg
DHCU	Undine	Hamburg
DIAX	Ungeheuer	Bremen
DEOP	Union 8	Bremerhaven
DCJA	Unitas	Leer
DCJF	Unitas-H	Hamburg

Unterscheidungssignale	Namen der Schiffe	Heimathafen der Schiffe
DGFU	Unterelbe	Hamburg
DDLK	Unterweser	Brake
DKDJ	Unverzagt	Lübeck
DHDM	Urania	Hamburg
DINZ	Urania	Hamburg
DJXJ	Urania	Heiligenhafen
DERD	Uranus	Lübeck-Travemünde
DEUO	Uranus	Bremerhaven
DHCV	Uranus	Hamburg
DFYN	Uranus	Abbenfleth
DJDC	Uranus	Flensburg
DEPM	Ursel	Bremerhaven
DGUK	Ursel	Hamburg
DALA	Ursula	Hamburg
DCQS	Ursula	Glückstadt
DKAY	Ursula	Lübeck-Travemünde
DKKX	Ursula	Lübeck-Travemünde
DAHP	Ursula Block	Hamburg
DGUJ	Ursula Bock	Hamburg
DJZR	Ursula Heinemeier	Lübeck
DAQI	Ursula Horn	Hamburg
DDPC	Ursula Parchmann	Bremen
DINR	Ursula Peters	Hamburg
DEPT	Ursula Rickmers	Bremerhaven
DHJX	Ursula Schulte	Hamburg
DIIE	Urundi	Hamburg
DAPA	Usambara	Hamburg
DILF	Usaramo	Hamburg
DIBU	Usedom	Hamburg
DIOK	Usedom	Hamburg
DFMW	Uta	Cuxhaven
DHIR	Uta	Hamburg
DIHY	Ute	Hamburg
DJQV	Ute	Kiel
DKQE	Ute	Kiel
DIAO	Ute-Erika	Hamburg
DIEE	Ute Parchmann	Bremen
DABG	Utgard	Hamburg
DKLM	Utsire	Niendorf
DALR	Uwe	Hamburg
DJWD	Uwe	Lübeck-Travemünde
DHBH	Uwe K	Abbenfleth
DHCX	Uwe-Ursula	Hamburg
DIDA	Värmland	Hamburg
DGVL	Vagabund	Hamburg
DHCY	Valborg	Hamburg
DGXQ	Vale	Hamburg
DHMO	Valencia	Hamburg
DHEW	Valeria	Hamburg
DCGG	Variatie	Neermoor
DFAP	Varuna	Bremerhaven
DFTK	Vaterland	Stade

Unterscheidungssignale	Namen der Schiffe	Heimathafen der Schiffe
DDRV	Vegesack	Bremen
DFXZ	Venus	Oberndorf
DFYA	Venus	Gauensiek
DJBD	Venus	Flensburg
DJYG	Venus	Lübeck-Travemünde
DKBG	Venus	Burgstaaken
DKLO	Venus	Niendorf
DGPT	Venus I	Norderney
DKJV	Vera Parchmann	Bremen
DHOZ	Verena	Bremerhaven
DJQW	Veritas	Kiel
DHCZ	Vertrauen	Hamburg
DCQY	Vertrauen	Warsingsfehn
DDLT	Vesta	Elsfleth
DERZ	Vest Recklinghausen	Bremerhaven
DCRC	Victoria	Glückstadt
DALC	Victoria	Lübeck
DIFH	Victoria	Hamburg
DCRA	Vier Gebrüder	Warsingsfehn
DCRB	Vier Gebrüder	Carolinensiel
DJAH	Vier Gebrüder	Dagebüll
DAEP	Vierlanden	Hamburg
DESI	Vikingbank	Bremerhaven
DHQL	Vina del Mar	Hamburg
DFYB	Vineta	Barnkrug
DJZM	Vineta	Lübeck-Travemünde
DECY	Vinum	Bremen
DHKZ	Virgilia	Hamburg
DDLV	Visurgis	Elsfleth
DIPA	Vogelsberg	Hamburg
DJYZ	Vogelsand	Lübeck
DAPE	Vogtland	Hamburg
DIJQ	Voline	Hamburg
DACN	Volksdorf	Hamburg
DAJD	Volumnia	Hamburg
DIED	von Beckerath	Hamburg
DHHQ	Vormann Rass	Hamburg
DJNH	Vorwärts	Arnis/Schlei
DKGU	Vorwärts	Laboe
DJVL	Vorwärts	Brunsbüttelkoog
DCRG	Vorwärts	Neuharlingersiel
DHDD	Vorwärts	Hamburg
DHDE	Vorwärts	Hamburg
DDJI	Vorwärts	Brake
DCRI	Vorwärts	Rhaudermoor
DKQM	Vossbrook	Kiel
DHDV	Vossloch	Hamburg
DGSI	Vriendschap	Hamburg
DALH	Wachtel	Bremen-Vegesack
DAKH	Wadai	Hamburg
DHQK	Wagrien	Hamburg
DAOM	Wahehe	Hamburg
DICG	Wakenitz	Hamburg
DIEO	Waldeck	Hamburg
DCAI	Waldemar Peter	Köln
DGFD	Walküre	Hamburg
DKGV	Walküre	Kiel
DHBD	Wallo	Hamburg
DGUA	Wally	Hamburg
DDKX	Walter	Bremen
DHDH	Walter	Hamburg
DHDI	Walter	Hamburg
DIWK	Walter	Hamburg
DFYC	Walter	Weserdeich
DFWA	Walter	Lübeck
DCAA	Walter Behrens	Köln
DIPG	Walter Richter	Hamburg
DFLP	Waltraut	Cuxhaven
DKHB	Waltraut	Heikendorf
DKBT	Waltraut	Heiligenhafen
DJVX	Waltraud Behrmann	Rendsburg
DJCJ	Waltraut Horn	Glücksburg
DILG	Walvis Bay	Hamburg
DDLR	Wanda	Brake
DACG	Wandsbek	Hamburg
DKQC	Wangenstein	Cuxhaven
DCPG	Wangerooge	Emden
DIFG	Warendorp	Lübeck
DESD	Wartburg	Bremerhaven
DECJ	Wartenfels	Bremen
DCJI	Wega	Greetsiel
DETG	Wega	Lübeck-Travemünde
DFNK	Wega	Amrum
DIPF	Weimar	Hamburg
DHRH	Weissesee	Bremerhaven
DGSJ	Weißenburg	Hamburg
DDQY	Weissenfels	Bremen
DIPE	Welf	Hamburg
DGZP	Welheim	Hamburg
DHGE	Welle	Hamburg
DJSK	Wellingdorf	Kiel
DKFE	Wera	Rendsburg
DKEV	Wera Böhrnsen	Rendsburg
DKCD	Werner	Burgstaaken
DKIZ	Werner Martin Krüger	Heikendorf
DHCH	Werner Meyburg	Hamburg
DICL	Werner Felter	Hamburg
DIQE	Werner Franck	Hamburg
DLAP	Werner Vinnen	Bremen
DEDC	Werrastein	Bremen
DIBJ	Werratal	Hamburg
DEUK	Wesel	Bremerhaven
DALK	Weser	Bremerhaven
DEQO	Weser	Bremerhaven
DDQD	Weser	Bremen
DDQR	Weser	Bremen
DHDS	Weser	Hamburg
DHIJ	Weser	Hamburg
DEDE	Weserflug 1	Bremen

Unterscheidungssignale	Namen der Schiffe	Heimathafen
DDOS	Weserland	Bremen
DDLH	Wesermarsch	Brake
DDLS	Wesermarsch	Strohausen
DDSZ	Wesermünde	Bremen
DEDA	Weserstein	Bremen
DLCH	Wesertal	Bremen
DCRN	Westerems	Borkum
DALO	Westfalen	Bremen-Vegesack
DCVN	Westfalen	Emden
DFMZ	Westfalen	Cuxhaven
DIME	Westfalen	Hamburg
DALM	Westphalia	Hamburg
DCJY	Wiard Byl	Emden
DKDW	Wickede	Lübeck
DGZM	Widar	Hamburg
DIWT	Widder	Bremen
DIBS	Wiedau	Hamburg
DDSY	Wiedstein	Bremen
DICQ	Wien	Hamburg
DDOI	Wienertor	Bremen
DGMB	Wiesbaden	Hamburg
DHJD	Wihinapa	Hamburg
DJMS	Wik	Kiel
DCRP	Wiking	Greetsiel
DDMD	Wiking	Brake
DEPE	Wiking	Kiel
DFNQ	Wiking	Cuxhaven
DHIL	Wiking	Hamburg
DJLU	Wiking	Büsum
DKFW	Wiking	Rendsburg
DHDU	Wilfried	Hamburg
DKFK	Wilhelm	Breiholz
DGWV	Wilhelm Doerenkamp	Hamburg
DJKO	Wilhelm Külper	Büsum
DDJK	Wilhelm Lühring	Brake
DERK	Wilhelm Peter	Kiel
DCLE	Wilhelm Poppe	Varelerhafen
DCWL	Wilhelm Schaa	Leer
DGXM	Wilhelm Schulte	Hamburg
DAFT	Wilhelm Wesch	Hamburg
DHDW	Wilhelmina	Brake
DAIX	Wilhelmine	Hamburg
DCRT	Wilhelmine	Westrhauderfehn
DHFW	Wilhelmine Essberger	Hamburg
DFSO	Wilhelmine Oltmann	Stade
DJPP	Willi	Kiel
DICJ	William	Hamburg
DHDZ	Willida	Hamburg
DGVC	Willi Huber	Hamburg
DHEA	Willy Charles	Hamburg
DHEB	Willy Marie	Hamburg
DCRW	Wilma	Haren/Ems
DERM	Wilma	Leer
DALT	Wilma	Hamburg-Finkenwerder

Unterscheidungssignale	Namen der Schiffe	Heimathafen
DAQA	Wilri	Hamburg
DKLK	Wiltrud	Lübeck-Travemünde
DEGH	Windheim	Bremen
DFYD	Windhuk	Wyk/Föhr
DGSB	Windhuk	Hamburg
DJSH	Windsbraut	Kappeln
DFYE	Windsbraut	Borstel/Jork
DFYF	Windsbraut	Wischhafen
DFYG	Windsbraut	Laboe
DIWO	Windsbraut	Dieksanderkoog
DAPL	Wischhafen	Hamburg
DGOB	Wittebank	Hamburg
DCAD	Wittekind	Köln
DFLJ	Witten	Cuxhaven
DKAN	Wodan	Lübeck
DJTX	Wodan	Kiel
DJRE	Wogram	Heikendorf
DAMZ	Wohldorf	Hamburg
DHED	Wolf	Hamburg
DKHG	Wolf	Kiel
DEOH	Wolf I	Hamburg
DIFE	Wolfgang Vogelsang	Hamburg
DHIT	Wolfgang Russ	Hamburg
DARR	Wollin	Hamburg
DJYU	Wollin	Lübeck-Travemünde
DANE	Worms	Hamburg
DHIW	Wotan	Hamburg
DHJK	Wotan	Hamburg
DAQW	Wotan	Hamburg
DIYX	Wotan	Glückstadt
DHEG	Woterküken	Tönning
DHLB	W.Th. Stratmann	Hamburg
DDSL	Württemberg	Bremen-Vegesack
DFNA	Württemberg	Cuxhaven
DIEF	Württemberg	Hamburg
DFNT	Würzburg	Cuxhaven
DICS	Würzburg	Düsseldorf
DAMI	Wulsdorf	Bremerhaven
DGSH	Wuppertal	Hamburg
DFMR	Wuppertal	Cuxhaven
DALW	Xerxes	Hamburg
DHNR	„Y"	Hamburg
DARL	„Z"	Hamburg
DDQW	Zaunkönig	Bremen-Vegesack
DINI	Zephyros	Hamburg
DALY	Zeus	Bremen
DDTV	Zeus II	Bremen
DIXQ	Zita	Elmshorn
DKLQ	Zufriedenheit	Lübeck-Travemünde
DIWP	Zukunft	Uetersen
DJKX	Zukunft	List/Sylt
DKLB	Zukunft	Neustadt/Holst.
DCNK	Zwei Gebrüder	Haren/Ems
DCSA	Zwei Gebrüder	Warsingsfehn
DAJO	Zyklon	Hamburg

Nachtrag

zur

Amtlichen Liste

(abgeschlossen am 10. Februar 1962)

1. Zugänge während der Drucklegung

a) In der Reihenfolge der Unterscheidungssignale

Unterscheidungssignale	Namen der Schiffe	Heimathafen	Kubikmeter Nettoraumgehalt	Registertons	PS
DENL	Ems	Duisburg-Ruhrort	625,5	220,80	300
DCNR	Lüja..............	Haren/Ems.....	649	229	150
DCNS	Herma	Haren/Ems.....	261,6	92,32	100
DCNX	Hillerdine Wessels ..	Emden	893,2	315,30	750
DCNY	Hertraud..........	Emden	350,5	123,74	200
DDFB	Eckhardt+	Brake	1679,2	592,75	999
DDFC	Käthe Möhlmann ..	Brake	403,4	142,40	250
DDKA	Butjadingen	Strohausen	834,0	294,40	500
DDKG	Hammelwardersand	Brake	842,8	297,58	500
DDIL	Ilona	Brake	430,9	152,09	250
DDUP	Nereus+	Bremen........	7627,6	2692,53	5400
DDUQ	Lobivia	Bremen........	6292	2222	3000
DFUG	Hein Sietas	Grünendeich....	532,7	188,04	300
DFUI	Horst	Stade	375,9	132,68	250
DGSU	Rungholtsand+	Hamburg	2282,8	805,62	1650
DGIR	Rhein	Hamburg	9897,3	3493,75	5300
DHFP	Tanganyika	Hamburg	16924,2	5974,24	8400
DHHC	Günther	Hamburg	81,6*	28,80*	290
DHIY	Hair-ed-Din-Barbarossa.......	Hamburg		207	73
DHKD	Fairplay V	Hamburg	247,6*	94,41*	600
DHLH	Margrit-Angelika...	Hamburg		241	540
DHMM	Helene Russ	Hamburg	1754,8	619,44	2160
DIFL	Germania V	Hamburg	74,1	26,15	94
DIHI	Nürnberg+	Hamburg	15595,1	5505,06	10800
DIZT	Annelies	Glückstadt		111,4	230
DFRR	Anne Catharina ...	Rendsburg	922,2	325,58	499

* = Bruttoraumgehalt.

b) In alphabetischer Reihenfolge der Namen

Unterscheidungssignale	Namen der Schiffe	Heimathafen der Schiffe
DFRR	Anne Catharina	Rendsburg
DIZT	Annelies	Glückstadt
DDKA	Butjadingen	Strohausen
DDFB	Eckhardt	Brake
DENL	Ems	Duisburg-Ruhrort
DHKD	Fairplay V	Hamburg
DIFL	Germania V	Hamburg
DHHC	Günther	Hamburg
DHIY	Hair-ed-Din-Barbarossa	Hamburg
DDKG	Hammelwardersand	Brake
DFUG	Hein Sietas	Grünendeich
DHMM	Helene Russ	Hamburg
DCNS	Herma	Haren/Ems
DCNY	Hertraud	Emden
DCNX	Hillerdine Wessels	Emden
DFUI	Horst	Stade
DDIL	Ilona	Brake
DDFC	Käthe Möhlmann	Brake
DDUQ	Lobivia	Bremen
DCNR	Lüja	Haren/Ems
DHLH	Margrit-Angelika	Hamburg
DDUP	Nereus	Bremen
DIHI	Nürnberg	Hamburg
DGIR	Rhein	Hamburg
DGSU	Rungholtsand	Hamburg
DHFP	Tanganyika	Hamburg

2. Streichungen

Unterscheidungssignale	Namen der Schiffe	Heimathafen der Schiffe
DDLH	Wesermarsch	Brake
DEOZ	Frankfurt a. M.	Bremerhaven
DGCL	Anna Marta	Hamburg
DIYG	Albatros	Beidenfleth
DKBM	Henning Oldendorff	Lübeck

3. Sonstige Veränderungen*)

Unterscheidungssignale	Namen der Schiffe		Heimathafen der Schiffe
DDLO	Hilde Osterkamp	**Marion**	Brake
DDOF	Hinrich Ahrens	**Hangard**	**Brake**
DGON	Heimwärts	**Lühedeich**	Hamburg
DGXK	Meta Schröder	**Maike**	Hamburg-Finkenwerder
DHGQ	Hans Hermann	**Uta Hermann Martens**	Hamburg
DIBB	Heilbronn	**Lee**	Hamburg
DICX	Hansestadt Hamburg	**Luv**	Hamburg
DIJK	Nordkap	**Ilse Wolter**	Hamburg

*) Die eingetretenen Änderungen sind durch fetten Druck gekennzeichnet.

Luft- und wassergekühlte DIESEL-MOTOREN
für Schiffs-Haupt-und-Hilfsantriebe
4-takt und 2-takt • von 10 - 3000 PS
DEUTZ
Jahrzehntelange reiche Erfahrungen in Planung und Ausführung von Schiffsantrieben bieten die Gewähr für optimale Antriebslösungen bei jedem Schiffstyp, für größte Betriebssicherheit, Wirtschaftlichkeit und neuzeitlichen Bedienungskomfort.
KLÖCKNER-HUMBOLDT-DEUTZ AG · KÖLN

FSC
www.fsc.org
MIX
Papier | Fördert gute Waldnutzung
FSC® C083411

Kolibri 360 GmbH
Ferdinand-Jühlke-Straße 7
99095 Erfurt, Deutschland
produktsicherheit@kolibri360.de